GUOJIA JIANGLI
NONGYE KEJI CHENGGUO
HUIBIAN

2011—2015年

国家奖励
农业科技成果汇编

袁惠民　许世卫　主编

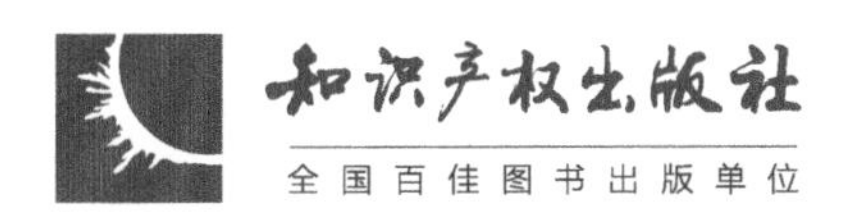

图书在版编目（CIP）数据

2011—2015年国家奖励农业科技成果汇编 / 袁惠民,许世卫主编. — 北京：知识产权出版社, 2016.11

ISBN 978-7-5130-4594-0

Ⅰ.①2… Ⅱ.①袁… ②许… Ⅲ.①农业技术－科技成果－汇编－中国－2011-2015 Ⅳ.①S-12

中国版本图书馆CIP数据核字（2016）第276606号

内容简介：

本书较完整、系统地收录了2011—2015年种植业、林业、畜牧业、水产业等国家奖励农业科技成果，包括国家自然科学奖、国家技术发明奖、国家科学技术进步奖和中国人民共和国国际科学技术合作奖四个条目。

责任编辑：李　婧　　　　**责任出版：**卢运霞

2011—2015年国家奖励农业科技成果汇编

2011—2015NIAN GUOJIA JIANGLI NONGYE KEJI CHENGGUO HUIBIAN

袁惠民　许世卫　主编

出版发行：知识产权出版社有限责任公司　　网　址：http：//www. ipph. cn

电　话：010－82004826　　http：//www. laichushu. com

社　址：北京市海淀区西外太平庄55号　　邮　编：100081

责编电话：010－82000860转8594　　责编邮箱：549299101@qq.com

发行电话：010－82000860转8101 / 8029　　发行传真：010－82000893 / 82003279

印　刷：北京中献拓方科技发展有限公司　　经　销：各大网上书店、新华书店及相关专业书店

开　本：720mm×960mm　1/16　　印　张：17.75

版　次：2016年11月第1版　　印　次：2016年11月第1次印刷

字　数：420千字　　定　价：54.00元

ISBN 978－7－5130－4594－0

2011—2015年
《国家奖励农业科技成果汇编》
编 委 会 成 员

主　　编： 袁惠民　许世卫

副 主 编： 岳福菊　刘爱芳

编写人员：（按姓名笔划排列）

王　磊　全　聪　刘佳佳　刘爱芳　许世卫

孙　红　张　丽　岳福菊　信乃诠　袁惠民

编者说明

面对全球新一轮科技革命与产业变革的重大机遇和挑战，解决好我国13亿人口吃饭问题始终“是治国理政必须长期坚持的基本方针”。“综合考虑国内资源环境条件、粮食供求格局和国际贸易环境变化”，大力实施“以我为主、立足国内、确保产能、适度进口、科技支撑的国家粮食安全战略”，必须加快农业科技成果转化与应用，将先进、成熟、适用的农业科技成果作为生产要素，注入农业生产中，改变要素结构，发展现代农业，从总体上提高农业产出率和产品优质率。

我们继编辑出版《1978—2003年国家奖励农业科技成果汇编》（农业部牛盾主编，信乃诠、石燕泉副主编）、《2000—2010年国家奖励农业科技成果汇编》（农业部科技教育司、中国农业科学院农业信息研究所编）之后，为保持《汇编》工作连续性，自2016年年初开始，组织有关力量，收集文献资料，编辑出版《2011—2015年国家奖励农业科技成果汇编》（以下简称《汇编》），系统地反映农业科技近五年获得的国家奖励重大农业科技成果。

这部《汇编》较完整、系统地收录种植业、林业、畜牧业、水产业等国家奖励农业科技成果，包括国家自然科学奖、国家技术发明奖、国家科学技术进步奖和中华人民共和国国际科学技术合作奖条目。

《汇编》资料主要来源：国家科学技术奖励办公室编辑出版的2011—2015年各年度的《中国科学技术奖励年鉴》及国家科学技术奖励办公室网站、中华人民共和国科学技术部网站、中华人民共和国中央人民政府网站等。在编辑过程中，尊重奖励条目原文，原则上不作改动，只是在文字、标点符号、计量单位上按国家标准有所统一。对个别奖励条目表述不清及其相关问题，直接与成果完成单位或主要完成人联系，作出必要的文字修改。

这部《汇编》是由中国农业科学院农业信息研究所、中国农业科学院研究生院和中国农业出版社有关同志共同组成编辑委员会，在中国农业科学院信乃诠研究员指导下，经过一年的努力，圆满完成了编辑工作。

编　者

2016年9月

前　言

2011年以来，我国广大农业科技工作者在“自主创新，重点跨越，支撑发展，引领未来”科技方针指引下，面对国家重大需求和世界新科技革命挑战，紧密结合“三农”实际，团结协作，联合攻关，取得了一批具有世界先进水平的重大农业科技成果，据统计，2011—2015年获得国家奖励的农业科技成果共计199项，其中种植业120项、林业37项、畜牧业31项、水产11项。在国家奖励的重大农业科技成果中，国家自然科学奖12项、国家技术发明奖26项、国家科学技术进步奖155项、中华人民共和国国际科学技术合作奖6项。这些成果有很高的科技水平，也产生了重大的经济社会效益。根据科技部测算，农业科技对农业增产的贡献率，由2010年的52%提高到2015年的56%以上，林业科技进步贡献率由43%提高到48%，基本保持在每年近一个百分点的增长速度。农业科技的巨大进步和创新，确保了我国农业综合生产力不断增强，粮食生产实现“十二年增”，农产品有效供给保障能力增强，农村经济全面发展，农民生活水平显著提高。我国以占世界不到9%的耕地养活了占世界近21%的人口，为世界农业做出了重要贡献。

《汇编》是继《2000—2010年国家奖励农业科技成果汇编》之后，特别是2003年国家科技成果奖励制度深化改革以来，我国农业科技工作者获得的又一批国家奖励的重大农业科技成果，与2000年前比较，数量有所减少，而领域有所拓宽，成果质量有所提升，获得了一批具有世界先进水平的重大农业科技成果。

为了做好这部《汇编》工作，中国农业科学院农业信息研究所、中国农业科学院研究生院和中国农业出版社紧密合作，邀请从事科技成果管理和曾参加此前成果《汇编》有经验的专家，在信乃诠研究员指导下，集中精力和时间，收集2011—2015年国家奖励农业科技成果资料，按行业、学科、等级、地区等分布状况，为全面掌握和了解我国农业科技研究状况和水平提供依据。同时，为适应大众创业、万众创新蓬勃兴起，加快农业科技成果转化和应用，促进农业增产、农民持续增收提供技术支持。现将2011—2015年获得国家奖励农业科技成果整编成册，公开出版，供各地各级农业部门、农业科技机构、农业技术推广单位和农业、林业高等院校等参考和交流。

编　者

2016年9月

目　录

国家自然科学奖

2011年

2012年

2013年

2014年

2015年

国家技术发明奖

2011年

2012年

2013年

2014年

2015年

国家科学技术进步奖

2011年

2012年

2013年

2014年

2015年

中华人民共和国国际科学技术合作奖

2011年

2013年

2014年

附录

附录

国家自然科学奖

GUOJIA ZIRAN KEXUE JIANG

国家自然科学奖

GUOJIA ZIRAN KEXUE JIANG

2011年

二等奖

棉纤维细胞伸长机制研究

主要完成单位：

主要完成人：朱玉贤、秦咏梅、姬生健、施永辉、李鸿彬

获奖情况：国家自然科学奖二等奖

成果简介：

该项目属于生物学领域的植物生理学研究。

我国是全球最大的棉花生产国、消费国和纺织品生产国，常年种植面积在530万公顷左右，棉花种植业与纺织业在我国国民经济中起着举足轻重的作用，是我国两亿多棉农和1000多万纺织工人及相关行业人员的主要经济来源。统计资料表明，1949年，我国种植棉花277万公顷，总产888万担，占世界棉花总产量的6.2%。"十五"期间，我国每年平均种植棉花460万~500万公顷，总产8600万~9000万担，分别占世界棉花种植面积和总产的15%和24%左右。"九五"期间，我国纺织品服装出口总额约占全国出口商品总额的20%。"十五"到"十一五"期间，服装类纺织品出口仍然是我国对外贸易的主要支柱产业之一。

棉纤维是棉花胚珠被表皮层的单细胞发育而成，其分化和发育过程可分为纤维原始细胞分化与突起（开花前3天至开花后1~2天）、纤维细胞的伸长或初生壁的加厚（0~25 DPA）、次生壁的加厚（20~45 DPA）和脱水成熟（45~50 DPA）4个时期。在纤维发育的初期，纤维细胞以极快的速度同步化延伸，而其在伸长过程中不发生分裂。因此，纤维细胞被认为是研究细胞伸长发育的良好体系。纤维伸长和细胞壁加厚两个时期（有部分重叠）与纤维的发育和品质优劣关系密切。纤维品质是纤维长度、强度、细度等性状的综合指标。长期以来，我国棉花纤维品质偏差，平均跨长和比强度均较低，成为制约棉花产业可持续发展的主要障碍。为克服这一不利因素带来的问题，国家每年都要花费大量外汇进口100万~200万吨美国原棉，造成国产原棉积压，同时也严重影响了成为我国棉农的生活质量和国民经济的健康发展。因此，阐明纤维细胞基因表达模式以及表达产物的生物学功能，了解棉纤维细胞发育调控的分子机制，对充分利用棉花自身基因资源、提高棉花产量、改善纤维品质乃至研究开发人工棉纤维都具有极为重要的意义。

该项目针对棉纤维细胞伸长发育的分子基础研究，在科技部国家重点基础研究发展计划（“973计划”）、科技部转基因植物研究与产业化专项（第一期）、国家“863计划”、国家自然科学基金委重大研究计划以及创新群体项目的支持下，开展了对棉花功能基因组学等相关研究，在棉花基因大规模克隆、转录谱与代谢途径分析及生理生化功能鉴定方面取得显著成果，共发表经同行评审的研究论文18篇，其中发表在植物科学、蛋白质组学及功能基因组学顶级刊物研究论文有4篇，包括 *Plant Cell* 2篇、*Mol.Cell Proteomics* 1篇、*Nucleic Acids Res.* 1篇。应邀在世界知名的3大植物科学综述刊物之一的 *Curr. Opin. Plant Biol.* 发表研究综述1篇。论文被SCI他引近200次。这些论文在 *Armu. Rev. Plant Biol.*，*Plant Cell*，*PNAS*，*Genome Res.*，*PLOS Genetics*，*Plant J.*，*Plant Physiol.* 等刊物中都有相关引用和比较高的评价。此外，该项目还获得国家授权发明专利3项。项目部分成果于2008年获教育部自然科学奖一等奖。

植物分子系统发育与适应性进化的模式与机制研究

主要完成单位：

主要完成人：施苏华、吴仲义、唐恬、周仁超、曾凯

获奖情况：国家自然科学奖二等奖

成果简介：

该项目属于基础生物学领域。

生物类群的系统发育与适应性进化是演化生物学研究的核心和焦点。该项目从群体和物种水平，采用多个典型类群和多种手段来研究自然和人工选择下的植物进化，包括自然选择作用下物种形成（谱系分歧和融合）的分子机制和适应性状形成的演变途径，以及人工选择下的基因组变异；从基因组水平阐明了选择作用下植物进化的一些基本规律。这些结果对于全面理解和诠释植物进化式样的多样性以及生物适应的模式和机制有重大意义。

主要研究内容：该项目从自然和人工栽培条件下的植物适应性进化入手，采用大规模基因组数据，首次推断了非模式生物红树植物海桑属的物种形成模式；通过比较基因组学和群体遗传学方法，深入探究了水稻亚种间特殊核苷酸变异模式的形成机制和高频有害突变积累的意义；发展了用于检验基因是否受到正选择的新的统计检验模型和方法。此外，采用分子系统发育和群体遗传学等方法率先研究了被子植物进化中的重要类群、适应极端环境的红树植物的系统发育和关键适应性状的起源，深入探讨了红树植物居群水平上的适应性变异、群体遗传结构与生物地理格局。

发现点：该项目在揭示植物适应性进化模式与机制方面获得了重要发现，即首次推断了红树植物海桑属为邻域式物种形成模式，建立了利用基因组数据推测非模式物种形成历史的研究方法；首先提出了人工选择带动高频有害突变的积累是生物驯化的遗传代价的新理念；发现了籼、粳稻基因组上的高度变异区富集了与亚种分化和重要农艺性状相关基因的重要现象；建立了检验基因是否受到正选择

的新统计检验模型和模拟方法；首次检测到半红树植物及红树植物存在种下水平的适应性遗传分化。

科学价值：这些重要发现对理解选择作用下植物进化的规律具有极重要的理论意义和实用价值。海桑属为邻域式物种形成的研究成果为生物适应于不同环境是物种形成的主要机制的论点提供了重要实证和应用方法；水稻基因组进化的研究成果对理解人工选择下适应性进化的遗传规律及优良品种的培育具有重要的理论指导意义；所建立的检验正选择的新方法能更有效地检测基因水平上正向选择和适应性进化的发生，具有很好的原创性并得到了广泛应用；红树植物的分子系统发育研究解决了探索红树林起源和进化研究中的关键难题，是研究植物适应性进化的一个重要理论突破。

同行引用与评价：该项目共发表SCI论文33篇和国际会议论文7篇。成果发表在包括 *Mol Biol Evol* 、*PLoS Genet* 、*Trends Genet* 等本领域国际权威期刊上，SCI总影响因子134.683点。并被 *Nature* 、*Nat Genet* 、*Nat Rev Genet* 等顶级和重要刊物的论文广泛引用和评述。这些论文被SCI期刊引用474次（SCI他引364次）。施苏华教授被邀在第19届国际遗传学大会等国际学术会议上做特邀或口头报告。该项目曾于2002年、2008年两次获得教育部自然科学奖一等奖，施苏华教授于1998年获国家杰出青年基金资助和2001年获求是杰出青年学者奖，吴仲义教授于2004年获教育部长江讲座教授资助计划的支持。

《中华人民共和国植被图（1∶100万）》的编研及其数字化

主要完成单位：

主要完成人：侯学煜、张新时、李博、孙世洲、何妙光

获奖情况：国家自然科学奖二等奖

成果简介：

该成果所属科技领域为生态学。

植被是陆地生态系统中最重要的组成部分，既是自然条件之一，也是最重要的自然资源之一。而植被图的编研不仅是生态学和地理学的基础性研究工作，也是农林牧业发展和生态建设的重要依据。是全国农林牧业区划与规划，县、地以上行政单元和大中流域经济建设规划、中近距无线电通信、检验检疫、军事医学、科研和公众教育必备的数据源、图件和重要参考资料。

该项目于2001年出版阶段成果《中国植被图集（1∶100万）》，最终成果于2007年年底出版，包括《中华人民共和国植被图（1∶100万）》（1册）、《中华人民共和国植被区划图（1∶600万）》（1幅）、说明书《中国植被及其地理格局》（上、下册）、图件和说明书电子版光盘1枚、图件数字化数据库和植被信息管理系统软件光盘1枚共6件。中华人民共和国植被图（1∶100万）包含64幅国际统一分幅植被类型图，详细图示了全国11个植被型组、55个植被型、960个植被群系和亚群系，及2000多个群落优势种、主要农作物和经济作物的地理分布。《中华人民共和国植被区划图（1∶600万）》将全国植被分为8个植被区域、28个植被地带、124个植被区和494个植被小区。《中国植被及其地理格局》是以上二图的说明书（上下

两册共222万字)，除介绍植被制图历史，中国植被分布、分类原则和系统外，依照图例的各级单元描述植被群系和亚群系的主要种类组成、群落特征、生境条件、地理分布和经济评价；并详细介绍了所有植被区划单位的地理位置、自然条件、植被特点及其合理利用、保育与重建的建议。另附常见植物8700余种名录和868幅植被照片。在图件数据库和植被信息管理系统中，可对所有图幅做拼接、裁剪、缩放、叠加变色、标识，重组成图，并可对各图面要素检索、提取、测算、统计，可用数学模型生成专题图件，或与自然和社会等各种要素作相关多元分析及模型运算和产生新图，极大提高了植被图的应用技术水平。

该成果在以下7个方面作出重要创新和突破。

1. 中国植被图(1:100万)是世界上首部最大、最完备和最先进的植被图件。

2. 提出以植被群落外貌、群落优势种及其生态地理特征为中国植被图图例系统基本指标的植被综合分类原则，是植被生态学和植被制图的新进展。

3. 重新调整和修改了中国植被区划的8大植被区域的界限。

4. 明确提出青藏高原隆起是现世中国植被分布格局根本成因的重大创新性学术观点。

5. 全面定位中国农业植被的地理分布格局和反映了我国独特的农业植被类型系统。

6. 台湾省植被图的编制是中国植被图的重大突破，是海峡两岸学者合作的新成果。

7. 植被图的数字化引发了制图方法的创新与应用上的极大进展，开启了植被制图新纪元。

该项目成果截至2011年1月4日，在Web of Science(WOS)被引用60次，在中国科学引文库(CSCD)中被引用了211次。

该成果受到水利部等20多家单位的好评和肯定，并在44项国家重大科研项目中得到深人应用。

多倍体银鲫独特的单性和有性双重生殖方式的遗传基础研究

主要完成单位：

主要完成人：桂建芳、周莉、杨林、刘静霞、朱华平

获奖情况：国家自然科学奖二等奖

成果简介：

该项目属于水产学的水产学基础学科。

自美国鱼类学家Hubbs等1932年发现单性鱼Poecilia formosa以来，迄今已在鱼类、两栖类和爬行类大约90种动物中报道了全雌性种群。几十年来，虽已发现可采用雌核生殖、杂种生殖或孤雌生殖等单性生殖方式繁衍后代，但它们如何突破有害突变积累的齿轮效应和如何获得遗传多样性以适应多变的环境一直是进化生物学的两大难题。然而，一些单性动物既具有长期的进化历史，又存在遗传多样性。已故英国皇家学会会士Maynard Smith曾预言，这些例外的单性动物将能为性别的起源和保持提供透彻的见解。

该项目在揭示银鲫(Carassius auratus gibelio)既可进行单性雌核生殖又存在少量雄性的前提下,通过探究雄性个体对种群有什么贡献和其贡献是否与其克隆多样性有关这两个关键问题,建立了适于区分银鲫克隆系的遗传标记,首次发现多倍体银鲫具有独特的单性生殖和有性生殖双重生殖方式,为解答单性动物面临的进化遗传学难题提供了一个独特事例;揭示银鲫存在基因组、染色体或染色体片段渗入现象,鉴定出具有不同染色体数、核型和DNA含量的克隆系;创建了筛选银鲫生殖相关基因的研究体系,开拓了单性生殖动物和养殖鱼类生殖相关基因鉴定和功能研究的新方向。

项目共发表论文65篇,其中SCI刊源论文37篇,论著1部;论文他引521次,SCI期刊他引252次;8篇代表论文SCI他引128次,单篇最高SCI他引35次。主要发现点和成果被国际权威在10本专著、16篇学科年鉴和综述中引用及评述,引导出30多个国家学者的跟踪研究,解答了单性动物遗传多样性和长期存在的生殖机制,获得了对单性生殖动物进化遗传学研究的新见解。如美国科学院院士Avise在专著中评价道:"银鲫雄性个体引人到其他克隆群体的重组遗传变异可能有重要的生态学意义。正是银鲫提供了第一个被证明了的例子。"法国知名教授Mellinger在专著中给出了"已用实验坚信银鲫采用了两种生殖方式"的评价。美国科学院院士Wake等参与完成的论文也有评价说:"这种基因组的多样性和可塑性及其复合系统中有性和无性生殖的相互作用使得这些动物成为解答众多进化生物学难题的理想系统。"美国Schlupp教授在年鉴综述中指出:"最近的一个报道指明这个雌核生殖物种也能有性生殖。"有关转铁蛋白多态性研究,张亚平院士等认为杨和桂(2004)揭示的这些特征有力表明平衡选择在长期维持鲫转铁蛋白高度的多态性中起了重要作用;波兰Jurecka教授和加拿大皇家学会会士Belosevic等也评价说:"通过进化发生正选择的核苷酸区域已被鉴定,支持转铁蛋白的抗病原作用。"对于筛选银鲫生殖相关基因研究体系,美国Denslow教授等评价其"已成功地使用了这一技术途径"。首次纯化鉴定的C-型凝集素,被多国学者评价其"有阻止多精受精和抵御病原的作用""在卵子发育中起了重要作用"。

该项目还解决了我国银鲫大规模养殖实践中出现的问题,依据发现提出的银鲫苗种生产方案,已被国家水产技术主管部门采纳和推广,取得了重大的社会经济效益。

2012年

二等奖

水稻复杂数量性状的分子遗传调控机理

主要完成单位:

主要完成人：林鸿宣、高继平、任仲海、宋献军、金健

获奖情况：国家自然科学奖二等奖

成果简介：

该项目属于基础生物学领域的分子遗传学。

作物重要性状（耐盐、产量等）是由多个数量性状基因（QTL）控制，其遗传机理十分复杂，人们对其分子遗传机理了解非常有限。通过分离克隆相关QTL对于揭示重要性状的分子遗传调控机理和作物育种应用均具有重要意义。但这些工作难度大，富有挑战性，因此，所克隆的QTL数目十分有限，尤其是在该项目之前有关耐盐QTL的分离克隆研究领域是个空白。该项目长期以来对水稻耐盐、产量等复杂重要性状的分子调控机理开展了系统而深入的研究，取得突破性的成果，主要成果如下。

1. 水稻耐盐性状的分子调控机理研究。该项目用高度耐盐品种作为材料结合分子标记对耐盐QTL进行了定位分析，在定位的11个QTL中发现两个为主效QTL，一个为控制盐胁迫下K^+含量的SKC1，另一个为控制Na^+含量的SNC7。进一步选择耐盐主效QTL SKC1作为主攻目标，在国际上首次成功分离克隆了耐盐QTL SKC1并深入阐明耐盐作用机理：SKC1（QTL）基因编码离子转运蛋白新成员，作为钠特异性转运蛋白，在盐胁迫下维持水稻地上部高钾、低钠的离子平衡，提高水稻的耐盐性，有重要应用前景。此外，在早期开展耐盐转录组分析，鉴定了一批盐胁迫相关新基因，为盐胁迫分子机制研究及基因工程提供大量候选基因。选择一个盐响应基因OsTPP1进行功能分析，发现该基因能明显提高水稻的耐盐性，表明有应用前景。该项目为作物抗逆复杂性状的分子机理研究提供了范例，并为分子育种提供重要新基因。

2. 水稻产量性状的分子调控机理研究。粒重是决定水稻产量的关键性状。项目组从大粒品种中成功定位克隆了主效QTL GW2。CW2编码新型RING蛋白，具有E3泛素连接酶活性，GW2通过泛素介导的蛋白降解途径，调控颖壳大小，控制粒宽、粒重和产量。该研究为阐明作物产量性状的分子机理提供重要新观点、新见解，为水稻、玉米、小麦等作物的高产育种提供有应用价值的新基因。株型与产量密切相关。普通野生稻具有匍匐生长的株型，不利密植高产栽培，后来被驯化成直立生长的栽培稻，实现了水稻高产栽培，可见株型驯化是最重要的驯化事件之一，但其遗传调控机理尚未阐明。项目组从“海南普通野生稻”中成功克隆控制株型的关键新基因PROG1，其作为转录因子对株型发育起重要调控作用；人们对该基因变异位点的选择，使野生稻的株型驯化成栽培稻的株型。该项目在国际上首次阐明水稻株型驯化的遗传机理，并为高产育种提供重要新基因。

该项目在重要学术杂志上发表一系列原创性重要成果，其中3篇研究论文先后发表于著名顶级杂志 *Nature Genetics*，另外还在国际核心杂志 *Theoretical and Applied Genetics*、*Cell Research*、*Planta* 等上发表论文。8篇代表性论文SCI总影响因子为130.809，平均单篇高达16.351；论文被他引总次数多达668次，其中SCI他引474次（平均单篇达59次），被 *Nature Genetics*，*Nature Reviews Cenetics*，*Annual Review of Plant Biology* 等顶级刊物，广泛引用和评述。还获得4项发明专利（2项授权、2项受理）；1人当选中科院院士，2人获全国优博论文奖。

植物应答干旱胁迫的气孔调节机制

主要完成单位：

主要完成人：宋纯鹏、张骁、苗雨晨、江静、安国勇

获奖情况：国家自然科学奖二等奖

成果简介：

该项目从提高植物水分利用效率(WUE)的重大需求和植物生物学研究的前沿出发，发展分子生理学、细胞生物学、生物化学、基因组学、分子遗传学等多学科的强有力的实验技术，以控制植物光合和水分散失的气孔运动为模式系统，以提高WUE为目标，研究ABA诱导保卫细胞活性氧信号的产生、感受和作用的重大科学问题，创造性地探讨植物应答干旱胁迫气孔调节的分子机理。

科学发现点：①发现植物激素ABA诱导保卫细胞H_2O_2产生并启动气孔关闭这一基本生物学现象，揭示活性氧作为信号分子的细胞及分子生物学基础。②提出拟南芥GPX3具有感受和清除活性氧双重功能，发现GPX3不仅可以作为H_2O_2的感受子(Sensor)或受体，同时可以传递ROS信号，建立了保卫细胞氧化信号感受和传递的分子模型。③发现转录因子AtERF7和潜在的转录抑制子AtSin3互作调控ABA应答反应基因表达，提出ABA调节基因表达染色体重塑的分子模型，开创ABA调节基因表达表观遗传学研究的新领域。④利用远红外成像系统，建立起有效的遗传学筛选体系，得到了一批和ABA、H_2O_2等有关的控制气孔反应的突变体，并对其中突变体的基因进行了克隆和鉴定，为研究ABA、H_2O_2信号转导的交叉(cross-talk)、提高WUE奠定了理论基础。⑤在基因组水平上鉴定了一批受ABA和H_2O_2调控的拟南芥基因，这些基因参与代谢、转录调控、胁迫防御和应答等重要生理过程。

科学价值：植物对水分控制和利用是植物生物学基本机制的重要组成部分，也是细胞代谢最为基本的生物学过程。该项目发展了功能基因组学时代强有力的研究工具，提出了H_2O_2作为信号分子在ABA信号转导的作用，回答了氧化还原信号转导中的诸如感受、传递，以及ABA调节基因表达的分子机制等一些重要的基本生物学问题，为基因工程技术提高植物的WUE开辟了新途径。

同行引用及评价：经15年系统研究，共发表论文60篇，申请国家发明专利6项、授权1项。5篇发表在*Plant Cell*、*Plant Physiology*、*Cell Research*等国际著名期刊上，所检索的8篇代表性论文专著已被*Nature Rev Mol Cell Bio*，*Science's STKE*，*Annu Rev Plant Biol*，*GenesDev*，*Plant Cell*，*EMBO J*等国内外期刊他引823次(平均每篇被引100余次)，SCI他引472次。其中(代表论文1)单篇他引277次、SCI他引超过200次，进入ESI“植物与动物学科领域”前1.00%高被引论文排名，引文涉及中国、美国、英国、日本、法国、德国等34个国家和100多个机构，在SCOPUS数据库中检索2001—2010年AGRI(农业及生物科学)主题分类的数据中所检索到66075篇文献中，该论文被引用179次，按被引次数排在第5位。(代表论文2) SCI他引76次。引用论文涉及生物学、环境、农学、健康和进化等多学科领域，得到国际知名科学家群体的专门评述，并成为许多教科书的内容。同时受邀为国际著名期刊*New Phytologist*撰写综

述。部分成果获得2007年度教育部自然科学奖一等奖。正是上述原创性的学术思想和系列研究工作，开辟了保卫细胞活性氧信号转导研究这一新领域，并成为其先驱性工作和基点。关于ABA诱导H_2O_2产生和GPX3是H_2O_2感受子的研究，已成为该研究领域的经典文献，显示了深远和持续的影响力，提高了我国在这一领域的学术地位。

2013年

二等奖

黄土区土壤—植物系统水动力学与调控机制

主要完成单位：

主要完成人：邵明安、张建华、上官周平、黄明斌、康绍忠

获奖情况：国家自然科学奖二等奖

成果简介：

黄土高原是全球水土流失最为严重的区域。控制水土流失最有效的措施是植被建设。水分的丰缺、调控和管理对该区域的植被建设和农业生产起关键作用。土壤—植物系统水动力学与调控机制既是黄土高原农业与生态的核心科学问题，也是项目所属学科及其交叉领域的国际前沿。项目始于1987年，在国家基金、中科院重大项目等10余项课题资助下，通过在黄土高原长期的野外试验，土壤—植物—大气连续体（SPAC）水动力学模拟，系统揭示了该区土壤—植物水分的动力学关系及有效调控机制，为建立黄土高原合理的旱地农业模式和有效的生态植被系统提供了重要理论依据。

主要科学发现包括以下几方面。

1. 提出了测定土壤水文学参数的新方法，获得了土壤水分运动方程的分析解。首次获得了土壤水文学参数最通用的van Genuchten模型的解析表达式，建立了确定参数的新方法，分析求解了土壤水分运动的Richards方程。有效解决了长期困扰该领域其参数的唯一性、准确性和实用性问题，Richards方程的分析解是土壤物理的突破，获得了美国、英国、澳大利亚3国7所大学8位世界知名土壤物理学家的高度评价。

2. 阐明了干旱逆境下土壤—植物、根—冠间信号产生、运输及其对地上部水分的调控机制。发现了土壤周期干旱显著提高叶片气孔对木质部响应的灵敏度；揭示了植物木质部脱落酸（ABA）诱导植物细胞抗氧化防护的生理生化机制，指出渗透调节是维持作物光合作用的主要生理机制；提出了利用土—根—冠通信调控植物干旱逆境的新途径。澄清了学术界在土壤—植物系统干旱信号调控方

面的长期争议。

3. 建立了SPAC水分运动模型，形成了系统的SPAC水运转理论。率先系统深入地开展了SPAC水分运动机制和模型研究，建立了考虑冠层光能输送空间变化的植物三维蒸腾模型、植物根系吸水模型、土壤水分有效性模型，确切证明了植物根系吸水有效根密度的物理基础、土—根和叶—气为SPAC中水流关键界面。

4. 揭示了旱区土壤—植被系统水分调控机制。发现了黄土区土壤水分有效性的动态特征和旱作高产高波动性，提出了旱地农业的合理轮作模式；提出土壤—植物系统水调控方法，为旱区农业和生态系统水调控提供了重要基础和新途径。

8篇代表性论文被SCI他引419次，单篇最高SCI他引174次；20篇主要论著被他引1426次，SCI他引863次；有关成果被编入美国大学的教科 *Soil Physics*（第6版）、*The Nature and Properties of Soils*（第14版）和国际土壤学分析方法 *Methods of Soil Analysis* 等权威著作。

水稻质量抗性和数量抗性的基因基础与调控机理

主要完成单位：

主要完成人：王石平、储昭晖、丁新华、张启发、孙新立

获奖情况：国家自然科学奖二等奖

成果简介：

病害是影响农作物产量的主要因素之一。长期进化使植物具备抵抗病原侵害的基因资源。植物的抗病性分为两类：质量抗性和数量抗性。质量抗性由抗病主效基因调控，数量抗性由多基因或数量性状位点（QTL）调控。但是人们对农作物抗病的分子机理了解非常有限。该项目以水稻的两种重要病害——白叶枯病和稻瘟病作为研究对象，通过发掘水稻中参与质量抗性和数量抗性调控的基因，研究水稻抗病调控的分子机理，回答如何高效利用抗性基因资源改良水稻的科学问题。

1. 揭示了新的质量抗性调控分子机理，丰富发展了植物—病原互作理论。分子植物病理学以“受体—效应子”系列模型为原理来解释抗病主效基因调控质量抗性的机理。项目组通过多年努力分离了隐性抗病基因Xa13（绝大多数植物抗病主效基因为显性抗病）；Xa13和它的等位显性基因Xa13也是生殖发育所必需的；发现Xa13的抗性源自启动子的缺失突变，它不受病菌诱导表达而抗病；显性Xa13被病菌诱导表达，导致感病。这一抗病机理与其他已经报道的植物抗病主效基因调控的病原特异性抗病反应存在本质区别。说明抗病主效基因调控的抗病机理具有多样性；隐性Xa13是一个新型抗病主效基因。*enes & Development* 杂志在刊登代表作时配发了美国加州大学教授Pamela Ronald、Sarah Hake的点评，认为水稻通过相反方向调控Xa13表达使其在两种不同的生命活动中发挥重要作用是一个独特发现。

2. 揭示了质量抗性转换的分子机理，为高效利用抗病主效基因改良农作物奠定了理论和技术基础。在作物病理研究中，常观察到一种抗性转换现象，即抗病主效基因的功能受遗传背景或发育影响，但其机理不清楚，使这些基因的有效利用受到限制。项目组分离了在水稻生产中发挥重要作用的抗病主效基因Xa3/Xa26。发现遗传背景和发育阶段影响它表达，从而影响其调控的抗性水平和全生育期抗性，而且这种调控机理具有代表性。提高这类基因的表达量，可使抗性水平提高并可具有全生育期抗性。这是在国际上率先报道抗性转换调控的分子机理，为高效利用这类抗病基因改良农作物指出了方向。论文被*Nature*（有重要影响的杂志）他引。

3. 率先鉴定分离抗病QTL，揭示了其调控的分子机理特点，为阐明数量抗性的本质迈出了关键性一步。虽然已经在农作物中鉴定了大量抗病QTL，过去人们对数量抗性调控的分子机理缺乏认识，使这类抗性在作物改良中的有效利用受到限制。项目组建立了分离微效抗病QTL的方法，率先在国际上报道分离抗病QTL基因，揭示了水稻数量抗性调控机理的重要特点；发现水稻和大麦基因组的抗病QTL有一定程度染色体共线性关系，说明研究水稻数量抗性机理对研究禾本科作物的抗性有普遍意义。由于在植物数量抗性方面出色的工作，项目主要完成人被国际知名综述性杂志*Current Opinion inPlant Biology*邀撰写一篇关于植物数量抗性的综述文章。

4. 鉴定并精细定位了多个有应用前景的抗白叶枯病和抗稻瘟病主效基因，为水稻抗性改良奠定了遗传基础。

涉及上述成果的20篇核心论文被他人引用1030次，获得授权发明专利8项、湖北省自然科学奖一等奖2项、全国优秀博士学位论文2项。

禽流感病毒进化、跨种感染及致病力分子机制研究

主要完成单位：

主要完成人：陈化兰、于康震、邓国华、周继勇、李泽君

获奖情况：国家自然科学奖二等奖

成果简介：

该项目属生命科学病毒学领域的一项基础研究。

高致病力禽流感是禽类的烈性传染病，更是重要的人兽共患病。该项目以H5N1高致病力禽流感病毒（H5N1病毒）为模型，针对其进化、跨宿主感染哺乳动物及致病力机制等科学问题，开展了探索研究。

1. 发现H5N1病毒在自然进化中逐步获得感染和致死哺乳动物的能力。禽流感病毒具有宿主特异性，一般不具备感染哺乳动物的能力。该项目发现，水禽、候鸟携带的H5N1病毒在进化中形成复杂的基因型，多种基因型病毒都可随时间推移逐渐获得感染和致死哺乳动物的能力，对公共卫生构成严

重威胁（Chen，*PNAS*，2004；Chen，*JVI*，2006）；自然条件下高原鼠兔感染和携带H5N1病毒，有可能在病毒适应哺乳动物的进化中发挥作用（Zhou，*JVI*，2009）。Chen等的*PNAS*论文发表后，*Nature*杂志给予专评，Zhou等的论文被*JVI*选为当期“亮点”论文。

2. 发现决定H5N1病毒跨越禽—哺乳动物种间屏障及在哺乳动物之间水平传播能力的重要分子标记。H5N1病毒在多个国家感染并致人死亡，其突破种间屏障感染人类及在人间的传播潜力和机制仍是未解之谜。该项目发现，PB2基因对H5N1病毒感染哺乳动物能力及在哺乳动物之间水平起决定作用，其中D701N突变发挥关键作用（Li，*JVI*，2005；*Gao*，*PLoS Pathogens*，2009）。同时发现，HA基因158~160位点的糖链缺失可使H5N1病毒获得识别人类受体（α-2，6唾液酸）的能力，促进病毒在哺乳动物间的水平传播（Gao，*PLoS Pathogens*，2009）。PB2的701N和HA的158~160位的糖链缺失已成为H5N1病毒感染人类风险预警的重要分子标记。

3. 发现NS1是影响H5N1病毒对禽和哺乳动物致病力的关键基因，并揭示其影响致病力的关键位点及机制。H5N1病毒致病力的机制尚未得到充分揭示。该项目发现，NS1是影响H5N1病毒对鸡和小鼠致病力的关键基因；NS1的A149V突变和191~195位氨基酸缺失均可使H5N1病毒丧失拮抗宿主天然免疫的能力，影响其对鸡的致病力（Li，*JVI*，2006；Zhu，*JVI*，2008）。尤其重要的是，NS1的P42S突变是病毒获得对哺乳动物致病力的重要前提，其机制与阻止哺乳动物宿主细胞NF-KB和IRF-3信号通路的激活有关（Jiao，*JVI*，2008）。Jiao等的论文被同时评为JVI的当期“亮点”和ASM会刊*Microbe*的精彩论文。

该项目的发现为科学认知禽流感病毒做出了贡献，为禽流感的防控提供了科学依据。支持发现点的8篇代表论文分别发表在*PNAS*（1篇）、*PLoS Pathogens*（1篇）和*JVI*（6篇），累计影响因子51.053，被SCI论文他引745次。引文期刊包括*Nature*，*Science*，*Lancet*，*PNAS*，*PLoS Pathogens*及*JVI*等。

2014年

二等奖

水稻重要生理性状的调控机理与分子育种应用基础

主要完成单位：

主要完成人：何祖华、王二涛、王建军、张迎迎、邓一文

获奖情况：国家自然科学奖二等奖

成果简介：

该项目属于基础生物学的植物生理学。

水稻重要生理性状如籽粒灌浆、株高建成和抗性等与产量紧密相关，但其生理与调控机理尚未得到很好阐述，育种家也缺少有效的分子育种手段。该项目组长期开展水稻生理与遗传研究，剖析这些重要生理性状的调控机制，并致力于结合育种实践提出育种基础理论，为育种家发掘实用的分子技术，促进了育种工作开展。取得了既有重要理论意义又有育种应用价值的系统性原创成果。主要成果如下。

1. 开拓性研究水稻灌浆遗传，发现籽粒灌浆调控机制。籽粒灌浆是水稻产量形成的瓶颈生理性状。项目组建立了水稻灌浆的创新研究体系，证明像灌浆这样受多因素影响的生理性状也可以进行遗传剖析。首次分离并从功能上阐明了灌浆主效基因GIF1，证明GIF1编码一个古老的蔗糖转化酶，是控制光合产物卸载的关键因子，并证明GIF1为驯化选择靶标，其适当表达可以促进灌浆、提高产量。这在国际上是首次证明一个驯化的作物基因通过遗传表达调控仍然可以改良经济性状。研究同时还发现光合产物转运与代谢影响种子的穗上发芽性状，该成果得到了其他研究者的重视与跟踪，有研究者最近发表结果证实该基因家族也可以促进玉米灌浆、大幅度提高产量。该成果为提高作物产量潜力提供了新的研究思路与技术路线，推动了该领域研究的发展。

2. 系统开展高秆水稻研究，开创性发现“绿色革命”激素调控新机制。高产矮化的“绿色革命”由赤霉素（GA）调控，但对GA如何精细调节株高发育缺乏了解，而杂交稻不育系缺乏GA不能正常抽穗。该项目在国内最早开展高秆（eui）水稻生理和遗传研究，与国际上提出改良恢复系的思路不同，首次提出利用eui消除不育系包颈的理论，为育种家所采纳，促进了e-型杂交品种的选育和推广。定位克隆了EUI基因，首次建立了一个EUI介导的新的GA代谢与株高调控途径，调控EUI基因可以获得高产株型，并提高水稻的水平抗病性。该成果已为学术界广泛认同并跟踪研究，为株高发育与产量调控提供了一个新的研究方向。这些成果既增强了对“绿色革命”性状调控的理解，也为高产的作物株高建成提供了理论依据与途径。

3. 创新水稻抗性研究与基因资源，应用于高效分子育种。高产生理性状需要抗病性与杂种优势的保障（稳产）与加强。该项目长期研究水稻抗病生理与机制，定位克隆了我国特有的广谱抗瘟基因Pigm，为目前抗谱最广的基因资源，已被多家育种单位（包括东北主栽区）用于抗病分子育种，是一个理论密切联系国家需求的重要成果，有巨大市场潜力。OsNPR1、OsBBI等基因可以调控不同的抗病途径，提高广谱抗性，帮助研究防卫相关14-3-3和膜蛋白。受病菌诱导的RIM2超级家族在品种间的差异可以很好预测杂种优势，为组合测培、品种鉴别等提供了可靠的实用新工具。

该项目在主要学术期刊上发表的20篇主要论文，共他引981次，其中SCI他引783次。8篇代表性论文有2篇发表于顶级杂志 *Nature Genetics* 和 *Plant Cell*，其余发表于国际核心杂志，总影响因子84.006，共他引535次，其中SCI他引403次。在作物重要生理与抗性性状研究上有重要科学价值和创新性，被 *Nature* *Annual Review* 等顶级杂志广泛引用和评价，并得到 *Faculty* 1000 推荐。获4项发明专利授权，2项PCT已获得美国、日本等国家授权，申请了1个发明专利。成果也已被证明有重要应用价值，其中

EUI专利以高标的转让给国际大公司(中国不覆盖),Pigm被超过30家单位用于抗病育种,有关消除不育系包颈的理论也被多家单位采纳并独立应用于育种。利用RIM2专利与合作单位开发水稻分子育种技术,培育并通过审定4个新组合,其中浙优12号在浙江省大面积推广应用,取得显著的经济与社会效益。

2015年

二等奖

家蚕基因组的功能研究

主要完成单位:

主要完成人:夏庆友、周泽扬、鲁成、王俊、向仲怀

获奖情况:国家自然科学奖二等奖

成果简介:

该项目属畜牧学领域,是针对我国蚕科学的重大问题,并在激烈的国际竞争形势下取得了原创性研究成果。主要成果包括以下几方面。

1. 中国家蚕基因组计划。①2002年构建了家蚕11个不同发育时期重要组织器官的cDNA文库,分析了10万条EST,2004年完成了6X家蚕全基因组框架图,获得家蚕基因组大小为430Mb、18510个预测基因,分析了基因组结构、进化及家蚕生长发育相关的基因家族等,结果在*Science*发表。②2008年通过中日合作,绘制了家蚕基因组9X精细图谱,将87%的基因组片段和94%的基因定位到染色体上,国际昆虫学著名杂志*Insect Biochemistry and Molecular Biology*为此出版《家蚕基因组特刊》。③2009年完成40个蚕品系的基因组重测序和高精度遗传变异图谱绘制,发现1600万个SNP位点、31万个Indel和3.5万个SV,发现家蚕由中国野桑蚕而来的驯化为单一事件,研究论文在*Science*发表。

2. 家蚕基因组的功能注释。建立家蚕遗传及基因组数据库SilkDB,50个国家和地区的著名机构为日常用户,是家蚕和昆虫权威数据库之一。设计制作了覆盖家蚕全基因组的oligo基因芯片和米icroRNA芯片,完成规模化功能基因筛查及表达谱分析,建立家蚕基因表达谱数据库;利用蛋白质组学、RNAi、转基因和定向敲除等方法,分析了各发育时期、组织器官的基因转录、翻译和调控,对家蚕基因组进行了功能注释。相关研究发表于*PNAS*、*Genome Biol*、*Nucleic Acids Res*和*JBC*等刊物。

3. 家蚕重要经济性状的形成机理。构建了家蚕性别决定信号通路,研究了BmDsx基因在性别决定中的作用;系统鉴定了家蚕抗菌肽家族及各成员在体液免疫中的作用,研究建立了家蚕体液免疫信

号传导通路。建立了高效实用的转基因及基因组编辑系统，获得20余个转基因素材和1个转基因新型实用蚕品种，获授权专利19项，8篇代表作SCI他引668次，20篇主要论文SCI总他引963次。

Nature（2004）以 *The silkworm show* 为题，称是"中国科学家做出的难得的杰出成果"，*Nature News*（2004）发表了 *Silkworm genome gets solid coverage* 的评论，称"家蚕基因组的完成将对蚕丝产业、害虫防治等多个领域产生重大影响"。*Science News*（2009）评价重测序论文："揭开了家蚕驯化的科学奥秘，将促进家蚕遗传改良，提高蚕丝产量和生物工厂等应用"；*Science* 审稿人称："这是多细胞真核生物大规模重测序研究的首次报道……对家蚕生物学提供了新见解，是基因组资源扩展的一个里程碑"。完成项目的团队在国际蚕学和昆虫学界建立了良好的学术声誉，相关研究为其他鳞翅目害虫基因组的研究提供了良好借鉴。

成果已获重庆市自然科学一等奖、中国高校十大科技进展、日本蚕丝科学进步特别奖、中国香港桑麻纺织科技大奖等奖励，并入选《科技日报》社"科技中国55个新第一"、2006中国十大科技新闻等。项目带动了中国蚕科学的快速进步，并对我国蚕丝产业的发展产生了积极影响。

微型生物在海洋碳储库及气候变化中的作用

主要完成单位：

主要完成人：焦念志、张瑶、骆庭伟、张锐、郑强

获奖情况：国家自然科学奖二等奖

成果简介：

微型生物是海洋生态系统中"看不见的主角"，在全球变化中扮演着举足轻重的角色。本项目以海洋碳循环为主线，从宏观效应着眼、从微观过程着手，系统研究了海洋微型生物的生态过程与环境效应；并以重要功能类群"好氧不产氧光合异养菌（AAPB）"为突破口，通过方法创新和大规模现场实测，查明了AAPB全球分布格局，揭示了AAPB调控机制；进而深入探究AAPB实际分布与理论预测不符的原因，提出了"海洋微型生物碳泵（MCP）"海洋储碳新机制，成为国际研究热点，国际海洋科学委员会为此设立了以MCP为命名的科学工作组WG134，促进了学科发展，显著提升了我国在该领域的国际影响力。代表性成果如下。

1. 微型生物主要功能类群的生态过程与环境效应研究。利用流式细胞技术研究了超微型浮游生物群落结构的动态分布规律，阐明了超微型浮游生物群落结构和生物量在不同典型海域的调控机制，揭示了超微型浮游生物在寡营养的亚热带太平洋是输出生产力的重要来源；代表性成果2篇入选所在期刊的TOP25热门文章。通过在东海长江口及邻近海域的长年监测，展示了超微型浮游生物群落对人为活动——三峡大坝初次蓄水的前后响应，被引用率在研究建坝影响的5278篇文章中处于前3.43%。

2. 基于新创建的时序红外显微荧光方法，首次在全球范围内调查了AAPB这一新的微型生物功能

类群的分布格局，澄清了以往现场实测结果的分歧，纠正了以往理论上的偏颇认识，查明了AAPB全球分布规律和关键调控机制，被同行广泛引用，被引用率在同期及之后AAPB文章中位列第一。指出细菌光能利用对于“海区是大气CO_2的‘源’还是‘汇’”至关重要，并揭示了AAPB不产氧光合作用对浮游植物产氧光合作用的补偿效应。该成果在*Nature*旗下的*ISME J*、*Environ Microbiol*等专业刊物上发表，被*Nature China*列为研究亮点，并被评为“2010中国高等学校十大科技进展”。

3. 提出海洋储碳新机制“微型生物碳泵（MCP）”理论，诠释海洋调节气候变化的新认识。MCP被*Science*杂志评论为“巨大碳库的幕后推手”。成果被*NATURE Reviews Microbiology*作为Featured Article发表，并在其网站首页、期刊封面、及目录做了突出展示，2010年发表以来被美国ESI持续遴选为高引用率文章。MCP被国际微生物生态学会12届大会选为7个前沿热点之一；被国际湖沼海洋科学促进会ASLO大会遴选为4个前沿科学论题之一。美国科学促进会出版了焦念志等主编的MCP的*Science*增刊。美国科学院院士Karl评价MCP是对经典“生物泵”理论的一个重要深化；美国科学院院刊*PNAS*文章指出，“MCP机制研究有助于理解古代海洋和现代海洋碳循环对于未来气候变化的响应”；美国*Science*文章评论MCP作为海洋重要的储碳机制之一；美德科学家发表文章指出MCP已成为一个研究热点。

国家技术发明奖

GUOJIA JISHU FAMING JIANG

国家技术发明奖

GUOJIA JISHU FAMING JIANG

2011年

二等奖

后期功能型超级杂交稻育种技术及应用

主要完成单位：

主要完成人：程式华、曹立勇、庄杰云、占小登、倪建平、吴伟明

获奖情况：国家技术发明奖二等奖

成果简介：

针对在应用籼粳交培育超级杂交稻中常常出现的生育后期根系和叶片早衰、结实率低、灌浆差、综合性状不良的现象，创建了以提高水稻生育后期光合能力为目标的后期功能型超级杂交稻育种技术体系。主要技术及应用如下。

1. 发明了一种超级杂交稻育种亲本选配方法，可实现超级杂交稻营养生长与生殖生长的协调发展。用籼型和籼粳中间型保持系为母本、与来源于籼粳交的DH群体的不同株系为父本测配，发现在父本为籼粳中间型（籼粳形态指数分别为12~16和11~15）时，杂种一代营养生长与生殖生长较为协调，单株产量最高。开发出了与籼粳形态指数极显著相关的高效、准确的DNA特异标记。通过籼粳复交，创建了两份恢复系中恢8006和中恢111，粳型分子标记指数分别为0.25和0.39，属中间偏籼类型。

2. 发明了利用根系指标选育超级杂交稻的方法，可保证超级杂交稻在生育后期具有较高的根系活力和较多的功能叶片。选择指标是根深指数和不发根节数。根深指数大，叶片直立、结实率高。齐穗期不发根节数量与绿叶数显著相关。粳稻的根深指数和不发根节数大于籼稻。通过籼粳杂交，将粳稻的两个根系特性导入到籼稻背景中，有利于提高籼稻的后期功能，进而提高结实率。培育的代表性超级杂交稻国稻6号，根深指数高达13.5，不发根节数达到5.5，光合功能期长达43天，突破了大穗大粒品种结实率低的瓶颈。

3. 开发出抗稻瘟病基因Pi25的连锁分子标记，构建了完善的抗稻瘟病和白叶枯病基因的分子标记辅助育种体系。从我国特异抗稻瘟病资源谷梅2号中，发掘出第6染色体上兼抗叶瘟和穗瘟的主效基因Pi-25，并将Pi-25两侧的RAPD标记转化为STS标记SK17和SA7。利用pTA248分子标记快速鉴定抗白叶枯病基因Xa21。创建的两份恢复系中，中恢8006的抗病性基因型为Xa4+xa5+xal3+Xa21；中恢111的抗病基因型为Xa21+xa5+Pi25。

4. 应用专利技术培育了一批超级杂交稻品种,取得了显著的社会经济效益。项目组共获得4项发明专利和4项品种权,全国14家水稻科研单位和种业公司利用该项目获得的专利技术,共培育出85个杂交稻新组合,累计推广面积超过1.5亿亩,取得了显著的社会经济效益。项目组直接育成国稻1号和国稻6号等7个"国稻"系列杂交稻品种,在南方稻区累计推广3358万亩,创社会经济效益14.1亿元。其中国稻1号、国稻3号和国稻6号被农业部认定为超级稻品种。国稻1号在2005年和2006年连续两年被农业部确定为主导品种,并被《中国经济周刊》评选为2005年度中国十大自主创新技术;国稻6号2009年被科技部列为首批国家自主创新产品。此外,项目组主编出版了《中国超级稻育种》等专著2部,发表相关论文41篇,累计被引用1426次,极大地丰富了超级杂交稻育种理论。

克服土壤连作生物障碍的微生物有机肥及其新工艺

主要完成单位:

主要完成人:沈其荣、徐阳春、杨兴明、黄启为、单晓昌、陆建明

获奖情况:国家技术发明奖二等奖

成果简介:

我国现代农业中5亿多亩经济作物普遍遭受以土传病害为主的土壤连作生物障碍危害,很多田块绝收,某些作物面临毁灭性种植(如香蕉),每年损失1500多亿元,急需找到安全有效的解决办法。同时,我国大量的农业废弃物随地弃置,造成严重污染灾害(如水体蓝藻暴发)。项目将我国每年产生的农业废弃物转化成能克服土壤连作生物障碍的微生物有机肥,这是我国发展资源节约型和环境友好型肥料重大方向。

1. 筛选到拮抗土传病原菌、高效分泌蛋白酶和高效堆肥的功能微生物。筛选到用于拮抗土传病害等土壤连作生物障碍的功能性微生物80多株,用于氨基酸肥料生物制取2株,用于高效快速堆肥5株,已在中国科学院微生物研究所保藏登记的34株。研究出这些功能微生物的最佳生长条件(C、N源、PH、通氧量等)和菌种的液体发酵工艺参数,液体中菌种密度均超过10^{10}CFU/mL。

2. 揭示了微生物有机肥中功能菌的环境行为及作用机制。首次成功获得FISH杂交法追踪功能菌(芽胞)在微生物有机肥储存过程中活性变化的方法;用GFP标记法成功地标记了14株拮抗菌,并揭示了拮抗菌在根表聚集的行为特征;在营养钵育苗中添加微生物有机肥定向培育根际外源有益微生物,形成根表"生物膜",移栽后依靠作物根系分泌物,在大田不断生长的根表继续形成"生物膜",并产生拮抗物质(伊枯草菌素等),有效防控土传病害等土壤连作生物障碍。

3. 发明了微生物有机肥二次固体逐级发酵技术与工艺。发明了微生物有机肥固体发酵配方和二次逐级固体发酵工艺技术,微生物有机肥中特定功能微生物含量达到10^{8}~10^{9}CFU/g,产品中的专性有机载体成为功能菌进入土壤后的"可口食物"。已在黄瓜、西瓜、番茄、香蕉、棉花、甜瓜、辣椒、烟草、土豆、山药等经济作物上示范推广,土传病害生防率达到75%以上,连作生物障碍的土壤生物修复率达到

85%以上。

4. 发明了微生物有机肥中氨基酸原料的生物制取工艺。发明了利用高效分泌蛋白酶菌株固体水解动植物废弃蛋白成氨基酸和多肽的工艺，提供了农用氨基酸肥料的微生物制取工艺。用该混合物作为微生物有机肥固体发酵载体，功能菌的密度达到10^9CFU/g，比用传统化学酸解混合物的高2个数量级。

5. 创制了微生物有机肥中堆肥原料标准化快速高效堆肥新工艺及配套设备。研发出优质高氮堆肥发酵工艺（堆肥起“爆菌剂”和堆肥配料）及配套翻抛设备。采用该堆肥工艺将过去堆肥时间（2个月）缩短至15天，所研发的翻抛设备价格是国外进口的1/5。

发表SCI论文56篇，影响因子4以上的10篇，培养研究生80多名，2篇博士学位论文获全国百篇优博提名奖，获授权发明专利20项，申请PCT国际专利3项，已进入美国、欧洲、韩国、澳大利亚等国家，其中已授权韩国专利2项；生物有机肥和氨基酸肥共推广5000多万亩，农民增收的社会效益390多亿元；推广企业36家，企业新增利税7.5968亿元；消纳农业废弃物1000多万吨，减少化肥用量100万吨（折合12亿元），有效减少农业面源污染。该成果获2010年江苏省科技进步奖一等奖和中国专利金奖。

玉米芯废渣制备纤维素乙醇技术与应用

主要完成单位：

主要完成人：曲音波、程少博、朱明田、肖林、方诩、阎金龙

获奖情况：国家技术发明奖二等奖

成果简介：

该项目属于微生物生物化学领域。

主要技术内容：以玉米芯工业纤维废渣为原料，选育出了高产纤维素酶工业化生产菌株，采用深层液体发酵方式就地生产纤维素酶，攻克了酶水解效率低且成本过高的技术难关。工艺过程为先采用酶法提取玉米芯中的半纤维素用于生产木糖醇、低聚木糖等局附加值副产品，然后将玉米芯废渣中的木质素分离、生产高值化工产品，最后利用同步糖化发酵技术将废渣中残留的纤维素转化为乙醇，解决了传统纤维素乙醇生产技术存在的“原料不易收集和储存、预处理技术不成熟且成本较高、半纤维素难以被转化成乙醇等”难题。发明和集成了玉米芯木质纤维素生物炼制的新工艺，并实现了纤维素乙醇的产业化。目前，已建成从纤维素酶制剂、高附加值副产品（木糖醇、低聚木糖和木质素等）、纤维素乙醇的全套工业化生产线及其相应的质量控制手段。

技术经济指标：在工业廉价培养基条件下，纤维素酶粗酶液单位酶活力达15 FPU/mL，容积生产率达到160 FPU/iyh，纤维素乙醇转化率达86%以上，利用新工艺除生产纤维素乙醇外，还可生产高附加值的副产品，如：木糖醇、低聚木糖、木质素等，形成产品多元化的合理产业结构。仅木质素一项，每吨乙醇可回收2000~2200元成本。

应用推广情况：2005年开始利用玉米芯工业纤维废渣生产纤维素酶、同步糖化发酵生产乙醇项目整体技术的小试研究。2006年3月完成并通过山东省科技厅组织的成果鉴定，发酵醪液乙醇浓度达8%，原料出酒精率达24%以上，纤维素转化率70%以上，发酵时间64小时以内，吨乙醇生产成本接近粮食乙醇；2006年8月建成年产3000吨/年的纤维素乙醇中试生产装置。2007年2月，木糖废渣生产纤维乙醇技术通过省科技成果鉴定。2008年6月，生产线的进一步扩大，年产1万吨酶解工业纤维废渣制取乙醇高技术产业化示范工程项目，顺利通过山东省发改委组织的专家验收，达到了年产1万吨纤维素乙醇的生产能力。2009年，获得了山东省技术发明奖一等奖。项目自实施以来累计实现销售收入5050万元，新增利润378万元，新增税收278万元，带动相关产业发展，创造了较大的经济、社会效益。

该项目可在全国推广应用，利用全国每年约4000万吨玉米芯的50%，就可以年产400万吨燃料乙醇和数百万吨木糖和木质素相关产品，符合循环经济发展要求，为农林业有机质纤维废料的综合利用做出了良好示范。

森林计测信息化关键技术与应用

主要完成单位：

主要完成人：冯仲科、臧淑英、马超、杨伯钢、余新晓、姚山

获奖情况：国家技术发明奖二等奖

成果简介：

该项目由国家“863计划”、国家自然科学基金重大计划、北京市自然基金重点项目及企业创新基金等支持完成。项目以森林资源的数量、质量和空间分布为研究对象，以森林资源的数字化、信息化、精准化计测为研究目标，以森林资源与生态环境的调查、监测、建模、预测、决策和制图分析为研究内容，通过自主创新和有效集成，发明了自动精准测树、三维激光扫描测树系统、森林资源航天遥感与地面角规抽样配套系统集成、无人机航空摄影遥感森林计测和林火要素实时测量等技术，形成精密光电角距样地测树技术、遥感森林反演计测技术和森林防火灭火技术体系。

目前，我国林业建设的核心任务之一是有效提高现有林地的质量和生态产出，实现可持续经营。森林计测技术是森林经营和保护的基础技术，迫切需要应用信息化技术提升、改造经典的森林计测技术。一直以来，许多描述森林及生态环境的特征参数，如树高、上部直径、干型、冠幅、火高和火速等利用传统方法不能或难以测定，难以实现定量、精准、高效和信息化的管理与决策，成为森林计测的技术瓶颈。该项目通过专项研发，建立小样本抽样→角规固定样点自动测树→3S集成→模型反演与统计分析→数字林图与信息系统研建等技术体系。①发明了精密光电角距样地定点测树技术，集成绝对编码精密测角、激光精密测距及自动补偿等核心技术创新，面向单木、样地、林分实现了单木树高与上部直径、冠体、树冠表面积，林分断面积、密度、林分平均高、径阶比例、蓄积、生物量的自动、精准、无损计测。②配合GPS样点定位，发明了森林资源航天遥感与地面固定点角规抽样配套系统集成技术方法，

通过小样本野外样地多期观测，研建象元积分法遥感反演模型，实现森林生物量、森林蓄积量、森林资产价值、林火等生态环境参数在大面积、大区域的自动反演。③发明了林火要素实时测量技术，利用无人机获取林火多期摄影信息建立林火蔓延八叉树模型，实现林火蔓延的计算机模拟，为信息化精准化灭火指挥提供决策支持。

关键技术及产品应用后，通过精密光电角距样地定点测树技术，实现了立木的无伐倒、无损伤直接测量，全面自动测定与建库记录单木干型、林分断面积、树冠体积及表面积和上部直径等多个测树因子，测角精度优于±2”，无合作目标测距精度优于2mm+lppm，精度提高5%~l0%，野外工效提高1~3倍，解决了传统森林测定破坏林木、精度较低的难题；内业阶段实现了大尺度、区域化森林资源遥感反演和信息化管理，工效提高3倍以上；实现了林火蔓延速度、火焰高实时自动测定。

该项目的研发和应用推广，促进了行业的科技创新与进步，相关研究成果已广泛应用到我国林业、国土资源、土木工程及园林工程等相关行业，取得了显著的经济和社会效益。发表120篇学术论文，其中SCI、EI、ISTP收录93篇；培养硕士20人，博士（后）18人；共获得5项国家发明专利和4项实用新型专利授权，完成软件登记15项，近3年创经济效益1.74亿元。

仔猪断奶前腹泻抗病基因育种技术的创建及应用

主要完成单位：

主要完成人：黄路生、任军、晏学明、艾华水、肖石军、丁能水

获奖情况：国家技术发明奖二等奖

成果简介：

该项目属于动物遗传育种领域。

断奶前仔猪腹泻是养猪生产中的常见疾病，给世界养猪业造成了巨大的经济损失，肠毒素大肠杆菌（ETEC）F4ac是引发断奶前仔猪腹泻的最主要致病菌。项目组自2002年起，历时6年，在断奶前仔猪腹泻抗病基因育种研究方面取得了一系列重要发现，并取得了重大技术发明。主要发现和发明为以下几方面。

1. 通过全基因组连锁定位分析、目的区域的断点重组分析和远缘群体的高通量SNPs标记关联性分析等严谨的遗传研究手段，在国际上首次确定了MUC13为决定断奶前仔猪腹泻易感性的ETEC F4ac受体基因。

2. 通过来自全国10省（市）15个中西方猪种的292头代表性个体及白色杜洛克×二花脸资源群体的1315个体的屠宰测定验证，发现了对ETEC F4ac易感和抗性个体鉴别准确率大于97%的关键突变位点。由此，首次在国际上发明了高精准度的、具有完全自主知识产权且广泛适用于杜洛克、长白和大白3个主要商业猪种的断奶前仔猪腹泻抗病育种新技术。

项目申请国际发明专利1项，国家发明专利4项，获国家授权发明专利2项。中国科学技术信息研

究所检索查新中心的科技查新结果表明:项目组获授权的发明专利技术为国内外首创。项目组还在动物遗传育种领域有影响的国际性学术期刊发表该发明技术直接相关的SCI论文10篇(国际同行他引44次),其中1篇为国际专业杂志封面文章;培养博士3人,硕士15人,1篇博士论文获全国优秀百篇博士论文提名奖。

项目研究成果得到了国内外同行的高度关注和认可,项目组成员先后7次应邀在全国性学术会议做该发明技术相关的大会特邀报告。2010年6月27日,江西省科技厅组织14名(含7名院士)国内同行知名专家对该项目进行了科技成果鉴定,鉴定委员会一致认为:该项研究成果具有系统性和重要原创性,实现了我国种猪遗传改良研究的重大突破,成果居同领域国际领先水平。

2008年1月—2011年2月,项目组利用所发明的专利技术,通过国家生猪现代产业技术体系平台,进行了大面积的推广应用;结合常规育种,系统地在我国20个生猪主产省(市)35家国家级重点种猪场的84个核心育种群(14396个体)中开展了抗F4ac仔猪腹泻病的专门化新品系选育。经过3年的选育改良,使受试种群中的杜洛克、大白、长白易感个体的比例分别下降20%、25.1%和25.4%,显著提高了这些核心育种群的断奶前仔猪腹泻抗性,仔猪腹泻发病率显著下降,由此直接增产优质祖代种猪5524头,父母代猪114880头,商品猪1029010头。经中国农科院农业经济与发展研究所核算,新增纯收益4.39亿元;在规定的10年经济效益计算年限内,可为社会创造25.60亿元的经济效益。

该项目实现了我国种猪抗病育种技术的重大自主创新,有力地推动了我国种猪业的行业科技进步和健康可持续发展。

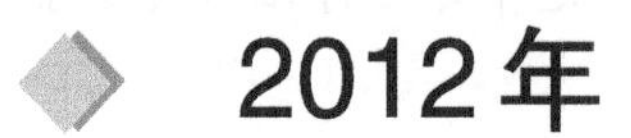

2012年

二等奖

小麦—簇毛麦远缘新种质创制及应用

主要完成单位:

主要完成人:陈佩度、王秀娥、刘大钧、黄辉跃、曹爱忠、郭进考

获奖情况:国家技术发明奖二等奖

成果简介:

栽培品种遗传基础日趋狭窄已成为作物育种取得突破性进展的主要瓶颈,外源物种蕴藏大量优异基因,而外源易位系诱导效率低、外源基因克隆难是制约外源基因导入和应用的主要限制因子。为将小麦亲缘物种簇毛麦的抗病、抗逆、优质等多种优异基因导入栽培小麦,在“863计划”、国家自然科学基

金等项目资助下，将远缘杂交、染色体工程和分子生物学技术相结合，历时30余年，成功地按照“染色体组→染色体→染色体臂→染色体区段→目标基因”由大到小、逐步深入的技术路线，将簇毛麦优异基因特别是抗病基因转入栽培小麦，对小麦白粉病和条锈病抗源更新贡献突出，新种质在小麦育种中大规模应用，产生了重大影响。主要发明点如下。

1. 提出了双倍体花粉辐射高通量诱导易位和整臂易位系雌配子辐射定向诱导小片段易位系的技术思路，创建了用60Co-射线照射硬簇麦双倍体花粉高效诱导属间染色体易位、用60Co-射线照射小簇麦整臂易位系T6VS/6AL成熟雌配子定向高效诱导携带目标基因的小片段中间插入易位系的新技术，解决了小片段中间插入易位系可遇而不可求的世界性难题。

2. 提出了外源基因克隆的新思路，创建了将细胞遗传学和分子生物学方法巧妙结合克隆外源基因的新方法，成功克隆出广谱高抗白粉病基因Pm21位点的关键基因，解决了外源基因精细定位和克隆难的问题。

3. 创造了一批携有簇毛麦优异性状的新种质，高抗白粉病和条锈病的小簇麦易位系T6VS/6AL无偿发放给育种单位用作杂交亲本，已育成18个小麦抗病新品种，累计推广6223万亩，增产16.82亿千克，创经济效益39.26亿元。这些新品种的种植面积正逐年上升，还有一批以易位系和衍生品种作亲本的新品系参加各级区域试验，即将发挥重要作用。

该项目获发明专利3项，获植物新品种权5项，发表论文46篇，其中在*PNAS*、*TAG*等杂志发表SCI论文16篇。

第三方评价：①以著名小麦遗传育种家李振声院士为主任的鉴定委员会认为：该项目在簇毛麦优异基因发掘和利用方面居国际领先水平，整体达到国际先进水平。②美国科学院报*PNAS*编委特邀国际著名学者Bikram Gill对簇毛麦重要外源基因成功克隆撰写专题评论，Gill认为：小簇麦易位系T6VS/6AL是继TIRS/IBL易位系后在农业上具有重大影响的第二个整臂易位系，该研究创造性地将细胞遗传学和分子生物学方法相结合，有效解决了外源基因精细定位和克隆难的问题，为克隆外源基因提供了一个成功范例。③我国著名遗传育种家何中虎2011年在《作物学报》发表的“中国小麦育种进展”中指出：T6VS/6AL易位系抗白粉病和条锈病，农艺性状好，在全国小麦育种中发挥了重要作用，是近10年小麦育种研究取得的3个主要新进展之一。④以该项目创造的易位系为亲本育成的内麦11和内麦836等被农业部列为主导品种。

该项目获教育部技术发明奖一等奖和科技进步奖一等奖各1项。

水稻两用核不育系C815S选育及种子生产新技术

主要完成单位：

主要完成人：陈立云、唐文帮、肖应辉、刘国华、邓化冰、雷东阳

获奖情况：国家技术发明奖二等奖

成果简介：

两系杂交稻是提高水稻单位面积产量进而解决我国粮食安全问题的最有效途径之一。然而，两系杂交稻往往存在制种安全性差、不育系繁殖困难和早期杂交组合优势不强等问题，生产上一直未能得到有效解决，严重制约了两系杂交稻的健康持续发展。该项目历经20年的研究，育成制种安全、综合性状优良、配合力强的水稻两用核不育系C815S；利用该不育系选配了13个高产杂交组合通过国家或省级审定；研制和发明了两用核不育系及杂交组合安全高产高效种子生产新技术，解决了困扰两系法杂交水稻生产多年的主要技术问题。主要发明点如下。

1. 育成水稻两用核不育系C815S，利用其配制了13个强优势杂交组合。育成水稻两用核不育系C815S，其不育起点温度为22℃，耐受低温历期长达7天。与生产上大面积应用的两用核不育系"培矮64S"比较，C815S不育起点温度降低了1.5℃、耐受低温历期延长了4天，从根本上保证了C815S的制种安全。

用C815S配制了13个杂交组合19次通过国家或省级审定。这些组合产量具有较大突破，在各级区试中亩产在523.5~668.2千克之间，较对照品种增产5%~10%，区试产量排名第一位达16次之多。其中C两优396被湖南省确认为超级稻品种，并确定为粮食作物主导品种。

2. 研创了两系水稻种子生产新技术。发明了水稻两用核不育系一季加再生冷水串灌繁种技术，并用于株系育性鉴定保纯法生产原种。该法以株系为单位鉴定不育系的不育起点温度，提高了育性鉴定的准确性；一季加再生冷水串灌繁种减少了原种生产自交代数，降低了原种生产过程中不育起点温度上漂的几率。采用该法生产的C815S原种纯度达99.99%，不育起点温度稳定在22℃，解决了不育起点温度上漂问题，从原种上保证了C815S制种安全。

研制了水稻两用核不育系繁殖基地计算机智能选择系统，建立了两用核不育系繁殖技术体系。利用该系统筛选出C815S最佳繁殖基地和时段；建立了C815S安全、高产、稳产、优质繁种技术体系，繁殖产量达562.5千克/亩以上，较当前生产上常用的冷水串灌繁殖和海南冬季繁殖产量和质量都大幅度提高。以袁隆平院士为主任的鉴定专家委员会一致认为该成果达同类研究的国际先进水平。

研制出两系法杂交水稻制种基地与时段决策系统，筛选出两系杂交稻制种的最佳基地和时段，保证了C两优系列组合的杂交制种安全。湖南金色农华种业科技有限公司等企业采用该系统筛选到的闽北、赣南、湘南、粤北、桂中等地制种，从未出现制种失败或种子质量问题，制种产量在200千克/亩左右。

项目获国家发明专利1项、植物新品种权3项、计算机软件著作权1项，审定杂交组合13个，鉴定技术成果1项，出版专著2部，发表论文23篇，部分成果获2009年度湖南省技术发明奖一等奖和第三届大北农科技成果奖。通过高产稳产高效杂交制种和栽培技术的集成，C两优系列组合在全国8个省市累计推广2357.45万亩，累计生产稻谷137.06亿千克，创社会经济产值274.92亿元，新增效益13.53亿元。

基于胺鲜酯的玉米大豆新调节剂研制与应用

主要完成单位：

主要完成人：段留生、李召虎、吴少宁、何钟佩、董学会、张明才

获奖情况：国家技术发明奖二等奖

成果简介：

倒伏是多年来影响玉米、大豆的产量、品质和机械化收获的重要因素，据统计可导致减产15%~80%。随着品种产量水平、种植密度、肥水投入的增加，倒伏问题更为突出，倒伏引起的产量损失也呈加剧趋势，成为依靠品种、常规栽培技术也难以克服的世界性生产难题。该项目开展水溶性胺鲜酯盐及制剂、玉米大豆调节剂配方、制备工艺和应用技术的研究，实现了胺鲜酯在大田作物上应用的技术突破。

项目首先研发水溶性的胺鲜酯盐及制备工艺，解决制剂难题；在揭示胺鲜酯对玉米、大豆等大田作物上作用机理的基础上，利用胺鲜酯盐调节同化物代谢与乙烯利、甲哌鎓等调节植物内源激素系统的互补增效机制，发明玉米、大豆调节剂新配方、制备工艺；针对生产问题和应用区域，提出应用技术参数，创建化控栽培技术。按照我国农药登记、生产等政策法规要求，获得新调节剂的行业许可证，实现产业化生产和规模化应用。

该项目主要技术发明点如下。

1. 发现了胺鲜酯促进玉米和大豆籽粒发育、增加根系活力和大豆根瘤固氮等新现象，揭示了胺鲜酯与甲哌鎓、乙烯利等的互补效应和作用机制，为胺鲜酯应用和产品研制奠定了基础。发现了胺鲜酯促进根系、大豆固氮和籽粒发育的新效应。发现了胺鲜酯与乙烯利在玉米上的互补增效现象和机理。发现了胺鲜酯与甲哌鎓在大豆上的互补增效现象和机理。

2. 以胺鲜酯为母体，采用衍生合成策略，发明了胺鲜酯柠檬酸盐及制备工艺，研制了水溶性制剂，解决了胺鲜酯易氧化失活、难水溶的问题，降低了生产成本，提高了生物利用效率；获得了高效稳定的胺鲜酯柠檬酸盐和制剂；建立了胺鲜酯柠檬酸盐和可溶性粉剂的制备工艺。

3. 提出了胺鲜酯—乙烯利为有效成分的玉米调节剂配方、制备工艺，研制了30%胺鲜酯·乙烯利水剂，防止倒伏和增产效果稳定，获得农药登记并建立了生产线。发明了胺鲜酯—乙烯利为有效成分的玉米调节剂配方和制备工艺；研制了30%胺鲜酯·乙烯利水剂，在玉米上获得首家登记。提出了30%胺鲜酯·乙烯利水剂的应用技术参数，防倒伏、增产效果稳定。

4. 提出了胺鲜酯—甲哌鎓为有效成分的大豆调节剂配方、制备工艺，研制了80%胺鲜酯·甲哌鎓可溶性粉剂，防止倒伏和增产效果稳定，获得农药登记并建立了生产线。发明了胺鲜酯—甲哌鎓为有效成分的大豆调节剂配方和制备工艺。研制了80%胺鲜酯·甲哌鎓可溶性粉剂，在大豆上获得首家农药登记。提出了80%胺鲜酯·甲哌鎓可溶性粉剂的应用技术参数，防倒伏、抗逆、增产效果显著。

综上所述,该项目发明的胺鲜酯柠檬酸盐及生产新工艺,在保证生物活性前提下,增加了稳定性和水溶性;发明了胺鲜酯与乙烯利、胺鲜酯与甲哌鎓的复合制剂配方、制备工艺,产品均获得国内首家农药登记,提出了应用技术参数,简便易行,效果稳定,实现了产业化生产和农田大面积应用。该项目主要技术发明点均为国内外首创,产品和应用技术等经济技术指标优于目前的国内外同类技术,整体处于国际先进水平、国内领先水平。

猪产肉性状相关重要基因发掘、分子标记开发及其育种应用

主要完成单位:

主要完成人:李奎、刘榜、赵书红、唐中林、樊斌、余梅

获奖情况:国家技术发明奖二等奖

成果简介:

养猪就是为了吃肉,培育产肉性状优良种猪(生长快、瘦肉率高、背膘薄和肉质好)是育种的主要目标。常规育种周期长、成本高,以基因标记为核心的分子辅助育种能加快育种进程和降低选种成本,将成为重要育种手段。针对产肉性状基因发掘困难和可用标记缺乏等制约因素,创建了基因资源高效发掘及分子标记开发利用技术体系,并开展育种应用。主要发现和发明如下。

1. 创建了高效基因资源发掘技术体系,实现了大规模发现猪产肉性状相关基因。首次提出了基于比较发育遗传学和比较转录组学发掘猪产肉性状基因资源的研究策略,创建FineQTL(精细数量性状基因定位)、DigiCGA(数字候选基因)、MiRFinder(非编码RNA识别)、M-GLGI(改良SAGE标签鉴定新基因)等方法,建立了以高通量技术为基础的高效基因资源发掘技术体系。首次系统绘制中外猪品种28个发育时间点的骨骼肌基因和非编码RNA图谱,发现了产肉性状候选基因2036个(567个为首次报道)和非编码RNA775个(255个为首次报道),鉴定了50个产肉性状新基因的功能。

2. 开发出10个新的产肉性状基因标记,构建了猪分子标记辅助育种体系。针对有效标记难找及适用群体窄的瓶颈,改良并运用DHPLC、Sequenom和限制性酶切等技术,建立快速、准确的基因分型方法,在国内外8个试验猪群(共2156头)中分析遗传效应,新开发出10个适用性广、高效简便、成本低廉的产肉性状基因标记,包括1个生长性状(TEF1- BshNI)、7个胴体性状(GFAT1-MvaI、MNTF1-EcoRI、PSME3-AluI、CMYA1-RsaI、MAC30-EcoRI、PNAS4-MspI和MuRF2-HinfI)和2个肉质性状标记(TncRNA-XspI和CMYA5-BspTI),其遗传效应在欧盟合作单位的试验猪群中得到确证。在建立单基因标记辅助选择BLUP(最佳无偏线性预测)育种模型的基础上,发展、应用多重标记—性状回归分析等方法,构建遗传效应优化的多基因育种模型进行遗传评估,选择有利基因型个体开展选种选配,建立了标记辅助育种体系,并得到多名国际著名专家的肯定。

3. 开展快长、薄膘、肉质优种猪选育,取得了显著社会经济效益。成果在我国10省市25个种猪场得以应用,取得显著社会经济效益。选育出生长快、瘦肉率高、肉质优的“鄂青一号”,2005年获国家商

标注册权，已成为湖北省自创品牌猪。成果用于市场主打品种长白、大白和杜洛克猪选育，产肉性状显著改良，如：达100千克日龄提前5天以上，背膘厚降低1.5毫米以上，肌内脂肪含量提高0.8%以上。2009—2011年共推广选育的优质猪249.3万头，创经济效益4.2亿元，推广量逐年增加，应用前景广阔。

获得10项发明专利和1项软件著作权。在 *Genome Biology* 、*Cell Research* 等国际著名刊物发表SCI论文54篇（IF>3的9篇，最高IF为7.17），被引522次（他引390次）；CNKI数据库收录20篇，被引158次（他引152次）。论文被权威专著 *The Genetics of the Pig* 多次引用。DigiCGA以独立一章入编国际著名分子生物学技术系列丛书，MiRFinder被引入台湾成功大学研究生课程。1人任国际动植物基因组大会动物组执行主席，2人获国家杰出青年科学基金，1篇学位论文获全国百篇优秀博士论文提名奖。

该项目为我国猪品种改良提供了分子标记和技术支撑，对充分挖掘优异基因资源和发展我国种猪业具有重要战略意义。

2013年

二等奖

高产高油酸花生种质创制和新品种培育

主要完成单位：

主要完成人：禹山林、杨庆利、王晶珊、王积军、迟晓元、潘丽娟

获奖情况：国家技术发明奖二等奖

成果简介：

该项目属于遗传育种技术领域。针对我国花生产业中高油酸品种缺乏，花生育种中高油酸种质资源创造困难和高油酸性状选择技术落后等难题，经过20年的系统研究，取得了较大突破。主要发明点如下。

1. 发明了花生体细胞杂交、胚辐射诱变种质创制新技术及组培苗嫁接保存变异材料新技术。体细胞杂交技术，克服了花生野生种和栽培种杂交不亲和问题，将野生种花生的有益基因转移到栽培种花生中；胚辐射诱变技术，解决了辐射诱变有益变异株率低的问题，有益变异株率由低于0.5%提高至27%以上；组培苗嫁接技术，花生组培苗移栽成活率达到95%以上，比未经嫁接移栽的方法提高了50%以上；嫁接苗100%结果，比传统组培苗移栽方法提高了55%以上；结果数比传统组培苗移栽方法提高80%以上。

采用组培苗嫁接技术与发明的花生体细胞杂交技术相结合，创制花生新种质112份，其中高油酸

(49%以上)种质3份;与发明的花生胚辐射诱变技术相结合,创制花生新种质400份,从中筛选出超高油酸(70%以上)种质7份。

2. 发明了以Δ12脂肪酸脱氢酶基因(FAD2)为标记的高油酸性状选择技术。花生高油酸性状由两对隐性基因控制。通过分析不同油酸含量的花生品种(系)中的FAD2基因,发现FAD2A和FAD2B基因存在突变,引起酶结构、酶活性或表达调控的变化,共同导致高油酸性状的产生。克隆不同油酸含量的3152份花生的FAD2A和FAD2B,结合油酸含量和油酸/亚油酸(O/L)值分析表明FAD2A基因存在G448A点突变和FAD2B基因存在442A点插入的花生是超高油酸(70%以上)材料或品种,O/L值超过7.0。只存在点突变或点插入的花生是高油酸(49%以上)材料或品种,O/L值在1.5~7.0之间。因此,FAD2A和FAD2B是高油酸性状的标记基因。

3. 采用基因选择技术育成了两个高油酸花生新品种花育19号、花育23号和一个超高油酸花生新品种花育32号。采用以Δ12脂肪酸脱氢酶基因(FAD2)为标记的高油酸性状选择技术,育成了高油酸花生新品种花育19号和花育23号,花育19号和花育23号FAD2A基因序列存在G448A点突变。育成了超高油酸花生新品种花育32号,花育32号FAD2A基因存在G448A点突变和FAD2B基因存在442A点插入。

花育19号油酸含量54.02%,O/L值1.97;花育23号油酸含量49.30%,O/L值1.54;花育32号油酸含量77.80%,O/L值12.30,比传统品种提高了10倍,是国际上油酸含量最高的直立型花生新品种。

该项目获得中华农业科技奖一等奖1项,获得授权发明专利14项,软件著作权13项,出版专著2部,发表文章66篇,其中SCI和EI收录25篇;该项目培育的3个高油酸新品种累计推广面积达5028.90万亩,累计新增纯收益82.02亿元。

油菜联合收割机关键技术与装备

主要完成单位:

主要完成人:李耀明、徐立章、陈进、李萍萍、易中懿、赵湛

获奖情况:国家技术发明奖二等奖

成果简介:

我国油菜种植面积约1.1亿亩,90%为分布在长江流域的冬油菜,具有植株分枝交错、含水率高、角果成熟度差异大、易炸荚等生物学特性。国产油菜联合收割机主要由稻麦单滚筒联合收割机改装而成,收获冬油菜时存在脱粒破损严重、清选筛孔堵塞、割台炸荚损失大、智能化水平低等“瓶颈”问题;进口的油菜联合收割机价格高,且不适应我国冬油菜特性和小田块作业环境。据农业部统计,2009年油菜机械化收获水平仅为8.2%,直接制约了油菜种植面积和产量的增加,造成了我国食用油61.5%依赖进口的严峻局面。

该项目在国家“十一五”科技支撑、公益性行业专项等课题资助下,在4个核心难题上取得了原创

性突破，解决了油菜机械化联合收获难题。主要发明点如下。

1. 发明了基于油菜角果脱粒难易程度的分级有序和揉搓—冲击复合式低损伤脱粒技术，突破了传统单滚筒油菜脱粒装置依靠加大打击力提高脱净率的设计思路；发明了油菜切纵流低损伤脱粒分离装置和短纹杆——板齿脱粒滚筒，解决了高脱净率与低破碎率相互矛盾的难题，脱出物杂余减少30%以上，提高了清选性能。

2. 发明了油菜清选减粘脱附新方法和非光滑仿生清选筛，解决了油菜湿粘脱出物在筛面上粘连、堵塞筛孔的难题。发明了油菜脱出物风筛式高效清选技术与装置，解决了脱出物分布不均匀引起的局部物料堆积、不易透筛难题，提高了脱出物快速分层透筛效率，清选损失减少20%以上。

3. 发明了低损失油菜割台，使油菜收获过程中由分禾撕扯、角果炸荚飞溅等形成的割台损失减少50%以上；发明了油菜茎秆预切割技术与装置，提高了油菜粗大茎秆从割台到脱粒装置的输送顺畅性。

4. 发明了联合收割机作业速度手自一体控制技术与装置，提出了作业状态多变量灰色预测方法，实现了联合收割机作业速度的手自一体自适应控制，保障了整机性能稳定，且作业效率提高10%~15%；发明了联合收割机作业流程故障诊断方法，实现了作业流程的故障预警和报警；研制的作业速度自动控制与故障诊断装置性价比高、通用性好。

上述4个发明点带来了油菜脱粒、清选、割台和智能化等关键技术的突破，研发的具有自主知识产权、适合我国长江流域冬油菜收获的联合收割机系列产品综合技术居国际先进水平，其中切纵流低损伤脱粒和非光滑仿生清选筛关键技术达到了国际领先水平。经检测，整机的总损失率5.9%，破碎率0.1%，含杂率3.2%，作业效率0.65hm²/h，主要技术指标明显优于国内外同类产品。

该项目授权发明专利13项，另申请发明专利8项。发表SCI/EI收录相关论文45篇。项目成果获江苏省专利金奖、中国专利优秀奖、中国机械工业科学技术奖一等奖和国家金桥奖。

研究成果自2008年起在常发锋陵、江苏沃得、星光农机等国内主要油菜联合收割机企业应用。近3年累计销售油菜联合收割机产品13360台，新增销售收入12.69亿元、利税2.78亿元，全国市场占有率达35%以上，为我国油料安全提供了装备保障。

水稻胚乳细胞生物反应器及其应用

主要完成单位：

主要完成人：杨代常、谢婷婷、何洋、宁婷婷、施婧妮、欧吉权

获奖情况：国家技术发明奖二等奖

成果简介：

针对植物生物反应器表达低、工艺复杂和规模化困难以及人血清白蛋白（HSA）因血浆缺乏造成的市场短缺和存在安全隐患等问题，发明了水稻胚乳细胞生物反应器以及相关技术，该发明技术可以部分取代基于微生物发酵和动物细胞培养等重组蛋白药物的传统生产方式，将对我国乃至国际上的生物

蛋白药物生产方式产生较大影响，将加速我国低附加值农业向高附加值的现代农业转变。该发明技术用于大规模生产重组HSA和其他血浆蛋白质，将解决我国对HSA大量需求和血液制品的安全隐患。

主要发明点如下。

1. 发明了以水稻胚乳作为"蛋白生产车间"高效表达重组人血清白蛋白（OsrHSA）的技术。利用储藏蛋白在种子成熟过程中不断合成与累积的原理，采用胚乳特异性启动子表达、蛋白质定向储藏和目的基因密码子优化等技术，使重组蛋白的表达量在水稻种子中积累到0.2%~0.8%的糙米干重，其中人血清白蛋白是国际上认为可商业化最低表达水平的20倍。

2. 发明了从水稻种子高效提取和纯化OsrHSA的技术。利用水稻种子储藏蛋白与HSA在生化性质的差异，发明了高温—高pH值提取、低pH值沉淀、阳离子—阴离子挂柱、疏水穿透的三步柱层析结合醇洗脱的方法，建立了从水稻种子中提取和纯化OsrHSA的简单工艺及其工艺流程，达到了最大限度地提高了OsrHSA得率和降低内源杂蛋白含量，使得OsrHSA的得率高达55.75%、纯度99.999%以上，达到或超过了国际上酵母表达体系生产重组人血清白蛋白的纯度，不仅保持了HSA正确的分子结构与功能，而且工艺流程由酵母体系的21个步骤减少到8个步骤，纯化工艺非常简单。

3. 发明了以非储藏蛋白作为融合载体高效表达小分子多肽的技术。针对小分子多肽表达难、产量低的技术难点，利用水稻种子中的分子伴侣帮助蛋白质折叠的特点，以此为融合载体，使得小分子多肽的表达量达到0.8%的糙米干重，而且具有生物活性，填补了植物生物反应器不能高效表达小分子多肽的空白。

该技术发明历经8年，申请国家专利7项，已授权3项，公开1项；申请国际专利3项，已授权1项，公开2项；发表相关SCI论文6篇；其中发表在*PNAS*的论文在国际上引起强烈反响，*PNAS*评审专家认为该发明技术在"科学上振奋人心、在经济上非常重要，可代替其他基于发酵的表达技术生产血浆产品或其他蛋白产品"；*Nature News*专门发文报道并给予了高度评价，认为在植物生物反应器领域实现了重大突破；国内本领域专家认为总体成果达到国际先进水平。

该技术发明于2007年开始应用，2010年已形成150公斤OsrHSA的中试生产规模，年产一吨OsrHSA符合国家GMP要求的规模化生产车间将投入使用。OsrHSA作为工业试剂或原料正在向全球推广，已有包括欧美国家在内的23家公司和国内的30家公司正在使用OsrHSA等系列产品，29家公司代理或贴牌销售OsrHSA产品和OsrbFGF。利用该发明技术已生产了多个系列产品，包括重组人血清白蛋白（OsrHSA）、重组人抗胰蛋白酶（OsrHSA）、重组人成纤维细胞生长因子（OsrbFGF）、重组人酸性成纤维细胞生长因子、重组人乳铁蛋白（OsrLac）和重组人胰岛素样生长因子1（OsrhIGF-1）等，系列产品已经或正在进入市场。

低成本易降解肥料用缓释材料创制与应用

主要完成单位：

主要完成人：张夫道、张建峰、杨俊诚、王玉军、黄培钊、王学江

获奖情况：国家技术发明奖二等奖

成果简介：

化肥在保证国家粮食安全中发挥着不可替代的作用，我国化肥施用量大，居世界第一位，但利用率低，比发达国家低15~20个百分点。复合（混）高效的缓/控释肥是解决肥料利用率低的根本途径。该项目针对国内外肥料用缓释材料降解难、成本高、缓释肥生产效率低3大技术难题，从1996年开始，开展了系统研究，取得了重大技术突破，在同类技术中达到国际领先水平。

1. 发明了低成本、易降解的系列肥料用缓释材料，解决了成本高、降解难的技术难题。

选择风化煤、煤矸石和粘土等为原料，采用纳米材料技术和现代高分子化工技术，以水为分散相和连续相，研制出13种纳米~亚微米级（10~450纳米）水溶性缓释材料，在土壤中60~180天微生物降解率达98%以上；由于比表面积大，应用于缓释肥料生产时，用量少（0.5wt%~2.3wt%），成品率提高了25wt%~30wt%，材料附加成本仅为国内外缓释肥生产附加成本的1/20~1/10。

2. 研制出大田作物用缓/控释肥料生产工艺，解决了化肥利用率低、养分损失量大的技术难题。

根据所研制的各类缓释材料生物降解时间的差异和特性，创制了60~200天释放养分的内质型、胶结型和胶结包膜型缓释肥生产工艺，按照每种大田作物不同生育期对养分需求比例，将这些不同时间段释放养分的缓释肥进行组合，研制出可保证缓释肥养分释放速率与大田作物需肥规律基本吻合的缓/控释肥。

在北京、吉林、河南、湖南等省市18个试验点，3~5年田间连续定位试验结果表明，施用该专用缓/控释肥料比等NPK复混肥处理增产16.7%~27.2%；肥料氮利用率提高15~26个百分点，磷利用率提高20~30个百分点，钾利用率提高12~20个百分点；土壤剖面140~160厘米土层硝态氮含量减少了42.9%~64.6%。

3. 研制出缓释肥生产关键设备，提高了肥料生产率，实现了规模化连续生产。

根据主要大田作物用缓/控释肥料生产工艺，研制出可连续生产2~3个时间段释放养分的关键设备，其中包括高塔内质型缓释肥生产设备、水溶性缓释材料包膜圆筒等，单条生产线生产能力为30万吨/年，是目前世界上生产率最高的缓释肥专用设备，实现了工业化生产。

4. 产业化应用效益显著。该项发明技术已在广东、山东、河南等地有关大型企业实现了产业化应用，2009年1月—2012年10月已生产、销售大田作物用缓/控释肥435.65万吨，总产值1146365.9万元，利税96166.6万元，施用面积8713万亩，经济、环境、社会效益显著。

该项目共获得授权国家发明专利21项，发表论文68篇，出版专著1部，培养博士、硕士研究生和博士后26名；农业部组织的科技成果鉴定意见认为："在同类研究中为原创性技术，达到国际领先水平"，成果获2008年农业部"中华农业科技奖"一等奖。该项目丰富了生态学、土壤学、植物营养学等学科的内容，对我国肥料行业发展和科技进步产生重大影响。

水稻抗旱基因资源挖掘和节水抗旱稻创制

主要完成单位：

主要完成人：罗利军、梅捍卫、熊立仲、余新桥、钟扬、王一平

获奖情况：国家技术发明奖二等奖

成果简介：

水稻是我国最主要的粮食作物之一，提高稻谷产量对于保障粮食安全具有重大意义。但水稻生产消耗了总用水量的50%以上，干旱使大部分中低产田严重减产。水稻生产中长期保持水层的种植方式不但随着农药化肥的增加形成面源污染，而且稻田甲烷排放占总排放量的20%以上。显然，提高水稻品种节水抗旱特性，是稳定和提高稻谷产量，节约水资源、保护生态环境的重大国家需求。

1. 建立了基于水旱稻配组结合大田强胁迫筛选的育种体系，通过核置换育成世界首例旱稻不育系"沪旱1A"，抗旱性强，米质优，配合力好，获新品种保护权。育成"旱恢2号"与"旱恢3号"，实现了杂交节水抗旱稻"三系"配套。"沪优2号"和"旱优3号"通过审定，表现节水抗旱、优质高产，其市场开发权以总价1300万元转让给浙江企业雨辉农业，在全国推广；以"沪旱1A"和"旱恢3号"为亲本，分别育成"沪旱7A"等2个新不育系，"旱恢7号"等10个新恢复系，育成"旱优113"通过审定，"旱优73"等5个新组合进入省级区试；国内多家单位引进作亲本育成5个不育系，30个恢复系，20个杂交节水抗旱稻新组合。

2. 进行了水稻节水抗旱的分子生物学研究，建立了研究抗旱性的系统生物学分析方法和利用QTL信息电子克隆和基因分析方法。克隆出SNAC1等7个重要抗旱基因，获7项国家发明专利；SNAC1申报国际专利并被加拿大、澳大利亚、墨西哥和欧盟等国授权。已被我国及美国、印度尼西亚的研究机构应用于水稻、棉花、玉米、柑橘的抗逆性改良。进行了详细的功能研究，被*Science*专栏文章引用与正面评述。

3. 提出了进行水旱稻亲缘适度融合，发展"节水抗旱稻"的策略与方法。构建了水稻节水抗旱研究平台，包括抗旱鉴定设施、鉴定方法、评价标准和核心资源。提出了穗水势等抗旱性评价指标、IR55459-05等抗旱性标识品种。鉴定出DJOWEH等120份抗旱资源。提出了利用水旱稻三交种的育种新方法与制繁种新技术。育成了"沪旱15号""沪旱3号"等5个节水抗旱稻品种，通过国家审定。

4. 项目共获国家发明专利10项，国际发明专利1项，植物新品种权2项，审定品种10个，在*PNAS*（IF=9.68）上发表论文3篇，*Plant Physiology*等领域权威刊物发表论文41篇。累计影响因子139.8，最高单篇引用达409次。培养硕博士生63人。所建立的设施、方法，发掘的基因资源已广泛应用于水稻节水抗旱研究与品种改良。

5. 成果转化获直接经济效益1300万元。以广西百色和安徽阜南为例统计，共推广64.3万亩，带动农民增收0.93亿元，取得了良好的社会效益。种植节水抗旱稻较水田减少甲烷排放86.7%，节约水资源

50%，大幅度减少面源污染，具有重大的生态效益。

该项目丰富了作物抗旱性的理论，促进了遗传育种学科的建设；可扩大水稻种植面积，提高中低产田产量，有利于产业结构调整和促进行业发展。

果实采后绿色防病保鲜关键技术的创制及应用

主要完成单位：

主要完成人：田世平、蒋跃明、秦国政、郜海燕、孟祥红、郑小林

获奖情况：国家技术发明奖二等奖

成果简介：

果实为人类健康提供了丰富的营养物质，是人们膳食结构中的重要组分。中国作为世界上第一大水果生产国，果树产业在农业中占有十分重要的地位。但是，我国新鲜水果采后腐烂十分严重，经济损失每年近1000亿元。长期使用化学农药防病带来的安全性和环保性问题越来越受到社会关注，研制新的防病技术对减少农药用量和确保果品安全十分重要，已经成为当今世界各国的研究热点。在科技部和基金委等10多个项目支持下，针对我国果实采后腐烂严重、防病困难和保鲜期短等关键问题和技术难点，通过十几年系统研究果实采后病害发生规律、病原菌致病机理、果实抗性应答机制等基础理论，创制了以生物源、天然源防病为核心的果实采后绿色保鲜关键技术，为提高病害防控的环保性和安全性拓展了新思路，开创了新途径。主要技术发明点如下。

1. 发明了果实采后病害的生物防治技术：发掘利用生物源（酵母菌、壳聚糖）和天然源（硅、硼）的抑菌物质，在系统研究其抑病效果和作用机制的基础上，创制了防控果实采后病害的生物技术，在多种水果上应用，病害控制率比传统技术提高30%~60%，农药使用量减少40%~60%，提高了病害防控的安全性。

2. 发明了诱导果实抗性的防病技术：针对一些重要的采后病原菌具有潜伏性侵染的特点和贮藏期间发病的规律，基于果实自身的免疫功能，研制了利用植物信号分子（水杨酸和草酸）来诱导果实抗性、抵御病原菌侵染的防病技术，使果实采后病害的发生率减少30%~40%，增强了病害防控的有效性。

3. 发明了一种沙糖桔新型复合保鲜剂：自主研发的多功能保鲜剂能在果实表面成膜，具有调控果面微环境的气体和水分子交换，延缓柑橘类果实衰老和抑制病原菌生长的功能，该保鲜剂处理沙糖桔贮藏100天后，果实腐烂率比常用化学农药处理降低30%，商品率达到95%。

4. 集成了不同果实采后绿色防病保鲜配套技术：针对我国南、北方特色果实（芒果、枇杷、杨梅、沙糖橘、甜樱桃、葡萄、梨和桃）采后腐烂严重和保鲜期短等突出问题，利用单项核心防病技术与贮藏环境因子的协同作用，集成了适合于不同果实的绿色防病保鲜配套技术，使果实保鲜期比传统贮藏方法延长了30~90天，果实商品率达到95%以上，确保了果实的品质安全。

以上发明点具有单项核心技术的源头创新和关键综合技术的集成创新，获得发明专利16项，省部级一等奖1项、二等奖2项；发表论文118篇（SCI期刊73篇），被CSCD引用252次、SCI期刊引用1466次；出版专著7部（英文5部），国际学术大会做特邀报告4次；2人获得国家杰出青年基金，5位博士生获中国科学院院长优秀奖；得到了国内外同行专家、应用企业和地方政府部门的高度评价，成果的整体水平达到国际先进（部分内容居国际领先水平）。在我国水果产区广泛应用；近3年来，新增销售额10.9亿元，新增利润为4.24亿元，新增税收1.19亿元，出口创汇3430万美元；实现了绿色防病保鲜，减少了农药的污染，促进了区域经济的发展，社会效益、经济效益和生态效益非常显著。

鸭传染性浆膜炎灭活疫苗

主要完成单位：

主要完成人：程安春、汪铭书、朱德康、贾仁勇、陈舜、黎渊

获奖情况：国家技术发明奖二等奖

成果简介：

我国是世界上养鸭最多的国家，年产量40亿只以上，约占全世界的70%。由鸭疫里默氏菌（Rimerella anatipestifer，RA）感染引起鸭严重发病和死亡的鸭传染性浆膜炎，是危害世界各国养鸭业最为严重的流行性传染病之一。

该项目针对严重危害我国养鸭业的鸭传染性浆膜炎主要依靠抗菌化学药物和抗生素进行防治、国内外没有批准上市的疫苗等突出问题，通过近20年的工作，成功研制了具有自主知识产权、安全性好、免疫力强、应用成本低的疫苗及其工厂化、产业化生产等配套技术，有效地突破了防控该病发生的关键技术瓶颈，推动了相关领域的技术进步，产生了显著的经济、社会与生态效益。主要技术内容如下。

1. 首创了鸭传染性浆膜炎灭活疫苗，获批为国家一类新兽药。发现了制苗菌种，发明了疫苗制造及检验技术，制定了疫苗制造及检验试行规程和质量标准，成功研制了疫苗并获批为国家一类新兽药[证号：（2009）新兽药证字38号]，成为国际上第一个研制成功并广泛应用于预防鸭传染性浆膜炎的疫苗。

2. 发明了鸭疫里默氏菌分离培养鉴定用和疫苗生产用新培养基。为疫苗低成本、工厂化、产业化生产及大面积推广应用奠定了坚实的基础。

3. 创建了该疫苗工厂化生产技术工艺。完整的疫苗工厂化生产技术工艺体系，确保疫苗安全、稳定、高效。

获6项国家发明专利，其中“鸭疫里默氏菌用培养基”为该病大规模流行病学调查中RA分离、鉴定提供了更廉价、优质的新培养基；“一种鸭疫里氏杆菌疫苗生产用培养基及其制备方法”为低成本、高效率和大规模生产疫苗解决了质优价廉的新培养基；“一种生产鸭疫里氏杆菌疫苗用菌液的方法”保证了

生产高质量的疫苗用抗原；"一种快速确定鸭疫里默氏杆菌培养物中细菌数量的方法"极大缩短了检测时间并确保抗原准确；"鸭疫里默氏菌脂质A的提取方法"用于检测疫苗抗原内毒素，确保疫苗的安全；"一种鸭传染性浆膜炎灭活疫苗乳化方法"优化了疫苗乳化工艺。

技术经济指标：抗原发酵生产时间只需24小时，疫苗用抗原计数时间只需1小时，疫苗乳化成品率达100%。疫苗为油包水型，无副反应，免疫3~7日龄肉鸭14天后对强毒攻击保护率达100%，可保护肉鸭整个生长期。疫苗在我国29省（市）养鸭产区得到广泛应用，创造了约50亿元的社会经济效益，为我国鸭传染性浆膜炎的有效防控及推动鸭业健康养殖的技术进步等作出了突出贡献。

传染性法氏囊病的防控新技术构建及其应用

主要完成单位：

主要完成人：周继勇、于涟、荣俊、杜元钊、刘爵、程太平

获奖情况：国家技术发明奖二等奖

成果简介：

鸡传染性法氏囊病（IBD）是一种传染性极强、以免疫系统损伤和功能缺陷为特征、至今仍对养鸡产业构成严重危害的传染病。国内外普遍使用活疫苗进行预防的策略存在极大的安全隐患和效果不理想，研制无安全隐患、高效的疫苗是鸡传染性法氏囊病控制亟待解决的世界性技术难题。围绕传染性法氏囊病控制的世界性技术难题，历时20余年来，在"863计划""科技支撑""973计划"等计划项目的持续资助下，构建了传染性法氏囊病病毒（IBDV）反向遗传学技术平台，揭示了传染性法氏囊病病毒的基因重配和复制的机制，发展了具有国际领先水平的安全的传染性法氏囊病新型疫苗、检测技术体系，尤其是发明的基因工程亚单位疫苗在养鸡生产上的广泛应用，为减少疫病发生、消除传染性法氏囊病病毒变异、净化鸡场的传染性法氏囊病作出了重大贡献。主要成果如下。

1. 利用分子生物学技术改造IBDV免疫原基因VP2，借助生物工程等疫苗研制技术，突破了依赖感染性病毒粒子制备IBD疫苗的传统制造技术以及可溶性表达与免疫原性兼容的技术难题，创制了目前国际上控制IBD的唯一基因工程亚单位疫苗，获得发明专利、国家新兽药证书、国家重点新产品证书，并在全国累计推广50亿头份以上，具有走向国际市场潜力。IBD基因工程亚单位疫苗的广泛使用降低了自然界IBDV变异的潜在风险，促进了鸡场传染性法氏囊病的净化。

2. 率先在国内利用反向遗传学技术拯救出感染性的传染性法氏囊病毒，突破了依赖鸡胚胎和细胞减弱毒力的疫苗传统研制技术，构建了传染性法氏囊病病毒核酸疫苗和VP5基因缺失疫苗的技术体系，开辟了我国IBD疫苗的研究新路径，促进了疫苗研制技术的发展，获得了国家发明专利。

3. 以创制的抗传染性法氏囊病毒非结构蛋白VP4、VP5的单克隆抗体和构建的表达传染性法氏囊病毒编码蛋白的永生化细胞系为基础工具，创建了不依赖感染性传染性法氏囊病病毒的疫苗免疫效果评价、鉴别检测技术系统，解决了鉴别检测传染性法氏囊病疫苗毒与野毒感染的技术难题，获得了国家

发明专利。

4. 利用基因组、蛋白质组与分子生物学等技术，发现了因基因互换产生的传染性法氏囊病毒重配毒株，发现了传染性法氏囊病病毒感染细胞的蛋白质组变化规律和不同化学修饰的病毒蛋白VP4，发现了传染性法氏囊病病毒蛋白VP5通过激活细胞磷脂酰肌醇3-激酶/蛋白酶B信号途径以促进IBDV复制的信号转导机制，阐释了传染性法氏囊病病毒致病的生化机制，为安全、高效的IBD防控技术研发提供了理论支持，推进了鸡传染性法氏囊病控制理论的发展。

该成果达国际领先水平，获授权发明专利7项、国家新兽药注册证书1个、国家重点新产品证书1个、转基因安全证书2个。成果技术已在全国所有省、自治区、直辖市推广使用，实现销售收入4.776亿元，新增利税收2.134亿元。发表的23篇，包括*Molecular & Cellular Proteomic*高水平杂志（影响因子9.42）SCI论文和33篇中文论文被引用559次。

2014年

二等奖

水稻籼粳杂种优势利用相关基因挖掘与新品种培育

主要完成单位：
主要完成人：万建民、赵志刚、江玲、程治军、陈亮明、刘世家
获奖情况：国家技术发明奖二等奖
成果简介：

水稻籼粳亚种间杂种具有强大的杂种优势，研究表明比籼型亚种内杂种增产15%~30%。但籼粳杂种存在半不育、晚熟、高秆等问题，影响其生产利用。该项目通过20年系统研究，发掘广亲和、早熟和显性矮秆基因，开发相应分子标记和育种技术，成功培育籼粳交高产水稻新品种，取得了显著成效。

1. 发掘17个不育位点及广亲和基因（专利ZL201010272515.9等）。发掘S8、S9等9个籼粳交雌配子不育位点和S19、S33等6个雄配子不育位点及其广亲和基因。图位克隆花粉半不育基因Pss1和控制生殖发育不育基因DAO，阐明了其作用机理（Plant Cell等）。发明相应分子标记，聚合广亲和基因，创制广亲和恢复系和粳型亲籼不育系，组配的籼粳交组合结实率稳定在85%以上，有效解决了籼粳杂种半不育难题。

2. 发掘早熟基因。明确了各稻区主栽品种抽穗期感光基因型。图位克隆光钝感基因Dth8，在长、

短日照下均促进抽穗的关键基因Ehd4（*PLoSGenetics*），在长日照下促进抽穗的微效基因dth2（*PNAS*）。提出基于感光基因型和光钝感基因的分子设计方法，设计最佳育种方案，获得理想熟期的籼粳交新组合，解决了籼粳杂种超亲晚熟问题。

3. 发掘显性矮秆及株型关键基因（专利ZL-200910236964.5等）。克隆显性矮秆基因Epi-df，明确了导致矮化的表观遗传学机理（*Plant Cell*）。克隆半显性矮秆基因D53，首次阐明独脚金内酯信号途径控制株型的作用机理（*Nature*）。克隆控制株型关键基因APC/C^{TE}，明确其作用机理（*NatureCommun*）。开发相应分子标记，为培育籼粳交理想株型奠定基础。

4. 构建分子标记聚合育种技术体系，培育籼粳交新品种5个（专利ZL200910079568.6，品种权CNA20060243.8等）。创建多重杂交与分子标记选择相结合的聚合育种技术，聚合广亲和、早熟和部分显性矮秆基因，综合籼粳水稻品种的优势，从籼粳杂交后代中选育出粳稻品种3个，其中，“宁粳3号”和“宁粳4号”分别被农业部评为超级稻新品种和超级稻主导品种。聚合$S5^n$、$S7^n$、$S17^n$等广亲和基因和Dth8等早熟基因，培育广适强优恢复系W107，组配的“协优107”和“II优107”分别通过国家和安徽省审定。2006年协优107在云南省永胜县1.13亩上创亩产1287千克的世界最高纪录。累计推广3107万亩，社会效益40.59亿元，2011—2013年推广1961万亩，社会效益26.47亿元。创制粳型亲籼不育系509S，提供给18个单位利用，其中有8个组合已参加国家和省级区试。

获发明专利7项、植物新品种权8项，发表论文71篇，在*Nature*、*PNAS*、*Plant Cell*等刊物上发表SCI论文41篇，他引220次。

该项目有效解决了水稻籼粳杂种优势利用难题，培育推广了籼粳杂交新品种，为保障国家粮食安全和农民增收作出了积极贡献。

油菜高含油量聚合育种技术及应用

主要完成单位：

主要完成人：王汉中、刘贵华、王新发、华玮、刘静、胡志勇

获奖情况：国家技术发明奖二等奖

成果简介：

该项目属农业科学技术领域。油菜是我国国产食用植物油的第一大来源，所产菜油占国产油料作物产油量的55%以上，对维护国家食用油供给安全具有十分重要的意义。而我国油菜含油量低（仅41%左右，比世界菜籽最大出口国加拿大低4个百分点左右），严重影响了国产菜籽的市场竞争力，提高含油量是油菜育种的当务之急。针对目前高油资源匮乏、育种技术落后、高含油量与其他性状矛盾突出等问题，经过10多年的研究，取得了突破。主要技术发明内容如下。

1. 首次探明了油菜种子含油量主要受母体基因型调控，鉴定出含油量调控的5种不同途径以及4个高油资源和6个新功能基因。建立了目前数量最大、基因型变异最广泛的含油量研究群体。通过独

特的遗传学实验首次证明母体基因型对种子含油量影响效应值最大，达86%。鉴定出含油量调控的5种不同途径、含油量达50%以上的4个高油资源和6个有自主知识产权的新功能基因，为高油聚合育种提供了新思路、新基因和优异亲本。

2. 发掘出高含油量QTLs新位点12个，其中2个对含油量的贡献值是已有报道中最大的。将关联分析与连锁分析相结合进行油菜含油量QTL定位和关联/连锁标记筛选，共鉴定出高油QTLs位点27个，其中12个为新位点，2个对含油量变异贡献率超过20%，相对含油量的贡献值达3.5个百分点，是目前已报道的含油量QTLs中贡献值最大的。由于位点对性状的贡献值大、标记离有效位点近，后代辅助育种鉴定效果更为显著。

3. 明确了含油量与产量构成性状间相关性不明显，鉴定出产量QTLs新位点14个、抗裂角和抗倒伏主效位点5个。利用关联群体和分离群体，明确了含油量与产量构成性状间相关性不明显；鉴定出产量QTLs 21个，其中14个属于新位点；发掘出抗裂角、抗倒伏QTLs 14个，其中5个属于主效位点。为同时聚合高含油量、高产、抗裂角、抗倒伏等性状提供了理论指导和技术支撑。

4. 建立了高效的多目标性状聚合育种技术，创制了含油量创世界最高纪录的特高油品系，育成了国际上首个同时聚合高含油量、高产、抗裂角、抗倒伏、抗菌核病、双低等性状的品种。建立了以亲本定向选配与聚合杂交、分子标记辅助选择、小孢子培养快速纯合与稳定技术等为核心内容的多目标性状聚合育种技术体系，使育种周期缩短了2~3年。创制了含油量达64.8%的特高油品系YN171，刷新了油菜含油量世界最高纪录。创制了高含油量、双低、高产、多抗、广适油菜新品种5个，其中，中双11号是世界上首个集高含油量（49.04%）、强抗裂角、高抗倒伏、抗菌核病为一体的双低油菜品种。

该项目已获湖北省技术发明奖一等奖；发表SCI论文15篇，引用累计129次，单篇最高29次；获授权国家发明专利11项；获新品种权1项，通过国家审定品种5个；2008年以来，在长江流域11省（市）累计推广3169.8万亩，累计新增经济效益27.40亿元；中双11号还被32家单位作为亲本利用，为油菜科技进步、产业发展作出了突出贡献。

花生低温压榨制油与饼粕蛋白高值化利用关键技术及装备创制

主要完成单位：

主要完成人：王强、许振国、刘红芝、祁鲲、朱新亮、相海

获奖情况：国家技术发明奖二等奖

成果简介：

我国是世界上最大的花生油生产与消费国，每年约900万吨花生用于榨油，但生产中90%以上采用高温压榨工艺，长期存在油的品质差、营养损失重、饼粕利用率和附加值低等突出问题，严重制约了花生产业健康发展。针对上述问题，该研究在国家“863计划”“科技支撑计划”支持下，历经10年，取得以

下重大发明。

1. 发明了花生低温压榨制油与饼粕蛋白联产技术及装备，实现了传统制油技术的革新。通过对调质、低温压榨等技术研究及双螺杆榨油机关键部件改进、出油缝隙和出饼厚度的适度调节，建立了低温压榨制油工艺技术，出油率达47%、饼粕残油6.5%、饼粕蛋白氮溶指数（NSI）73.6%，攻克了高温压榨花生油品质差与饼粕蛋白变性重（低温比高温压榨花生油酸值低50%、β-谷甾醇高53%、蛋白NSI高6.3倍），以及现有低温压榨出油率低、饼粕残油高的技术难题。

创新设计了快开门萃取罐与可编程控制系统，发明了亚临界流体萃取装置，利用该装置与短链烷烃萃取、微波灭菌等技术制备出残油率0.8%、NSI70.6%的蛋白粉，有效解决了萃取罐开启烦琐、自动化程度低、蛋白粉残油高的问题。

2. 发明了花生伴球蛋白与浓缩蛋白制备与改性技术，填补了国内空白。通过研究料液比、冷沉温度对伴球蛋白表面疏水性、二硫键含量的影响，构建了伴球蛋白结构与凝胶性关系模型，发明了伴球蛋白低温冷沉制备技术，产品纯度达78.9%、提取率71.3%、凝胶硬度217.0g、持水性2.1g/g、持油性2.8g/g。通过研究醇洗条件、转谷氨酰胺酶改性方法，创建了浓缩蛋白制备与改性技术，高凝胶型浓缩蛋白硬度、持水性、持油性分别较改性前提高了36.7%、50.0%、31.6%。首次实现伴球蛋白、浓缩蛋白在肉制品中的应用，突破了长期以来花生蛋白不能用于肉制品加工的技术瓶颈。

3. 发明了功能性花生短肽制备技术，大幅提高了产品附加值。通过研究短肽得率与酶种类、水解条件的回归模型与动力学模型，超滤条件对短肽精制分级的影响，创建了短肽制备技术，短肽得率89.0%、纯度90.3%。通过动物实验证实了短肽的降血压活性，确定了其活性最高组分的氨基酸序列，为降血压机理研究提供了依据。制备的功能性短肽产品附加值较花生蛋白粉提高了30~35倍，实现了花生蛋白的高值化利用。

项目获国家发明专利7项、实用新型专利1项，已在9家企业转让应用，建立了国内最大的花生低温压榨制油与蛋白联产生产线，3年累计销售收入148.5亿元，新增利润8.0亿元、税收2.1亿元。制定农业行业标准2项，出版专著2部，发表论文43篇，SCI/EI收录17篇。中国农学会组织的评价专家组认为：成果整体处于国际先进水平，花生低温压榨制油技术与装备、伴球蛋白与浓缩蛋白制备及改性技术达国际领先水平。获中华农业科技奖一等奖、中国粮油学会科技奖一等奖，被国科网评为“十一五”国家重大科技成果。该发明解决了产业面临的3大问题，开发了低温压榨油、蛋白及短肽3类产品，作出了“推动产业技术升级、改善全民营养健康、保障国家粮油安全”3大贡献。

海水鲆鲽鱼类基因资源发掘及种质创制技术建立与应用

主要完成单位：

主要完成人：陈松林、刘海金、尤锋、王俊、田永胜、刘寿堂

获奖情况：国家技术发明奖二等奖

成果简介：

鲆鲽鱼类为我国海水养殖的主要品种，其产量约占海水鱼类养殖产量的13%。其中，牙鲆、半滑舌鳎和大菱鲆是我国鲆鲽类养殖的主导品种，其产量占鲆鲽类总产量的90%以上。由于存在雌、雄生长差异大，雄性个体小且比例高、生长慢，抗病力差等问题，严重影响了养殖产业的发展。10年来，项目组对我国主要鲆鲽类基因资源发掘和种质创制技术进行了系统深入研究，建立了基因资源发掘和高产抗病种质创制的技术体系，在全基因组精细图构建、重要性状分子标记和基因筛选、高产抗病和全雌种质创制方面取得多项原创性成果如下。

1. 完成了世界上第一例鲽形目鱼类(半滑舌鳎)全基因组精细图谱绘制；发明了基因组测序序列纠错方法和系统；解析了半滑舌鳎和牙鲆全基因组结构，创建了基因组精细图谱；发掘出11种鲆鲽鱼类多态性微卫星标记4056个；构建了国内外密度最高的半滑舌鳎和牙鲆微卫星标记遗传连锁图谱，标记间距分别为1.67厘米和1.44厘米；为重要性状相关基因和分子标记发掘提供了基因资源。

2. 发明了半滑舌鳎性别特异微卫星标记及ZZ雄、ZW雌和WW超雌鉴定技术；克隆与表征了Dmrt1等性别决定相关基因11个，首次发现Dmrt1为半滑舌鳎Z染色体连锁、雄性特异表达和精巢发育必不可少的关键基因；发现半滑舌鳎伪雄鱼Z染色体上的性别调控基因的甲基化模式可以遗传给后代：从而揭示了生理雌鱼比例低的原因主要是伪雄鱼后代中的ZW雌鱼更容易变成伪雄鱼；发明了高雌苗种制种技术，将生理雌鱼比例提高了20%以上，解决了生理雌鱼比例过低的难题，高雌苗种推广占全国半滑舌鳎养殖面积约30%。创建了半滑舌鳎减数和卵裂雌核发育诱导技术。

3. 克隆与表征了大菱鲆、牙鲆和半滑舌鳎hepcidin、MHC、Nramp和GRIM19等免疫抗病相关基因31个，半滑舌鳎PAGAP等生长相关基因5个；发明了抗病相关MHC基因标记及其辅助育种方法；发现牙鲆抗鳗弧茵病能力能够稳定遗传，发明了高产抗病良种选育技术，创制出我国海水鱼类第一个高产抗病优良品种——“鲆优1号”牙鲆，生长提高30%左右、成活率提高20%以上，推广面积占全国牙鲆养殖面积的30%左右。

4. 发明了抑制牙鲆第一次卵裂的方法，创建了牙鲆卵裂雌核发育诱导、纯系构建方法，创制出牙鲆克隆系；创建了全雌高产牙鲆选育技术，创制出我国海水鱼类第一个全雌高产新品种——“北鲆1号”牙鲆，生长提高25%左右，推广面积占全国牙鲆养殖面积55%左右。

该项目发表论文145篇，其中SCI论文76篇；论文被SCI他引353次，出版专著1部；获授权发明专利18项，获国家水产新品种2个。创制的牙鲆“鲆优1号”和“北鲆1号”新品种以及高雌半滑舌鳎苗种在全国沿海省市推广后产生了69亿元的经济效益。发掘的基因组序列资源已在许多科研院所推广应用，产生了良好的社会效益。推动了海水鲆鲽鱼类养殖业科技进步和产业发展，具有重大应用价值和广阔推广前景。

2015年

二等奖

农产品黄曲霉毒素靶向抗体创制与高灵敏检测技术

主要完成单位：

主要完成人：李培武、张奇、丁小霞、张文、姜俊、喻理

获奖情况：国家技术发明奖二等奖

成果简介：

黄曲霉毒素是人类迄今发现污染农产品毒性最强的一类真菌毒素，包括B、G和M族，例如，B族的B1毒性是氰化钾的10倍，为I类致癌物。各国限量标准均极为严格。因此，高灵敏现场快速检测技术对保障从农田到餐桌农产品生产和消费安全具有特别重要意义。20世纪70年代中期，国外发明了单克隆抗体技术成为研究热点，建立了酶联法等，但仍不能满足现场检测需求。由于黄曲霉毒素不同于一般抗原，毒性极强、杂交瘤在筛选中极易衰亡丢失，选育难度很大；免疫活性位点不明，抗体亲和力低的问题一直没有突破；现场检测灵敏度低及假阳性率高成为难以攻克的世界难题。本项目在“863计划”课题等支持下，经过十多年系统研究，使我国跃居本领域国际领先水平，主要技术发明如下。

1. 发明了高效筛选杂交瘤的一步式半固体培养—梯度筛选法，探明了黄曲霉毒素分子免疫活性位点及靶向诱导效应，解决了杂交瘤选育难度大的瓶颈难题。创建了外源细胞因子bFGF、HFCS调控的一步式半固体培养—梯度筛选法，实现了杂交瘤融合与单克隆化的一步式选育，阳性杂交瘤得率提高了30倍以上；探明了黄曲霉毒素分子免疫活性位点是苯基与呋喃环氧基，揭示了其对B1、M1、G1抗体亲和力的靶向诱导效应，抗体亲和力常数提高3~5倍；攻克了多次亚克隆过程中阳性杂交瘤衰亡与丢失的难题，为创制高亲和力抗体提供了新方法。

2. 发明了黄曲霉毒素总量与分量B1、M1、G1单克隆抗体和纳米抗体，为自主创建高灵敏现场检测新技术提供了核心材料。基于上述筛选法，创制出1C11、2C9、10G4等黄曲霉毒素总量与分量单克隆抗体37株、纳米抗体2株，灵敏度（半抑制浓度，IC50）达0.001μg/L，交叉反应率低至0，亲和力常数高达109L/mol，超过国际领先的德国、意大利抗体1个数量级；纳米抗体可耐70%甲醇，抗60℃高温，解决了抗体亲和力低、特异性差、不耐高温和有机溶剂的难题。

3. 首创了3种黄曲霉毒素高灵敏现场检测技术，开发出17种试剂盒和3种检测仪器，破解了农产品黄曲霉毒素现场检测灵敏度低、假阳性率高的难题。创建了黄曲霉毒素侧向流免疫时间分辨荧光检测技术、纳米金多组分同步检测技术和荧光增强免疫亲和检测技术，并制定出技术标准；开发出17种

试剂盒和3种专用检测仪器，灵敏度高达0.003~0.1μg/kg，比现有同类技术提高10~50倍，假阳性率小于5%，成本降低75%，时间缩短80%，满足了不同种类农产品从农田到餐桌高灵敏现场检测的需求。

获得发明专利33项(包括美、韩各1项)，发表论文91篇(其中SCI40篇，IF5.5以上11篇)，累计被引737次，制定农业行业标准10项。已建成投产规模化生产线5条，可年产300万套试剂盒和900台仪器；在湖北农业厅、中储粮、光明乳业等22个省农产品种收储及加工单位应用，显著降低了污染损失，累计新增社会经济效益68.9亿元，还被慕尼黑理工大学、北京大学等52家科研单位应用。为农产品质量安全检测技术科技进步、保障消费安全作出了突出贡献。

已获2013年中国农业科学院一等奖、2014年湖北省技术发明一等奖。

农用抗生素高效发现新技术及系列新产品产业化

主要完成单位：

主要完成人：向文胜、王相晶、王继栋、陈正杰、白骅、张继

获奖情况：国家技术发明奖二等奖

成果简介：

粮食安全生产问题，食品安全问题，环境生态问题，抗药性问题，以及我国农药品种老化，新产品少，都迫切需要高效、低毒、环境友好的新农药。但创制一个新抗生素极其困难，至少发酵1千万个菌株，筛选10万个以上化合物，成功率低于百万分之一(*Science*, 2009,325:161–5)。针对创制抗生素超低筛选效率和成功率的难点及关键科学与技术问题，在新农用抗生素发现新理论、新技术取得突破，实现了5个新产品产业化。

1. 研究发现并揭示病虫害侵染植物，根招募防御性特异微生物，建立了有害生物—植物—微生物互作新理论，并创建发现产农用抗生素菌株新技术体系，且系统获得杀虫，抗作物真菌、细菌性病害多个抗生素。发现对难防治螨有高效的产米尔贝霉素和13个新化合物的冰城链霉菌；代谢9个新化合物和可半合成杀虫剂赛拉菌素化合物的NEAU1069新菌株；代谢4个新化合物和可半合成杀虫剂莫西克汀化合物的neau3新菌株；高效防治作物真菌性病害炭疽、菌核等新化合物三江霉素，和防治大豆疫病并明确作用新靶标的勃利霉素；难防治作物细菌性青枯病害新化合物兰溪霉素；评为“热点研究”的“东北农大霉素”和230余个新骨架、新活性化合物；53个微生物新种、新属。显著提高了发现农用抗生素的效率，解决了多个农用抗生素创制及产业化最基础、最核心技术菌种问题。

2. 在传统选育高产菌株基础上，研究揭示冰城链霉菌、NEAU 1069、neau 3生物合成及调控机理，构建它们代谢杂质少、单位产量比原始菌株分别提高145倍、233倍、315倍的高产优良工程菌，并进一步构建能将半合成产品米尔贝肟合成步骤由2步减少到1步，乐平霉素由4步减少到2步，莫西克汀由4步减少到1步的代谢新化合物的3个工程菌。解决了3个原始菌株发酵单位产量低、产品极难纯化和4个半合成产品低收率的产业化技术难题。

3. 研发突破产业化瓶颈的高产优良、代谢新化合物的6个工程菌小试、中试、70T罐的发酵、提取纯化及4个半合成产品生产工艺；制定米尔贝霉素、米尔贝肟、乐平霉素、赛拉菌素、莫西克汀原料药出口欧美质量标准。解决了5个产品安全、环保，高质量、高产率的发酵及半合成工业化生产工艺。

申请中国新药证书7项，已获得4项，进入审批后期2项；米尔贝肟、莫西克汀2个原料药通过美国FDA认证。核心技术产业化新菌株等申请国际、国内发明专利20项，授权15项。发表论文182篇，其中在 *Biotech Adv*（IF8.905, 5-Y IF11.211）、*Org Lett*（IF6.324）等发表SCI论文116篇，被美国院士等在 *Chem Soc Rev*（IF30.181）、PNAS等他引580次。

2010—2014年上市公司对外公开年度报告及2011年海关出口监测数据等显示，新产品出口欧美，近3年累计收入12.19亿元，利润4.21亿元。发现的多个新菌株及产品产业化，推动了企业“产业升级”“打造全球领先的生产基地”；发现的众多微生物新种、新属、新活性化合物及新作用靶分子，使中国成为具有原创性结构和新靶标农药的创新型国家。产生了极大的行业影响。

花生收获机械化关键技术与装备

主要完成单位：

主要完成人：胡志超、彭宝良、胡良龙、谢焕雄、吴峰、查建兵

获奖情况：国家技术发明奖二等奖

成果简介：

我国是世界最大花生生产和消费国，2013年种植面积达7000多万亩。由于机械化收获水平低下，严重制约了国内花生产业发展。为破解花生机械化收获长期存在的3大技术“瓶颈”难题：摘果作业秧膜缠绕顺畅性差、挖掘起秧壅土阻塞损失大、清选作业挂膜挂秧清洁度差，本项目在“十一五”国家科技支撑、国家现代农业花生产业技术体系等支持下，取得了原创性突破。

1. 发明了防缠绕柔性摘果和鲜秧水平喂入垂直摘果技术，解决了摘果作业秧膜缠绕、未摘净率高、破损率高难题，实现顺畅作业。

发明“动套静”组配防缠绕技术，解决了半喂入收获摘果部件秧膜缠绕难题，实现连续顺畅作业，提高了可靠性；发明刷拍组合柔性摘果技术，创制后倾弧形板对辊差相组配摘果装置，减小击打力，解决了未摘净率高、破损率高难题，未摘净率降低72.2%、破损率降低60%；发明鲜秧水平喂入垂直摘果技术，破解了传统分段摘果作业高效与低损不可兼得难题，破损率降低93.5%。

2. 发明了仿形限深铲拔起秧、振动自平衡、双滚轮击振及侧泄土技术，解决了挖掘起秧作业壅堵阻塞严重、落埋果损失大的难题。

发明仿形限深铲拔起秧技术，解决了半喂入联合收获浮板限深反应慢、精度差难题，保障了挖掘起秧深度一致性，落埋果损失降低76.5%；发明反向配置振动自平衡挖掘技术，解决了铲筛组合分段收获

中挖掘阻力大、清土效果差、落埋果损失大难题，总损失率降低56.7%；发明双滚轮击振及侧泄土技术，解决铲链组合分段收获中积土壅堵、落埋果损失大难题，总损失率降低97.3%。

3. 发明了无阻滞双风系一体筛大小杂并除清选技术，解决了联合收获清选作业挂膜挂秧、筛面堵塞、清洁度差难题。

采用了上齿下杆双层一体筛、双风系首尾组配结构，实现大小杂并除，并消除了上下筛横档及夹层，破解了传统双层筛挂膜挂秧、堵塞筛面难题，有效提高了荚果清选效果和作业顺畅性，含杂率下降71.8%。

基于上述发明，为满足多元化需求，创制出1种半喂入花生联合收获机和3种花生分段收获机，并在5家企业实现产业化，产品进入国家推广目录，被列为农业部主推技术，成为花生收获机市场主体和主导产品，市场占有率逾30%，并出口印度、越南，近3年共销售15570台，应用面积达1667万亩，经济效益达26.12亿元，同期我国花生机收水平从2009年的18.02%升至2013年的29.67%。

项目获授权发明专利11件、实用新型6件，出版专著1部，发表论文36篇（EI 12篇）；起草完成《全国花生机械化生产技术指导意见》，制定行业标准、技术规范、规程9项；成果第一完成人获“江苏省十大杰出专利发明人”；获“中国专利优秀奖”和“中华农业科技奖一等奖”等6项奖励。

中国农学会组织罗锡文院士、陈温福院士、吴孔明院士、张改平院士等11名国内知名专家对项目进行了科学评价，成果整体技术达到国际领先水平。

基于高性能生物识别材料的动物性产品中小分子化合物快速检测技术

主要完成单位：

主要完成人：沈建忠、江海洋、吴小平、王战辉、温凯、丁双阳

获奖情况：国家技术发明奖二等奖

成果简介：

动物饲养过程中抗菌药物和非法添加物滥用、饲料霉变等导致的残留事件不断发生，动物性产品安全问题严峻。具有实时、现场、大批量筛查特点的快速检测技术是保障动物性产品安全的最有效手段。但传统快速检测技术及检测产品存在识别种类单一、灵敏度低和不稳定等问题，严重制约了其在残留监控中的应用。针对上述问题，项目组经过多年研究，在小分子化合物新型半抗原、高性能生物识别材料、快速检测产品核心试剂配方与工艺技术等方面进行了发明创新，取得了显著成效。

1. 创制了磺胺类、霉菌毒素、β-兴奋剂和三聚氰胺等小分子化合物新型半抗原，显著提高了制备优良抗体的成功率和准确率。设计出了37个小分子化合物半抗原，通过定量分析候选半抗原和目标物的分子参数，创制出了含苯环或直链多元醚间隔臂的5种免疫半抗原，增强目标分子的刚性和极性，

提高了免疫系统对其的识别能力，使优良抗体的制备成功率提高了50%以上。解决了传统半抗原依靠经验和“试错法”设计的盲目性和不确定性。

2. 创制了受体蛋白和单链抗体等多种新型生物识别材料，为小分子化合物高通量多残留快速检测提供了关键技术和材料。对来源于肺炎链球菌等13种微生物中的共34个青霉素结合蛋白（PBP）亚型进行筛选，获得了高亲和力的PBP2x亚型，并对其结构域进行改造，创制出了在0.3~15.2ng/mL范围内能同时识别18种β-内酰胺类药物的新型PBP2x*，解决了抗体无法同时识别青霉素类和头孢菌素类主要品种的难题。制备出了黄曲霉毒素、喹诺酮类等8种单链抗体，在阐明抗体分子识别机制的基础上，通过关键氨基酸的定点突变改造，创制出了3个广谱性单链抗体，可分别识别6种黄曲霉毒素（B、M、G族）、19种喹诺酮类药物和5种以上β-兴奋剂，为制备小分子化合物广谱性抗体提供了新方法。

3. 发明了系列核心试剂配方和工艺技术，提高了快速检测产品的稳定性和灵敏度。针对黄曲霉素、青霉素类等目标物易于降解和吸附造成的检测不准确问题，发明了含有掩蔽剂和表面活性剂的系列配方，解决了目标物标准溶液长期保存的难题。创新了定向、团簇标记技术和组合抗体多点设计模式，突破了传统标记效率和检测通量低的技术难点。使用β-环糊精和甘氨酸增强和稳定荧光信号，解决了磺胺类和喹诺酮类检测试剂盒中量子点易于淬灭的问题。与仪器方法比较，快速检测产品的符合率达到95%以上。

项目获国家授权发明专利19项，获中华农业科技一等奖1项。快速检测产品获国家重点新产品2个和北京市自主创新产品8个。在*Anal Chem*、*Biosens Bioelectron*等发表SCI收录论文31篇，他引累计234次、单篇最高67次。产品已在全国30个省（市）超过1000家各级检测机构和动物性产品生产加工企业中广泛应用，取得了显著的经济社会效益，为保障我国食品安全提供了强有力的技术支撑，推动了我国食品安全快速检测技术的进步。

安全高效猪支原体肺炎活疫苗的创制及应用

主要完成单位：

主要完成人：邵国青、金洪效、刘茂军、冯志新、熊祺琰、何正礼

获奖情况：国家技术发明奖二等奖

成果简介：

猪支原体肺炎是世界范围内重要的猪传染病，感染率70%~90%，发病率40%以上，仅我国每年造成的直接经济损失超过100亿元。国内外防控该病主要依靠抗生素和灭活疫苗，但抗生素易导致病原菌产生耐药性，灭活疫苗存在免疫期短、保护率低等缺陷。活疫苗作为防控猪支原体肺炎的理想手段，具有免疫保护快、效力高等优势，但活疫苗创制存在着超强毒株的筛选与分离培养、强毒致弱过程中的免疫原性不丢失、致弱株的无细胞培养工艺等世界性难题。本项目在国家科技攻关计划等项目资助下，历经30多年持续攻关，成功创制了具有国际领先水平的猪支原体肺炎活疫苗，实现了自主知识产权产

品的产业化应用，推动了猪支原体肺炎疫苗研发与应用的技术进步。主要发明创造如下。

1. 发明了国际上首个适应体外无细胞培养的猪肺炎支原体克隆致弱株。创制了KM2无细胞培养基，创立了“病肺块浸泡法”分离培养技术，解决了猪肺炎支原体体外培养和高效分离的技术难题。从全国12个省市分离鉴定的55株猪肺炎支原体野毒中，筛选、鉴定出具有超强毒力的安宁系168强毒株。独创了“KM2无细胞培养—本种动物回归交替传代”的致弱技术，历经14年，连续继代致弱强毒株至F322代以上，经多次固相克隆纯化，实现了致弱株的无细胞培养，彻底摆脱了传统致弱方法依赖异种动物传代的困扰，攻克了外源微生物及制剂污染的重大难关，最终育成国际上首个免疫原性高、适应无细胞培养的猪肺炎支原体克隆致弱株，为活疫苗创制和产业化生产奠定了关键性基础。

2. 创制了免疫效力居国际领先水平的猪支原体肺炎活疫苗。优选出高效的肺内免疫途径，显著诱导猪呼吸道免疫保护，疫苗保护率达80%~96%，免疫期达9个月。创建了高效低成本的疫苗生产工艺新技术，建立了人工发病模型和早期免疫程序，制定了疫苗制造与检验规程及质量标准，创制出安全高效猪支原体肺炎活疫苗，实现了规模化生产，产品应用效价高、应激低，保护率和免疫期等关键技术指标达到国际领先水平。

3. 创建了猪支原体肺炎活疫苗应用配套技术体系。建立了猪肺炎支原体抗原与抗体快速敏感检测技术，制定了猪支原体肺炎诊断与防控技术标准。根据我国生猪养殖模式和活疫苗产品的免疫特点，创建了以猪支原体肺炎活疫苗免疫为核心，集成猪支原体肺炎的早期检测、动态监测、环境控制、饲养管理、生物安全为一体的应用配套技术体系。活疫苗上市并广泛应用，改变了我国猪支原体肺炎疫苗防控完全依赖进口灭活疫苗的局面。

本项目创制的活疫苗与进口灭活疫苗相比，保护率提高20%，免疫期延长3~5个月，疫苗生产成本降低80%。在全国28个省市3544.02万头猪上应用，新增社会经济效益60.81亿元。疫苗使用权与6家企业达成二次转让协议，并已与其中1家签订合同，转让经费1000万元。发表论文139篇，出版专著1部，获国家授权发明专利4项，国家二类新兽药注册证书1件，制定地方标准3项，获神农中华农业科技一等奖、大北农科技成果奖。

国家科学技术进步奖

GUOJIA KEXUE JISHU JINBU JIANG

国家科学技术进步奖

GUOJIA KEXUE JISHU JINBU JIANG

2011年

一等奖

玉米单交种浚单20选育及配套技术研究与应用

主要完成单位：浚县农业科学研究所、河南农业大学、北京市农林科学院、河南省农业科学院

主要完成人：程相文、李潮海、张守林、赵久然、孙世贤、秦贵文、唐保军、张进生、程立新、常建智、刘天学、周进宝、刘存辉、徐献军、朱自宽

获奖情况：国家科学技术进步奖一等奖

成果简介：

针对黄淮海夏玉米区自然灾害多，高产、优质、抗逆品种少等生产问题，浚县农业科学研究所在"863计划"等重大项目资助下，育成的"浚9058"和"浚92-8"两个优良自交系，显著拓展提高了我国玉米骨干自交系的遗传基础、丰产性和抗逆性。以"浚9058"为母本、"浚92-8"为父本育成的玉米单交种浚单20，突破了高产、优质、抗逆有效结合的技术"瓶颈"。通过良种良法配套，多次创造15亩、百亩和万亩连片世界夏玉米同面积高产纪录。2004年以来，"浚单20"连续被农业部确定为全国玉米主导品种，广泛种植于河南、内蒙古、湖南等10多个省区，近5年累计推广1.37亿亩，增收玉米68.78亿千克，获得了显著的经济效益，成为黄淮海第一、全国第二大种植品种，为抵御国际玉米种业快速进入黄淮海市场，实现我国玉米连续7年增产做出了重大贡献。

二等奖

高异交性优质香稻不育系川香29A的选育及应用

主要完成单位：四川省农业科学院作物研究所、四川省农业科学院、四川华丰种业有限责任公司、四川大学、四川省农业科学院植物保护研究所、四川省种子站、四川省农业科学院水稻高粱研究所

主要完成人：任光俊、陆贤军、高方远、兰发盛、郑家国、刘永胜、卢代华、熊洪、孙淑霞、李治华

获奖情况：国家科学技术进步奖二等奖

成果简介：

针对我国杂交中稻主体不育系“冈46A”及其杂交稻品种的稻米外观和食用品质较差，以及国内香稻不育系“湘香2A”和国际水稻研究所育成的香稻不育系“IR58025A”的雄性败育不彻底、繁殖制种产量低、未能推广应用等问题，该项目组在四川省农作物育种攻关、国家“863计划”、国家“科技支撑计划”和国家现代农业产业技术体系建设专项资金等项目的资助下，从1991年开始，深入系统开展了高异交性优质香稻不育系的选育及应用工作，在育种方法、新不育系创制、新品种选育和有利基因发掘等方面取得了实质性突破。

1. 实现了优质香稻不育系选育方法的创新。采用综合育种方法，选择优良亲本材料，注重香味和综合优良农艺性状的结合，重视早代选系花时的观察和柱头外露性的选择相结合，将多年多点和分期鉴定雄性不育性相结合，将不育材料早代配合力测定与不完全双列杂交试验相结合，将稻谷外观鉴定和实验室理化分析相结合，提高了育种效率，实现了优质香稻不育系选育方法的创新。

2. 成功选育了高异交性优质香稻不育系“川香29A”。“川香29A”的不育性稳定，不育株率和不育度均达国家标准。该不育系实现了花时集中与柱头高外露性状的聚合，突破了香稻不育系制种产量低的技术瓶颈，繁殖制种产量一般可达300千克/亩，较“冈46A”每亩增产100千克左右，较“湘香2A”和“IR58025A”每亩增产200千克左右，高产田块产量达到426.8千克/亩。“川香29A”于2002年获农业部植物新品种权，现已成为我国三系杂交中稻的主体不育系之一。

3. 同步提升了杂交香稻的品质和产量。利用“川香29A”育成一批优质高产杂交香稻新品种，其中，获四川省稻香杯杯奖2个，优质米奖3个；育成增产8%以上的广适性超高产品种3个；优质高产杂交香稻新品种“川香9838”在成都平原创造出亩产853千克的高产纪录。

4. 发掘了有利基因。精细定位了“川香29”的香味基因；采用RNAi技术，证明了水稻香味物质的产生源于OSBADH2基因的功能丧失；剖析了“川香29”的产量、花时、柱头外露性、米质等性状的增效等位基因31个，其中控制花时性状的主效QTL为首次发现。

5. 社会经济效益显著。利用“川香29A”已组配26个杂交香稻品种，通过了省级以上审(认)定，其中国审品种5个；另有20个杂交组合正在参加省级和国家级区域试验。2002—2010年，在我国南方稻区的15个省(市、区)已累计推广9863.97万亩，增产稻谷24.04亿千克，新增社会经济效益43.06亿元，其中2008—2010年，应用面积3240.07万亩，新增稻谷8.00亿千克，创社会经济效益15.86亿元。

6. 项目得到第三方高度评价。由谢华安院士、荣廷昭院士等专家组成的鉴定委员会鉴定认为：“该项成果创新性强，技术指标先进，社会经济效益显著，整体达到国际先进水平，其中，在香型不育系的繁殖制种产量以及异交习性的遗传基础研究方面居国内外领先水平。”2010年，高异交性优质香稻不育系川香29A的选育及应用获四川省科技进步奖一等奖。

花生野生种优异种质发掘研究与新品种培育

主要完成单位：河南省农业科学院、中国农业科学院油料作物研究所、广西壮族自治区农业科学院经济作物研究所

主要完成人：张新友、姜慧芳、汤丰收、唐荣华、任小平、董文召、徐静、雷永、王玉静、韩柱强

获奖情况：国家科学技术进步奖二等奖

成果简介：

该项目针对我国花生品种遗传改良中存在的栽培种优异资源匮乏、育成品种遗传基础狭窄、综合抗性和品质较差、育种方法单一等突出问题，历经30余年，通过发掘优异野生花生种质，探索花生属种间亲缘关系，建立远缘杂交育种技术体系，创制了一批优异花生新种质，育成了7个抗病、优质、高产和适应性广的新品种，在生产和遗传育种研究中得到广泛应用，创造了显著的社会经济效益。

1. 发掘出82份具多个突出优良性状的野生种质。其中，兼抗锈病、褐斑病、黑斑病和青枯病种质（A.diogoi等）、兼抗锈病、褐斑、黑斑、条纹病毒、矮化病毒和黄瓜花叶病毒等6种主要病害种质（A.glabrata）、含油量高达63.74%的种质（A.appressipila）以及含油量与蛋白质含量之和达87.65%的种质（A.sp.9835）等均为国际首次报道。

2. 首次从染色体组型、种间杂种后代细胞遗传行为、DNA多样性和种间杂交亲和性等多个方面系统研究并明确了花生属种间亲缘关系。结果表明：①区组间亲缘关系较远，存在着严重的杂交不亲和障碍，区组内种间亲缘关系较近；花生区组四倍体种A.monticola与栽培种关系最近，其次是A.villosa、A.duranensis、A.diogoi和A.benensis等二倍体种。②不同区组的染色体组存在程度不等的差异，但仍保留着部分同源性，通过杂种后代的染色体联会能够实现区组间基因交流，相互易位等染色体结构变异是导致该属染色体组分化的重要因素之一。

3. 建立并完善了以胚珠、幼胚离体培养和染色体倍性操作（即六倍体、三倍体、同源四倍体、双二倍体、四倍体途径）为核心的克服种间杂交不亲和及杂种不育障碍的远缘杂交育种技术体系。首次获得栽培种×围脉区组野生种、栽培种×直立区组野生种的杂种后代。创制出高油、高油酸、高蛋白、高抗青枯病和高抗网斑病等种间杂交新种质53份，丰富了栽培种的优异基因型。

4. 通过种间杂交，育成了“远杂9102”“远杂9307”“远杂9847”“远杂9614”“桂花22”“桂花30”和“桂花26”等7个优良花生新品种。利用三倍体、六倍体途径育成花生品种尚属首次。新品种在生产上得到广泛应用，其中6个品种累计推广3764.32万亩，新增经济效益54.73亿元。尤其是“远杂9102”，实现了综合性状的重大创新，居国际花生远缘杂交育种的领先水平。该品种先后通过河南、湖北、辽宁和国家审定；成功聚合了丰产、高油（57.45%）、高赖氨酸（1.19%）、高抗青枯病、兼抗叶斑病、锈病、网斑病和病毒病、抗旱、耐涝、耐瘠薄（固氮能力强）、抗倒伏、种子休眠性强、杂交配合力高等优良特性，在我国审定的珍珠豆型品种中，含油量第一；生态适应性强，适宜推广地区覆盖了豫、鲁、皖、苏、鄂、川、黔和辽

等省，南北跨越15个纬度；全国累计推广2485万亩，成为我国珍珠豆型花生的主导品种，同时创新品种利用，以该品种做亲本，已育成16个新品系，还获得了抗青枯病的分子标记和基因片段。该品种获得2009年河南省科技进步奖一等奖。

5. 该项目获植物新品种权3个；发表相关论文71篇，被引用175次。

冬小麦节水高产新品种选育方法及育成品种

主要完成单位：石家庄市农林科学研究院、中国科学院遗传与发育生物学研究所、中国农业大学、河北省小麦工程技术研究中心

主要完成人：郭进考、史占良、童依平、石敬彩、王志敏、底瑞耀、何明琦、刘彦军、蔡欣、刘冬成

获奖情况：国家科学技术进步奖二等奖

成果简介：

干旱是世界发展面临的难题之一，生物节水是世界研究的前沿课题。该项目立足华北严重缺水地区，长期坚持小麦节水高产协同育种，积20年理论探索和育种实践，创新了高效的节水高产育种新方法，培育出一批节水高产品种，并建立了配套的栽培技术体系，引领我国小麦节水高产育种技术。大面积推广应用，为小麦持续增产做出了贡献。经查新，节水高产新品种选育方法及育成品种的节水抗旱技术经济指标，在国内外未见相同报道。李振声、程顺和院士等专家鉴定结论为：总体研究达同类研究的国际领先水平。

1. 主要技术内容。

(1)创新了“前水后旱，同一世代水旱复合选择”的小麦节水高产育种新方法；构建了节水高产品种选育的形态和生理指标体系，实现了节水和高产的同步选择，显著提高了节水高产育种效率。

(2)育成了节水高产小麦新品种7个，其中3个通过国审。获国家植物新品种权3项。“石家庄8号”列入国家科技成果重点推广计划、连续4年被列为国家主导品种。“石家庄8号”和“石麦15号”均获国家科技成果转化资金项目支持，并被列为河北省节水小麦主推品种。

(3)研究形成了以“发挥根系深扎功能，提高土壤水利用效率；发挥叶片耐逆持绿性，提高后期光能利用效率”为核心的小麦节水高产栽培理论，制定了节水高产配套栽培技术规程，形成地方标准1项，实现了节水高产新突破。

2. 技术经济指标。

(1)节水指标：育成的系列品种水分利用效率达18~24.18kg/hm^2·mm，较对照提高20%以上；抗旱指数1.15~1.30，“石家庄8号”“石麦15号”抗旱指数分别为1.3和1.276，属一级节水抗旱品种。

(2)产量指标：“石家庄8号”等品种省、国家区试均较对照增产显著或极显著。生产示范在自然降水80~120毫米情况下，创0水亩产508.6千克、1水(50立方米/亩)亩产646.7千克、2水(90立方米/亩)

667.89千克的多项河北省高产纪录。

(3)品质指标:“石优17号”蛋白质含量13.81%,湿面筋30.4%,稳定时间17.6分钟;“石优20号”蛋白质含量14.02%,湿面筋31.8%,稳定时间15.4分钟,均达到优质强筋麦国标。

(4)技术标准:制定的节水高产配套栽培技术规程已形成河北省地方标准。

3. 应用推广及效益。

育成品种在河北、山东、山西、河南和天津等省(市)大面积应用。据不完全统计,2005—2010年品种累计推广10592万亩,增产小麦27.26亿千克,节水43.34亿立方米;其中近3年推广6691.92万亩,增产小麦17.23亿千克,增收节支44.70亿元,节水26.9亿立方米;年最大面积2499.8万亩,占适宜区域年种植面积的1/3。

4. 推动行业科技进步的作用

创新的冬小麦节水高产育种方法及构建的节水育种技术平台,被国内多家科研单位借鉴和应用,已育成4个品种通过省级审定,28个新品系参加了国家或省级区域试验,推动了我国小麦节水理论与育种技术的发展。系列节水高产品种的推广应用,促进了节水农业的发展。

发表论文15篇,其中SCI 3篇。获河北省科技进步奖一等奖1项、二等奖1项和三等奖1项。

高产、高含油量、广适应性油菜“中油杂11”的选育与应用

主要完成单位:中国农业科学院油料作物研究所

主要完成人:李云昌、徐育松、李英德、胡琼、梅德圣、张冬晓、柳达、涂勇、李晓琴、余有桥

获奖情况:国家科学技术进步奖二等奖

成果简介:

该项目以提高产量、含油量和适应性为目标,综合运用常规育种和杂种优势利用理论和技术,在杂交油菜品种的选育技术、优良性状指标和推广应用上,取得了重大创新和突破。

1. 培育出我国唯一同年通过长江流域三大生态区审定的杂交油菜品种中油杂11(审定编号:国审油2005007)在掌握骨干亲本优良特性和重要性状遗传特点的基础上,根据杂交育种基本原理,选用性状优点互补、一般配合力高、遗传背景差异大的推广品种为亲本复合杂交,分别选育具不同遗传背景的保持系和恢复系,再通过配合力鉴定,选育出高产、高含油量、广适应性的油菜新品种“中油杂11”(区试代号:希望98),同时具有品质优良、熟期适中、抗性强等优良特性,是我国优质油菜育种的重大突破。具有如下主要特性:①高产:湖北省区试平均单产190.2千克,比对照增产11.34%,第一位;国家区试20032004年长江上、中、下游区试均居第一位,分别比对照增产20.35%、25.71%和11.97%。②适应性广,稳产性强:湖北省及国家区试共计79个试验点,增产点次占85%以上,3个年度均获得高产;菌核病发病率和病指均低于国内外公认的抗性对照中油821,抗倒抗冻性好。抗性好是适应性广和稳产性强的基础。③高含油量:国家区试长江上游46.68%,中游46.21%,下游44.84%,分别比对照高出8.66、6.48

和2.78个百分点。④高产油量：国家长江上、中、下游区试，两年平均产油量均居第一位，分别比对照增产29.41%、28.07%和20.94%。⑤不育系不育性稳定，制种安全性高：专家现场鉴定，不育系不育株率98.4%，杂种恢复率95.7%。2005年同时通过国家长江上、中、下游三大生态区审定。

2. 解析"中油杂11"优良特性的遗传基础。通过对"中油杂11"高含油量基因位点的鉴定与遗传解析，明确了亲本中高含油量基因位点的分布；建立了基于SRAP标记的遗传距离预测产量杂种优势的方法，增强了杂交组合配制的目的性，提高了强优势组合选配的成功率，指导培育出"中油519"等一系列高产高含油量新品种。

3. 是国内适应范围最大，推广区域最广和首个走出国门推广应用的冬油菜品种。研究建立了配套栽培技术，推广应用面积逐年增大。2006—2010年连续5年列入湖北省主推品种，2006—2008年连续3年被农业部确定为唯一没有变化的整个长江流域主导品种，2010年再次被农业部确定为长江流域主导品种；在鄂、湘、赣、川、黔、皖、渝、陕和宁等省(市)累计推广3240万亩以上，是国内适应范围最大、推广区域最广的油菜品种，创社会经济效益23亿元以上，通过引种试种，在国外推广30多万亩，出口种子16.5万千克，创汇99万美元，成为我国首个走出国门出口创汇的冬油菜品种，取得了显著社会经济效益。

项目2008年获中国农业科学院科技成果奖一等奖和武汉市科技进步奖一等奖；2009年获湖北省科技进步奖一等奖；2010年获农业部丰收奖一等奖。

《农作物重要病虫鉴别与治理》原创科普系列彩版图书

主要完成单位：

主要完成人：郑永利、童英富、吴降星、吴华新、姚士桐、许渭根、朱金星、章云斐、吕先真、章建林

获奖情况：国家科学技术进步奖二等奖

成果简介：

《农作物重要病虫鉴别与治理》原创科普系列彩版图书是由一批长期工作在农业生产第一线的科研和技术推广人员，针对当前种植业结构调整、病虫危害加重，农民迫切需要技术指导的新形势，立足农业优势产业，围绕农产品质量安全，利用多年来在基层调查研究所积累的丰富经验和成果，按照农民的阅读理解能力和思维方式，以实地拍摄的大量数码图片为素材，以一病(虫)多图、配以浅显易懂的通俗语言为表现手法，以普及先进适用技术与绿色防控理念为重点，以推动产业提升为目标，自筹经费110万元，历时6年多联合创作而成，共包括《无公害蔬菜病虫鉴别与治理丛书》(10分册)，《无公害果树病虫鉴别与治理丛书》(10分册)以及《水稻病虫识别与防治图谱》《"浙八味"中药材病虫原色图谱》等22本，累计版面字数292万，系统介绍了水稻、蔬菜、水果及中药材等58种作物的700余种病虫的识别

技巧、科学防治等技术要点。

图书创作始终以面向农民、贴近生产、力求创新、注重实用和普及科学为原则。创作前期以召开座谈会、问卷调查等方式调查了800多户农民和近300名乡镇农技人员，广泛调研生产中出现的新问题、新难题，与他们共同探讨并确定农作物种类、包含内容、写作手法、表现形式、图书定价和装帧设计等。创作期间开展了大量调查研究和试验示范，采集病虫样本5200多个，新发现黑点球象等病虫害18种，重新鉴定明确疑难病虫40余种，纠正了以往的错误诊断，有利于对症治理，其中白毛球象等为国内首次鉴定明确；采用的主要技术筛选自近年来的科研新成果和适用新技术、新经验，其中性信息素诱捕技术获国家发明专利；选用的5000多幅图片，均为作者实地拍摄的20余万张图片中遴选而来。创作过程中采取分组起草、集中讨论、交叉校对、反复审稿的方式，集思广益，确保内容科学准确。图书出版后，每次加印时根据病虫发生的新情况、新特点和最新科研成果等对相关章节进行仔细修订，确保技术先进性。

图书发行后，深受广大农民的欢迎和好评，普遍认为图书“内容科学丰富、文字通俗易懂、图片清晰典型、技术先进实用和印刷质量优良”，将其称为“最新知识宝典”“病虫防治圣经”等，并得到了陈宗懋院士等权威专家的肯定。《中国植保导刊》等刊物作了专题推荐，被《中国图书年鉴》等收录，被《出口蔬菜农药残留控制实用手册》等引用。先后荣获农业部中华农业科技奖科普奖、国家新闻出版总署全国“三个一百”原创图书工程、华东地区优秀科技图书一等奖等奖励，并入选国家新闻出版总署下达的全国“农家书屋”工程书目。浙江省、广东省等各地政府列入重点采购的“三农”图书和“送科技下乡”的培训教材，拜耳作物科学（中国）有限公司等单位将图书作为其下乡召开农民培训会的重点资料。图书在全国范围内得到了广泛应用，至今已累计发行30余万册。据不完全统计，自2005年以来，全国应用本套图书培训农民490余万人次，平均每季减少化学农药使用1~3次，年均每亩节本增收120元左右，年均新增效益超亿元。

节水滴灌技术创新工程

主要完成单位：新疆天业节水灌溉股份有限公司

主要完成人：

获奖情况：国家科学技术进步奖二等奖

成果简介：

新疆天业节水灌溉股份有限公司成立于1999年12月，2006年2月在香港上市，2008年被批准为全国第二批创新型试点企业，2009年“天业”牌节水成套设备被认定为中国驰名商标。先后授予“中国产学研合作创新奖”和“2009年中国轻工业塑料加工行业十强企业”等荣誉称号。

目标：以开发和应用推广中国农民“用得起、用得着、用得好”的高效节水技术与产品为宗旨，以建成一套完善的技术创新体系为目标，不断完善“六大工程建设”，突破一批具有自主知识产权的核心技术,实现节水技术产业化,促进传统农业灌溉方式向现代农业高效节水灌溉方式的革命性转变,引领中国现代节水技术的发展方向。

系统性:围绕创新工程目标,坚持"自主创新、集成创新、适用先导"的发展战略和"创新立企、人才兴企、发展产业、服务农业"的方针,建成一套完整的技术创新体系,并建设完善"六大工程建设",为技术创新工程的创新性和可持续发展提供保障。

1. 创新性

(1)机制创新:①组建"博士后工作站、专家顾问团",开展前瞻性技术研究与决策咨询;"两个中心、一个实验室"为技术与产品研发主体。②实施"三统一"管理机制:即统一科技攻关,统一资金支付,统一考核激励。③实施"1355"人才战略:即每年企业拿出100万元奖励做出突出贡献的人员,300万元落实人才培训工程,500万元依托石河子大学面向全国招收120名定向本科生,500万元解决大学生住宿等。④实施"两头一金"的竞争机制:对考核评优员工(前头)进行奖励,对考核排序末尾的员工(后头)重新培训再上岗,实施"企业年金"增强企业竞争力。⑤实施"荣誉+奖金"相结合的激励机制:设置"金牌员工""金牌工程师"等称号,并对重大创新贡献的技术人员设立"突出贡献奖"。

(2)技术创新:在产品、设备、滴灌系统、滴灌作物丰产栽培技术、平台建设等方面,突破了一批节水关键技术和创新产品,促进传统农业向现代农业的转变。

2. 有效性

一套完整的技术创新体系,保障了技术创新的可持续发展能力,提升了产品市场竞争力。"天业"牌节水器材产品成为行业最受欢迎的品牌;承担国家、省、市级项目33项,获专利40项,主持制定国家标准5项,地方标准8项,出版专著7部,发表论文46篇;举办8期国际节水培训班(含2期境外班),对17个国家的178名学员进行了培训;节水技术辐射全国29个省,应用作物30多种,推广到13个国家;2005—2010年累计推广膜下滴灌5387.67万亩,节水96.98亿立方米,2008—2010年新增经济效益73.13亿元;"西部干旱地区节水技术及产品开发与推广"获国家二等奖。

3. 带动性

项目建成节水科技园区1个,装备滴灌带生产线325条,孵化了6家公司;带动了自建滴灌站400多家,滴灌工程服务公司130多家,各类滴灌带生产线多达3000条,形成了节水器材生产企业群;滴灌技术推动了节水器材、滴灌专用肥等相关产业的技术进步与发展;带动了国外市场发展。

大豆精深加工关键技术创新与应用

主要完成单位:国家大豆工程技术研究中心、华南理工大学、河南工业大学、东北农业大学、哈高科大豆食品有限责任公司、黑龙江双河松嫩大豆生物工程有限责任公司、谷神生物科技集团有限公司

主要完成人:江连洲、赵谋明、陈复生、朱秀清、于殿宇、王哲、唐传核、田少君、马传国、周川农

获奖情况：国家科学技术进步奖二等奖

成果简介：

该项目属于农副产品加工领域。大豆是我国最重要的经济作物之一，是人类生存不可或缺的主要食品来源。大豆加工业与种植、养殖、化工和食品等行业紧密关联，是关系国计民生的重要产业。长期以来，我国大豆加工业存在蛋白功能单一、高污染、油脂化学精炼、精深加工产品少、质量不稳定等突出问题，关键技术一度被美国ADM、SOY-CENTRER、法国杜邦等国外公司所垄断。自1996年开始，国家大豆工程技术研究中心等10家单位通力合作，历时15年，通过“九五”至“十一五”期间国家、省部级21个课题的支持，系统开展了大豆蛋白生物改性、醇法连续浸提浓缩蛋白、功能肽生物制备、乳清废水动态膜超滤、油脂酶法精炼及功能因子开发等研究与应用，突破了大豆精深加工共性关键技术瓶颈，实现了提质增效和技术创新，为我国大豆产业快速健康发展提供了有力的技术支撑，提升了我国大豆加工业的核心竞争力。

1. 主要技术内容

（1）针对我国蛋白品种少，功能性不足，应用范围窄的难题，研究采用二次浸出及后修饰技术改善大豆蛋白功能特性，开发出乳、肉制品专用蛋白产品；首次采用动态膜超滤技术处理乳清水，破解污水处理难题，开发出功能性乳清蛋白等产品并产业化；研究了大豆蛋白—油脂—反胶束体系萃取过程在有机相和反胶束“水池”的传质与分配机理及其影响规律，独创了超声波处理、同步酶法改性技术。

（2）针对醇提蛋白溶耗高、连续性差的关键技术难题，首次研发并应用复式萃取器和双螺旋挤压机，实现了醇提大豆浓缩蛋白连续性和高效率，降低能耗；开发了过渡态结构修饰与分子重组改性技术；应用醇法浓缩蛋白为原料，通过改造膨化挤压机实现非膨化高湿挤压组织蛋白产业化生产。

（3）针对不同功能大豆肽段难以分离问题，研究设计了大豆肽膜分离装备；筛选了最适酶种，优化水解条件，确定了抗氧化肽等分子量范围、分子结构和纯化方法。

（4）针对大豆非水化磷脂不易脱除难题，采用磷脂酶A1进行油脂脱胶精炼，使脱胶油含磷量降至3mg/kg以下，提高了精炼率；应用固定化脂肪酶技术，游离脂肪酸含量降到2.2%以下。

（5）以豆粕为原料，独创大豆异黄酮、皂苷、低聚糖、活性纤维等生理活性物质连续梯度高效提取技术；集成化学、吸附、膜分离、层析纯化与生物活化技术，制备出酶解大豆异黄酮甙元、低聚糖、活性纤维等高纯度高活性产品。

2. 主要研究成果

申请国家专利32项，其中授权发明专利16项、实用新型专利3项；开发功能性蛋白、大豆肽、酶法精炼油等新产品23种；公开发表论文253篇，其中SCI 25篇，EI 15篇；出版专著19部。

3. 成果推广及效益

该项目研发新技术装备已在全国18家企业得到推广应用，建立生产线45条，包括山东谷神集团、广州合诚生物科技股份公司、哈高科大豆食品公司、黑龙江双河松嫩大豆生物公司等，累计创经济效益64亿元，其中9家企业近3年新增利税7.1亿元，创汇2.1亿美元，节支4600万元。

稻米深加工高效转化与副产物综合利用

主要完成单位：中南林业科技大学、华南理工大学、万福生科（湖南）农业开发股份有限公司、华中农业大学、长沙理工大学、湖南润涛生物科技有限公司、湖南农业大学

主要完成人：林亲录、杨晓泉、赵思明、程云辉、谭益民、肖明清、黄立新、吴跃、杨涛、吴卫国

获奖情况：国家科学技术进步奖二等奖

成果简介：

我国稻谷年产量在1.95亿吨左右，占世界总产量的37%，居世界首位。我国每年稻米加工后，有近3千万吨节碎米、2千万吨米糠、4千万吨稻壳等副产物未很好利用，每年有3千万吨陈粮需要出库处理，另还有食用品质不太好的早籼米等，这些低值稻米由于缺乏深加工配套技术，只能是被迫压价拍卖或作为饲料粮处理，造成国家和地方财政严重亏损的局面。

该项目针对我国稻米特别是低值稻米（节碎米等）深加工与副产物综合利用落后局面：①在稻米淀粉糖生产中，创新采用生物信息技术手段，比较不同来源淀粉酶空间三维结构，构建高活力复合淀粉酶与酶助剂，显著提高酶活力30%以上，提高淀粉转化率97%以上，生产出超高纯度麦芽糖浆、啤酒专用糖浆、结晶葡萄糖、海藻糖、糖醇和麦芽糊精等6大系列稻米淀粉糖。针对生产淀粉糖后的副产物如何综合利用的难题，在创新工艺与设备基础上，国内外首创稻米（节碎米）制取淀粉糖与副产物综合利用的高效节能循环经济模式，节能30%以上，副产物的综合利用率100%，生产综合成本降低20%以上，真正达到无“三废”零排放的生态环保、高效节能的效果。②以节碎米为原料，采用生物工程技术（原生质体融合）诱变菌种及优化培养，结合液态深层发酵过程反馈抑制手段，有效降低有害物质桔霉素的含量，采用天然抗氧化剂，有效抑制红曲色素的光降解作用，大大提高其自然光环境中的稳定性，制取了高色价（≥260）低桔霉素（≤0.01mg/kg）红曲色素，被评为国家重点新产品。③国内率先以低值稻米为原料，经碱-酶法分离稻米淀粉和米蛋白，创新出稻米干法淀粉变性技术，将低值稻米淀粉改性成高附加值稻米变性淀粉，因其独到的细微结构和流变特性，在食品添加剂、照相、造纸和印染等领域广泛应用。④以制取淀粉糖、红曲色素和变性淀粉后含粗蛋白的米渣为原料，通过物理除杂、复合酶降解和接枝共聚技术，提制蛋白含量95%以上的高纯度、高水溶性米蛋白，并经蛋白酶多位点降解和膜分离等技术制取抗氧化、降血脂米蛋白功能肽。⑤以制取淀粉糖、红曲色素和变性淀粉后的米糠副产物为原料，创新提制工艺，制取高得率营养米糠油，将稻壳通过高温炭化联产制取高吸附性能活性炭和白炭黑。

该项目先后有3项成果通过鉴定：①稻米深加工制取海藻糖与糖醇技术研究（2010年鉴定，国际领先水平）。②稻米淀粉糖深加工及副产物高效综合利用技术研究（2009年鉴定，国际领先水平）。③稻米深加工制取高色价低桔霉素红曲（2002年鉴定，国内领先水平）。共研发11大系列30多种高附加值

产品(淀粉糖、红曲色素、改性淀粉、米蛋白和功能肽、米胚油和米糠膳食纤维、稻壳活性炭等),申报了73项专利,其中授权39项(发明专利28项,实用新型专利11项),发表论文325篇,其中SCI和EI收录117篇。技术先后在30多家企业推广应用,近3年累计新增产值91.37亿元,新增利税14.22亿元,创汇5470万美元,节支1.67亿元,为我国稻米特别是低值稻米深加工高效转化与副产物综合利用起到了强劲的推进作用。

木薯非粮燃料乙醇成套技术及工程应用

主要完成单位:天津大学、广西中粮生物质能源有限公司

主要完成人:岳国君、张敏华、吕惠生、柳树海、董秀芹、姜勇、李永辉、李北、欧阳胜利、任连彬

获奖情况:国家科学技术进步奖二等奖

成果简介:

该项目属于可再生清洁能源技术领域。

我国石油资源短缺,发展可再生能源势在必行。燃料乙醇是迄今为止最为成功的液体替代运输燃料。到2009年年底,世界燃料乙醇年产量已达到6220万吨,主要以玉米、甘蔗等作物为原料,原料资源制约着产业发展,采用非粮原料成为燃料乙醇产业发展趋势。木薯作为重要的非粮原料,种植不与粮争地,可以大规模种植,经济上可行。国家"可再生能源发展规划"明确鼓励以薯类作物、甜高粱茎秆等非粮生物质为原料的燃料乙醇生产。

该项目开展之前,我国尚未完全掌握木薯燃料乙醇生产关键技术及装备,亟待在原料多元化、关键单元技术创新、过程强化与系统集成、节能减排并实现清洁生产等方面实现突破。项目运用当代生物化工领域的先进技术手段及方法、当代传质理论、计算流体力学及系统工程理论及方法,实现了燃料乙醇关键技术创新与系统集成,形成了木薯非粮燃料乙醇成套技术。该项目是国家发改委批准的第一个实施国家非粮生物能源战略的示范工程和技术创新项目,主要科技创新点如下。

1. 开发并应用了木薯原料多级淘洗除沙等前处理技术、适应于大规模生产的层流液化技术、酒母梯度扩培及复合酵母技术,实现了木薯燃料乙醇同步糖化浓醪发酵技术的工业应用。发酵醪酒分多≥14%(v/v),废醪排放量减少约27%。

2. 建立了木薯燃料乙醇生产全流程数学模型及专用数据库,发明并应用了高温喷射与低能阶换热集成、三效热耦合精馏及与精馏过程耦合的分子筛变压吸附脱水等多项节能技术,能耗降低约40%。

3. 建立了废醪液分离及消化过程数学模型,开发了全糟厌氧与清液厌氧协同处理、好氧污泥高温减量化等废醪液处理工艺,实现了木薯燃料乙醇的清洁生产。

4. 建立了大型发酵罐等关键设备的流体力学模型及CFD计算方法,提出了放大规律,开发、设计并制造出3400立方米侧入式搅拌发酵罐,开发了高效复合内件及抗堵型塔板并应用于燃料乙醇生产过程,实现了过程强化与集成。

5. 提出了燃料乙醇精制流程中挥发酸变化机理及分布规律，形成了催化反应精馏脱酸技术，淘汰了当前普遍采用的加碱工艺，实现了燃料乙醇脱酸技术的绿色化。

建成了广西中粮年产20万吨非粮木薯燃料乙醇示范装置并于2007年12月投产。项目带动了在瘠薄土地种植木薯近90万亩，农民每年可增收约4.3亿元；生产燃料乙醇新增效益2.55亿元；新增税收7470万元；配制的乙醇汽油在广西区封闭运行，替代了10%的汽油资源，并降低了碳氢和碳氧化物排放，产生了显著的社会效益。

项目获授权专利20项，其中发明专利15项。获省部级科学技术奖一等奖2项、中国专利优秀奖、天津市专利金奖。项目形成的技术在中粮集团、中石油、中兴能源等多个燃料乙醇项目中应用。作为平台技术推动了我国薯类、甜高粱茎秆和纤维素等非粮燃料乙醇生产技术的发展。

国家能源局组织的项目技术后评价认为："该项目在木薯燃料乙醇领域总体技术处于国际领先水平，具有示范作用，建议推广使用。"

嗜热真菌耐热木聚糖酶的产业化关键技术及应用

主要完成单位：中国农业大学、河南工业大学、山东龙力生物科技股份有限公司、北京工商大学、河南仰韶生化工程有限公司

主要完成人：李里特、江正强、程少博、闫巧娟、杨绍青、丁长河、李秀婷、肖林、苏东民、孙利鹏

获奖情况：国家科学技术进步奖二等奖

成果简介：

该项目属于食品科学技术基础领域。植物纤维质资源转化利用，具有巨大的经济、社会和环境效益，是现代生物工程热点领域之一。相关技术和产品主要由发达国家掌握，我国基本依靠进口。前期，研究团队开展了"玉米芯酶法制备低聚木糖"研究，在玉米芯高效溶出、酶解过程控制、工业化设计等方面取得突破，获2006年国家技术发明奖二等奖。当时所用橄榄绿链霉菌与其他已发现的微生物一样，需要添加昂贵的木聚糖诱导才能有效产酶，培养基占酶生产总成本的30%~40%，生产成本较高。为了降低成本，世界相关研究机构也把选育能直接利用廉价的玉米芯或秸秆等农业废弃物作为碳源的微生物作为攻关的重点技术目标，但未取得有价值的突破。商品化的木聚糖酶生产技术也存在一定缺陷，主要表现为产酶量低，通常低于2000 U/mL；特异性不强；热稳定性差等，难以满足工业化低聚木糖生产和面制品品质改良等领域的需要。中国农业大学等5单位紧密合作，对以上难题不懈努力攻关，在嗜热真菌耐热木聚糖酶的产业化关键技术及应用方面取得了重要突破，填补了国内空白，达到了国际先进水平，取得了较大的经济和社会效益，并促进了相关行业的快速发展。

1. 主要技术内容

（1）高产耐热木聚糖酶的嗜热真菌定向选育和发酵技术：采用高通量、定向选育和诱导技术，从

1000多份热环境土样中选育2株嗜热真菌，可直接利用农业废弃物高产适用于生产低聚木糖和改良面制品品质的耐热木聚糖酶，解决耐热木聚糖酶产业化技术瓶颈。嗜热真菌CAU44和J18利用玉米芯工业化产木聚糖酶活分别高达7650 U/mL和2570 U/mL。

（2）嗜热真菌耐热木聚糖酶的分离纯化技术和优异的酶学性质：采用高效纯化技术得到电泳纯耐热木聚糖酶。酶学性质优异，属于耐热木聚糖酶如最适温度75℃，水解温度比商品木聚糖酶高15℃~20℃。

（3）嗜热真菌耐热木聚糖酶在高效生产高质量低聚木糖方面的应用技术：适合高效生产高质量低聚木糖，水解产物中木二糖和木三糖可高达70%。

（4）嗜热真菌耐热木聚糖酶改善面制品质量的技术研究：可用于改善馒头（面包）的品质和延缓老化，能够替代目前使用的一些化学合成改良剂。

2. 主要研究成果

申报国家发明专利14项，其中授权2项；获中国粮油学会和教育部科技奖励各1项；发表相关论文43篇（SCI论文15篇）；制定行业和国家标准2项；培养研究生15人，其中1人获全国优秀百篇博士论文提名奖；2人获教育部新世纪优秀人才和1人获中国青年科技奖。

3. 成果推广及效益

嗜热真菌耐热木聚糖酶已在山东龙力生物科技股份有限公司、河南兴泰科技实业有限公司、河南仰韶生化工程有限公司、新疆博乐新赛油脂有限公司等多家企业应用。3年来4家企业应用该成果累计新增利税18823万元，节支2452万元，创汇1550万美元。仅山东龙力生物科技股份有限公司玉米芯使用量就达10万吨以上，为农民直接增收0.8亿元。该技术丰富了酶制剂市场，提升了低聚木糖的竞争力，降低了环境污染，社会效益显著。

高效节能小麦加工新技术

主要完成单位：河南工业大学、武汉工业学院、克明面业股份有限公司、河南东方食品机械设备有限公司、郑州智信实业有限公司、郑州金谷实业有限公司

主要完成人：卞科、陆启玉、郭祯祥、温纪平、王晓曦、郑学玲、林江涛、陈克明、李庆龙、吴存荣

获奖情况：国家科学技术进步奖二等奖

成果简介：

小麦粉是我国人民的基本口粮之一，其生产与供应是国家粮食安全保障体系的重要环节。随着我国人口的增长、城镇化速度加快和人民生活水平的提高，面粉及其制品的市场需求日益扩大。小麦加工是整个粮食产业链的主要组成部分，直接关系到国民的营养、健康和安全，是国家经济主权和国计民生的大事。

20世纪80年代前，我国小麦加工技术与装备落后，以标准粉生产为主，产品质量较差；在"八五"期间，国家花费大量外汇引进数百条欧美国家生产线，小麦加工技术与装备水平有了一定的提高，产品向等级粉方向发展，但能耗高、出率低、出粉率与质量矛盾突出，面粉对加工面条、馒头、水饺等蒸煮类食品适应性较差，且存在一定的质量安全问题。针对上述问题，项目参加单位密切合作，联合攻关，通过对小麦加工理论、工艺、设备以及相关制品的研究，创新适合中国国情的高效、节能、营养、安全小麦加工新技术，不仅从根本上改变了我国小麦加工技术落后的局面，而且实现了向国外的技术输出。

1. 主要技术内容。

(1)针对传统小麦加工过程能耗高、效率低的难题，首创强化物料分级与纯化、磨撞均衡制粉等技术，提高单位产能20%以上，降低电耗15%以上，优质粉出率提高10%以上，总出粉率提高3%以上。

(2)针对面粉专用性不强的问题，创新研究了在制品分离与重组、可控物料粉碎等关键技术，有效控制面粉组分和粒度，使专用粉品质更加适合蒸煮类食品质量要求，成功开发出馒头、面条、饺子类等专用粉。

(3)针对产品质量安全存在的问题，研究了清洁处理、真空浸润调质、添加物检测控制等技术，有效减少了产品的农药残留、有害生物及其代(排)谢产物，使小麦加工制品中菌落总数减少90%以上，保证了小麦加工制品质量安全。

(4)针对小麦麸皮在食品应用中口感差的问题，合理利用小麦麸皮内源性植酸酶，并采用复合淀粉酶、蛋白酶和脂肪酶对麸皮进行处理，得到高纯度的麦麸膳食纤维。与常用的酸碱法相比，酶法具有反应条件温和、得率高、口感好等优点。该成果为小麦麸皮利用开辟了新途径。

(5)针对面条生产中和面效果差、能耗高的技术难题，创新了高速雾化水—粉混合系统及面团柔性均质熟化的连续和面技术和高效挂面烘干技术，提高了挂面质量，有效降低了能耗。

2. 主要研究成果

获授权发明专利6项，实用新型专利7项；制修订国家标准10项，制定国家行业设计规范2项；获得省部级科技进步奖一等奖4项；出版相关著作15部；在SCI/EI收录和核心期刊发表论文236篇；培养与课题相关研究生45人；培训粮食行业技术人员8000余人。

3. 成果推广及效益

成果在全国28个省(市)应用，并推广至国外。2009年入统的824家日加工小麦200吨以上企业中累计有586家应用该项技术成果，占入统企业总数的70%以上，挂面加工企业有50%以上采用该技术。累计产生直接经济效益150多亿元、新增利润50多亿元、节电31亿度、节约小麦1950万吨(相当于约5000万亩良田1年的小麦产量)。经济社会效益显著。

干旱荒漠区土地生产力培植与生态安全保障技术

主要完成单位：中国科学院新疆生态与地理研究所、新疆农业大学、新疆农业科学院、新

疆维吾尔自治区畜牧科学院草业研究所

主要完成人：陈亚宁、潘存德、钟新才、李卫红、田长彦、陈亚鹏、马兴旺、黄湘、李学森、叶朝霞

获奖情况：国家科学技术进步奖二等奖

成果简介：

该项目属于资源开发与生态环境保护技术领域。

1. 主要科学内容

该项目面向国家西部大开发生态综合治理目标，以干旱荒漠区水土资源开发与生态保护为主要研究对象，针对新疆干旱荒漠区新垦土地贫瘠、土壤次生盐渍化严重、绿洲—荒漠过渡带萎缩、绿洲外围荒漠生态系统受损等以及绿洲农业面临的干旱、盐碱、风沙3大环境问题，在新垦绿洲区重点开展了以土壤盐渍化治理与功能改善、土地生产力提升、地表水、地下水联合利用等为主要内容的绿洲生产力培植与水土生态安全调控技术的研发与试验示范；在绿洲—荒漠过渡带重点开展了绿洲—荒漠过渡带植被建植微咸水利用技术、绿洲—荒漠过渡带逆境造林技术以及以人工绿洲与天然绿洲的互存、荒漠植被与人工植被的生态融合、绿洲边缘荒漠林与人工防护林体系生态整合等为主要内容的生态融合技术的研发与试验示范；在绿洲外围荒漠生态脆弱区，重点开展了包括荒漠植被保育恢复、退化生态系统改造恢复等为主要内容的干旱荒漠区退化生态系统综合治理技术的研发与试验示范；在区域尺度上，提出了集绿洲外围风沙沉降带、绿洲边缘骨干防护林、绿洲内部林网等于一体的干旱荒漠区绿洲防护生态安全保障体系建设模式。

2. 主要技术经济指标

该项成果研发提出干旱荒漠区绿洲土地生产力培植与水土生态安全技术模式7套；研究确立了保障绿洲水土生态安全和维系绿洲—荒漠过渡带环境稳定的生态水位阈值；研发提出绿洲—荒漠过渡带生态融合与荒漠植被恢复与建植技术3套；研发提出荒漠区退化荒漠生态系统综合整治技术4套；构建新垦绿洲生态安全保障体系建设技术1套；制定技术标准4项，申报国家发明专利13项(其中授权5项)，软件登记11项，发表论文120余篇，出版专著4部，提交绿洲发展战略和生态安全问题咨询报告3份；培养博士7人，硕士19人和一批中青年科研与工程技术人员。

3. 促进行业科技进步作用及应用推广

该项成果对干旱荒漠区新垦绿洲土地开发与合理利用和荒漠区退化生态系统恢复治理等重大科学问题的探索以及一系列成果的发表丰富了干旱荒漠区绿洲生态学、荒漠环境学和干旱区地理学研究的科学内涵，促进了学科发展，提高了干旱荒漠区水土资源开发的科学性。

干旱荒漠区土地开发保护技术与绿洲土地生产力培植技术的研发与示范推广，为干旱荒漠区新垦绿洲的土地可持续利用与生产力提升提供了科技示范，3年推广约307万公顷，促进了农牧民致富和生态改善，实现了经济高效与生态安全。同时，也为新疆未来3000万亩荒漠土地的开发提供了相关技术储备。

绿洲—荒漠过渡带生态保育技术、绿洲外围荒漠植被恢复与退化生态系统恢复治理技术以及绿洲

生态安全保障体系建设技术的研发提出与成功实践，大大提高了绿洲—荒漠过渡带的生态功能，增强了荒漠环境的稳定性，促进了绿洲生态安全，为脆弱区生态建设和生态安全提供了重要技术支持，技术成果在新疆干旱区累计推广2170万公顷。

海河平原小麦玉米两熟丰产高效关键技术创新与应用

主要完成单位：河北农业大学、河北省农林科学院、河北省农业技术推广总站、石家庄市农林科学研究院

主要完成人：马峙英、李雁鸣、崔彦宏、段玲玲、张月辰、张小风、甄文超、李瑞奇、张晋国、郑桂茹

获奖情况：国家科学技术进步奖二等奖

成果简介：

该项目属于农业科学技术领域。

1. 主要创新及技术经济指标

海河平原又称河北平原，是我国冬小麦夏玉米重要产区，与相同熟制的黄淮平原相比，光热资源不足、气候干旱、水资源严重匮乏，实现小麦亩产600千克、玉米700千克的技术难度很大。围绕提高资源利用效率，开展大面积丰产高效应用基础研究和关键技术创新，是持续提升粮食生产水平、保障国家粮食安全的重大需求。为此，组织11个单位200余名科技人员，在海河平原不同生态类型区开展了历时11年的研究，取得以下创新。

（1）首次探明了海河平原高产小麦冬前积温和行距配置的光、温利用效应，揭示了高产玉米生育期调配的光、温利用规律，提出了小麦“减温、匀株”和玉米“抢时、延收”的光、温高效利用途径，资源生产效率显著提高。小麦和玉米光、温生产效率分别达0.336 g/MJ、0.331千克/亩/℃和0.865 g/MJ、0.306千克/亩/℃:，较黄淮平原提高10.9%、12.6%和31.6%、6.3%。

（2）首次探明了海河平原高产小麦玉米农田耗水特征，明确了节水灌溉技术原理，建立了麦田墒情监测指标，创新了小麦玉米两熟“减灌降耗提效”水分高效利用综合技术。小麦减灌1~2次，亩节水50立方米以上，平均水分生产效率达1.95千克/立方米，较黄淮平原提高14.0%。

（3）首次揭示了海河平原高产小麦玉米养分效应和需求规律，明确了肥料运筹技术原理，提出了“氮磷壮株、钾肥控倒、微肥防衰”的施肥策略，创建了“调氮、稳磷、增钾、配微”的丰产高效施肥技术，肥料生产效率显著提高。小麦氮磷钾肥经济产量效率分别提高了10.1%、3.2%、32.3%，玉米提高了12.3%、5.9%、4.3%。

（4）自主研制了新型小麦玉米播种机和关键部件，突破了种肥底肥双层同施、小麦匀播和高产麦田大量秸秆还田后玉米精播等技术难题，实现了关键农艺创新技术的农机配套。出苗率提高17.3%，播种

均匀性较国家标准提高40.0%，粒距合格指数提高24.8%，漏播指数降低49.0%。

（5）首次探明了海河平原高产小麦、玉米群体调控指标，创建了小麦“缩行匀株控水调肥”、玉米“配肥强源、增密扩库、延时促流”高产栽培技术，集成创新了3套不同类型区丰产高效技术体系（地方标准），连创海河平原小麦、玉米及两熟大面积超高产纪录。近6年41点次实现小麦亩产600千克、玉米700千克以上超高产，保持小麦亩产658.6千克、玉米767.0千克、同一地块（100亩）两熟1413.2千克的高产纪录，分别高出国家“十一五”攻关指标58.6千克、67.0千克和113.2千克。

2. 促进行业科技进步作用和应用推广情况

光温资源高效利用、节水节肥、农艺农机配套和丰产高效理论与技术的创新，显著促进了作物栽培科学发展和粮食生产科技进步，支撑了河北小麦、玉米单产大幅度提升，总产连续7年创历史新高。2008—2010年，在冀、鲁、豫、津应用7261万亩，增产469.1万吨，增加经济效益63.1亿元，年节水8亿~10亿立方米。培养研究生102人，在SCI期刊、《中国农业科学》《作物学报》等刊物发表论文249篇。获教育部科技进步奖一等奖1项，河北省科技进步奖一等奖1项、二等奖2项，农业部丰收奖一等奖1项。

玉米高产高效生产理论及技术体系研究与应用

主要完成单位：中国农业科学院作物科学研究所、四川省农业科学研究院作物研究所、西北农林科技大学、辽宁省农业科学院、东北农业大学、内蒙古农业大学、河南省土壤肥料站

主要完成人：李少昆、刘永红、薛吉全、王延波、谢瑞芝、王崇桃、王振华、高聚林、王俊忠、赵海岩

获奖情况：国家科学技术进步奖二等奖

成果简介：

该研究针对我国玉米主产区高产高效生产障碍因素与技术需求，通过多部门、多地区、多学科协作研究及推广，取得了重大突破与创新，极大地丰富了玉米高产高效理论，促进了我国玉米产业发展。

构建作物产量潜力模型，探明不同目标产量实现的关键限制因素、技术需求结构，提出我国玉米高产高效生产技术的方向和策略；明确了东北、黄淮海、西南3大优势产区玉米高产高效生产潜力、限制因素与技术优先序，为玉米高产突破和实现大面积高产高效提供了理论依据。

探明了玉米实现亩产1000千克的高产基本规律及其关键影响因素，提出了“增穗、稳粒数、挖粒重”，增加花后物质生产与高效分配的高产潜力突破途径调控技术及玉米高产挖潜理论；提出中国玉米高产高效种植带（34°~45°N），为我国玉米高产突破及产业带建设提供了理论基础。自2006年起在138个点次（年份×地点）经农业部专家组验收实现“吨粮”，连续创造了一批全国及各生态区玉米高产纪录，2009年在新疆农4师创1360.10千克/亩的全国新纪录，将我国玉米高产水平从每亩1000千克提升到

1300千克。

3. 围绕我国主要产区玉米高产高效生产限制因素与技术优先序，研究建立了西南丘陵山地玉米区雨养旱作增产技术、玉米膜侧集雨节水栽培技术、玉米简化高效育苗移栽技术、玉米宽带规范间套种植模式；北方春播玉米区早熟矮秆耐密种植技术、玉米中耕深松蓄水保墒增产技术、"郑单958"适宜种植区域及配套栽培技术；黄淮海夏播玉米区保护性耕作玉米高产高效生产技术、夏玉米密植简化高产技术、玉米晚收增产技术、旱作雨养区玉米高产高效栽培技术以及玉米覆膜高产栽培技术、青贮玉米生产和利用技术等13套玉米高产高效生产技术体系；项目创建技术规程13部，制定并发布实施地方标准9部，9项技术被农业部遴选和发布为主推技术，形成我国玉米主产区的主体技术模式。

4. 通过对我国基层农技推广体系现状、信息传播手段和农民技术需求的调研，明确了玉米生产技术扩散规律，构建了"首席专家(专家组)—技术指导员—科技示范户—辐射带动户广—大农户"的技术传播网络，探索形成了"专家负责、上下联动、包村联户、按需指导"的科技入户新模式；并构建了玉米生产信息化平台及其服务体系，加速了玉米高产高效生产技术成果的推广与转化，有效解决了农业技术推广"最后一公里"的问题。

5. 依托农业部农业科技入户示范工程等重大项目，在全国16个玉米主产省建立76个核心示范县进行关键技术及扩散模式的示范推广。据不完全统计，2008—2010年，累计推广应用10954.09万亩，增产粮食578269.60万千克，节本增效97.24亿元，社会、经济效益极为显著，为我国玉米连续增产和国家粮食安全提供了技术支撑。出版了《玉米高产潜力·途径》《玉米生产技术创新·扩散》《玉米高产高效种植模式》等9部专著，获得计算机著作权证书14件，申请国家发明专利1件，发表论文132篇，获得农业部丰收奖一等奖和二等奖各1项、河南省科技进步奖二等奖2项、四川省科技进步奖二等奖1项。

水稻丰产定量栽培技术及其应用

主要完成单位：扬州大学、南京农业大学、江苏省农业科学院、江苏省作物栽培技术指导站、安徽省农业技术推广总站、江西省农业技术推广总站、云南省农业科学院粮食作物研究所

主要完成人：张洪程、丁艳锋、凌启鸿、仲维功、邓建平、戴其根、王绍华、张瑞宏、杨惠成、周培建

获奖情况：国家科学技术进步奖二等奖

成果简介：

该项目属于农业科学作物大田栽培技术领域。

针对我国经济社会高速发展，稻田被大量占用，优质劳力转移，水稻栽培管理粗放化，肥水等投入盲目增加，污染加重等制约水稻增产增效与持续发展的重大技术问题，经10多年攻关研究，创立了以

生育进程、群体动态指标、栽培技术措施“三定量”和作业次数、调控时期、投入数量“三适宜”为核心的水稻精确定量栽培技术，有效地提高了栽培方案设计、生育动态诊断与栽培措施实施的定量化和精确化，促进了水稻栽培技术由定性为主向精确定量的跨越，为统筹实现水稻“高产、优质、高效、生态、安全”提供了重大技术支撑。

1. 在研明了不同地区、不同栽培方式、不同水稻品种类型高产形成规律基础上，创立了水稻高产共性生育模式与形态生理精确定量指标及其实用诊断方法，实现了栽培方案优化设计与生产过程实时实地准确诊断。

2. 率先研明了土壤供氮量、目标产量需氮量与氮肥利用率3个关键参数的适宜值及确定方法，攻克了应用差减法公式精确计算水稻施氮量的难题。同时，研明了基蘖肥与穗肥的精准比例以及穗肥高效施用叶龄期，率先提出氮肥后移技术，并配套建立了以早搁田为特征的“浅、搁、湿”精确定量灌溉模式，突破了高产、优质、高效协调的水肥耦合技术瓶颈，氮肥利用率提高20%以上，节水20%以上。

3. 研制出秸秆全量还田整地联合作业机械与新型插秧机，系统研明了机插水稻高产形成规律与高效精确农艺，创立了以“标秧、精插、稳发、早搁、优中、强后”为内涵的机械化高产精确定量栽培技术，解决了多熟制条件下机插稻高产稳产难题，成为支撑稻作现代化发展的主干技术。

4. 研明了超高产群体构成、物质生产积累与运转、氮素吸收利用等规律，揭示了强化中期高效生长扩大库容量，提高籽粒充实度及茎秆强度等机理，创立了“精苗稳前、控蘖优中、大穗强后”的超高产精确定量栽培技术。苏北、苏中、苏南连续5年在同方田上实现了亩产800千克以上，创造了稻麦两熟制条件下水稻亩产937.2千克的全国纪录，并在云南刷新了亩产1287千克的世界纪录。突破了超高产及其重演的技术瓶颈，发挥了重要的引领作用。

5. 以上述技术突破为核心，集成了不同稻区不同栽培方式丰产精确定量栽培技术体系，研制出配套技术规程和决策咨询信息系统。应用后，比对照技术增产10%以上，节工20%以上，节氮10%以上，节水20%以上，增效20%以上。

该技术先进适用，已被农业部列为全国水稻高产主推技术，在20多个省（市、区）示范推广。仅据2008—2010年苏、院、赣、滇、黔、豫、渝7省（市）应用证明，累计推广9918万亩，增稻谷640.1万吨，增效益163.5亿元，取得巨大的经济、社会和生态效益。

该项目获国家专利9项，软件著作权8项，制定地方标准17项，在《中国农业科学》等发表论文286篇，出版《水稻精确定量栽培理论与技术》等专著4部。水稻精确定量栽培技术是中国特色作物栽培学的重大创新与发展，显著提升了我国水稻栽培科技水平与综合生产能力，成果获2010年度江苏省科学技术进步奖一等奖。

土壤作物信息采集与肥水精量实施关键技术及装备

主要完成单位：上海交通大学、北京农业智能装备技术研究中心、中国科学院南京土壤

研究所、南京农业大学、上海市农业机械研究所、上海恺擎软件开发有限公司

主要完成人：刘成良、陈立平、黄丹枫、张佳宝、苑进、朱艳、周俊、刘建政、徐富安、戎恺

获奖情况：国家科学技术进步奖二等奖

成果简介：

我国农产品生产高度依赖化肥过量投入（5100万吨/年，占世界1/3），但实际利用率仅为30%，其余进入了水体、土壤及农产品中，对生态环境、食品安全、人体健康构成了严重威胁。盲目过量施肥不仅造成每年近1000亿元的直接经济损失，更使我国60%的土壤和水体被污染。如此大范围的水土污染，要想生产出安全的农产品极其困难。解决问题的最佳途径是按需精准变量施肥，但其核心技术——作物及土壤参数在线精确测量是国际上公认的难题，处方变量肥水控制是精准施肥的技术瓶颈，必须自主研发。

该项目在"863计划"等支持下，围绕精准施肥的土壤作物信息获取、施肥处方生成、变量作业3大环节的核心技术，历经10余年产学研持续攻关，取得了如下创新成果。

1. 收割机在线测产绘制的产量图综合反映了农田土壤肥力的空间差异。针对国外基于振动解析的冲量式产量传感器无法与国产收割机型配套的难题，国际上率先提出振动解耦隔离新方法，攻克了收割机强振动环境下非平稳、微弱谷物流量冲击信号共振增强分离提取核心技术，发明了平行梁振动消解冲量式产量传感器，研制出我国首台智能测产系统——"精准1号"（2001年），解决了产量高精度测量难题，为肥力分析、处方生成提供了关键数据。

2. 针对传统土壤单参数独立测量，其测量原理导致无法准确测量的难题，率先提出土壤水势/温度/电导率同步采集、多参数解耦精确测定新方法，建立了土壤强耦合多理化参数解耦模型，发明了适于量大、面广、可分布式应用的高精度土壤水盐复合测量传感器及仪器，研制了大田理化参数无线传感器网络及远程监控平台，为肥水精准管理提供了仪器及系统。

3. 针对变量施肥装备缺乏处方的难题，构建了基于产量图、养分图、墒情图及作物生长发育模型等多信息融合的肥水处方生成平台，攻克了农田空间信息多尺度参数矢量化等3大核心技术，研制出变量施肥专用CPA—GIS平台及处方图生成工具，为变量施肥机提供了精细处方。

4. 针对我国缺乏适用的变量施肥装备难题，创造性地提出适合国情的变量施肥智能控制三模式，攻克了负载观测补偿的电液混合驱动、开口转速双变量精密控制关键技术，建立了多变量协同最优施肥量控制模型，研制了模块化可重构的GPS/GIS变量施肥、旋耕、播种复合机，实现了肥料按需精准变量投送。

项目拥有知识产权82项：发明专利授权16项、公开18项，实用新型授权14项，软件著作权34项。在《中国科学》、*IEEE* 等发表SCI/EI论文92篇，SCI 43篇。测产系统"测产精度和稳定性优于国外产品"，土壤墒情传感器"部分性能超过国际同类产品"。由南京跨克、上海农机所、北京派得伟业等企业实现了产业化，形成系列产品。近3年，在黑龙江、新疆、宁夏、河南、山东等十几个省区推广337万亩，节约化肥1.4万余吨，新增利润1.35亿元、节支2.05亿元。肥水智能控制技术输出到欧洲灌溉系统排名

第一的CLABER公司。成果的推广应用显著降低了土壤和水体的污染，促进了安全优质农产品生产，推动了我国现代农业的可持续发展。

十字花科蔬菜主要害虫灾变机理及其持续控制关键技术

主要完成单位：福建农林大学、福建省农业科学院植物保护研究所、漳州市英格尔农业科技有限公司、云南省农业科学院农业环境资源研究所、上海市农业科学院、扬州大学、浙江省农业科学院

主要完成人：尤民生、侯有明、杨广、翁启勇、蒋杰贤、吕要斌、祝树德、林志平、陈言群、司升云

获奖情况：国家科学技术进步奖二等奖

成果简介：

项目组针对我国南方十字花科蔬菜害虫猖獗危害及农药残留的突出问题，利用各协作单位原有的工作基础、优势和条件，经过近20年的系统研究和合作攻关，在阐明主要害虫灾变机理的基础上，研发了害虫持续控制3项关键技术，集成应用后产生了显著的效益，推动了传统植物保护行业的科技进步和改造升级。

1. 阐明了菜田主要害虫种群变动和灾变的规律：在国内外率先从区域农业景观的视角，揭示了栽培制度、寄主植物、化学农药等引起主要害虫猖獗危害的机理；阐释了多样化菜田生态系统和生境管理对主要害虫调控的过程及效能。

2. 研发了害虫生境管理和生物防控新技术：创立了保护和利用天敌控制主要害虫的生境调控技术，控制效能达83%~89%；成功开发了昆虫病原线虫的条带式施用技术，防效达72%，成本降低75%；开发了半闭弯尾姬蜂的饲养和应用技术，成为我国首次引进姬蜂类天敌的成功范例，减少农药用量35%；发明了利用甜菜夜蛾引诱剂诱导成虫携带传播病毒技术，节约病毒用量85%。

3. 研发了害虫行为调节和迷向防控新技术：成功研制了黄色诱虫卡，对黄曲条跳甲诱杀效果达64%；研发了LED新型诱捕器，对小菜蛾控害效能提高了38%；项目组拥有国内最全的昆虫信息素原料库（300多种），发明了小菜蛾新型性诱剂及诱捕器，效能提高了75%；研制了3种蔬菜保护剂，保苗和保产效果达80%以上。

4. 研发了农药减量使用和害虫化学防控新技术：成功研制了12种农药新品种或新剂型，其中获农药登记证3项；研发了1种无害化土壤处理技术，对黄曲条跳甲的控害效果达80%，减少农药用量75%。

5. 在国内外首次集成创建了以生境管理、天敌保护和利用、迷向防控等技术为主的十字花科蔬菜主要害虫持续控制系统，使产品达到了绿色食品质量标准和出口质量标准；研制了蔬菜安全生产技术和全程质量监控的计算机管理软件，改变了传统的植物保护技术推广模式。

该项成果技术成熟。2002年以来，已在福建省9个地市建立了13个综合防治示范区，2003—2010

年，在我国南方11个省市十字花科蔬菜主要产区推广应用，累计1421.8万亩次，挽回产量约16.5亿千克，节约农药和人工费用约2.7亿元，增收节支总额约23.7亿元。其中，“超大”和“利农”两大上市企业仅2008—2010年就增收节支约4.0亿元，生产的蔬菜供应北京奥运会；龙海格林食品公司创建了“格林氏牌”绿色食品蔬菜品牌，累计创汇3000多万美元；研制的6种新型害虫诱杀剂，销售到全国32个省份和周边6国。

该项目获国家发明专利9项、实用新型和外观设计专利7项；计算机软件著作权2项；中国绿色食品A级证书3项；制定地方标准3项、企业标准1项；出版专著3部，发表论文139篇，其中SCI论文12篇，被引用1642次。17项成果通过省级成果验收或鉴定，总体水平达国际先进，部分关键技术国际领先。成果已获省科学技术奖一等奖1项和二等奖7项。

玉米籽实与秸秆收获关键技术装备

主要完成单位：中国农业机械化科学研究院

主要完成人：陈志、李树君、韩增德、王泽群、汪雄伟、方宪法、刘汉武、杨炳南、曹洪国、王俊友

获奖情况：国家科学技术进步奖二等奖

成果简介：

民以食为天，食以粮为源。粮食是国家的战略物资，是保证国家稳定的重要因素之一。

玉米是我国3大粮食作物之一，占粮食种植面积的26%和粮食总产量的30%。随着科学技术进步，玉米已成为食品、化工、饲料、能源等领域的原料，其综合利用价值不断提高。由于我国地域辽阔、地貌多样、气候各异，各地形成了不同的玉米种植农艺，且收获期短，劳动强度大，国内外没有一种玉米收获机可满足我国玉米收获的需要，致使机械化收获水平低，2004年仅为2.5%，制约了我国玉米全价增值利用的进程。

为此，在“国家科技攻关计划”、国家“863计划”以及重大专项支持下，围绕籽实与秸秆收获的“瓶颈”技术，重点开展了如下研究。

1. 基于人工收获玉米的手指动作及双手协同稳定摘穗原理，突破扶禾导入、星轮拨禾、螺旋拉茎的3点动态扶持摘穗以及先排茎后排叶的排杂技术、集成研制出背负式和自走式玉米不分行系列联合收获机，满足了玉米不同种植农艺收获的需要。其籽粒总损失率：1.82%，果穗含杂率：0.68%，籽粒破碎率达到了国际先进水平，已成为我国玉米跨区收获的主导机型。

2. 基于人工扶持切割原理，突破了多层多齿塔形扶持、大圆盘切割装置、夹持输送关键技术，研制出青饲玉米收割台；采用复合式挤压破节裂皮有序喂入装置、椭圆曲线刃口“V”型交错排列的滚筒式低耗切碎装置、全方位远程抛送装置，实现了切割与纵横向输送、喂入、切碎、抛送一体化技术，研制出物料长度可调（5~40毫米）、均匀切段、高效低耗的自走式不分行玉米青贮饲料收获机。其喂入量：11.2 kg/s；装机功率：150千瓦；割茬高度：95毫米；收获损失率：0.7%。主要性能指标达到了国际同

类产品先进水平，替代进口。

3. 突破玉米秸秆碎断、预压、二次压缩成型、密度反馈控制、多动作运动相位耦合、大截面均匀布料、自动捆扎一体化等关键技术，研制出系列方捆秸秆打捆机，其捆型规整、成捆率：98.4%；捆型密度：100~200千克/立方米；总损失率：2.27%，生产率：25捆/小时（大方捆）、120捆/小时（小方捆）。主要技术指标达到国际先进水平，为秸秆综合利用提供了关键装备。

该项目成果已形成了玉米籽实与秸秆收获3大类10种系列设备，其中7种机型已列入《国家农业机械推广目录》，获发明专利1项、实用新型专利7项；公示发明专利3项；形成国家标准3项，获国家重点新产品2项，发表论文15篇，培养研究生9人，获中国机械工业科学技术奖一等奖。

截至2010年12月，应用该成果累计生产销售自走式和背负式玉米联合收获机830台，玉米青饲收割机148台，秸秆打捆机2109台，为企业新增销售收人4.091亿元，新增利润5221.08万元。

成果的推广与应用，改变了我国玉米收获机械化落后的局面，全面提升了我国玉米全株多用途机械化收获装备技术水平，带动了玉米收获的技术进步。

黄土高原旱地氮磷养分高效利用理论与实践

主要完成单位：西北农林科技大学

主要完成人：李生秀、王朝辉、高亚军、李世清、田霄鸿、周建斌、曹翠玲、翟丙年、李文祥、梁东丽

获奖情况：国家科学技术进步奖二等奖

成果简介：

该项目属于农业科学技术领域，土壤与肥料学科。

黄土高原覆盖七省区，耕地1.5亿亩，是典型的旱作农业区和土壤氮磷养分缺乏区，旱作条件下氮磷高效利用对提高这一区域作物产量、保障我国粮食安全有重大意义。为此，项目组从20世纪60年代开始，历时40余年，系统研究了黄土高原旱地土壤氮素行为和作物氮素营养机制，有效施磷的土壤因子和作物对磷肥的响应，发展了土壤作物氮磷养分高效利用理论，构建了氮磷肥料高效施用技术体系，进行了大面积示范、推广和应用。

项目取得的创新性成果有：①明确了黄土高原土壤氮素行为，发展了旱地土壤氮素转化迁移理论：首次提出了评价旱地土壤可矿化氮有效性的“淋洗耗竭培养”法，确定了可矿化氮数量；建立了测定旱地土壤固定态铵的“低温加热”法，明确了固定态铵调节土壤供氮的作用；首次确定了黄土高原土壤微生物氮的数量、影响因子及其生物有效性；查明了旱地土壤矿质氮的去向。该成果达国际同类研究领先水平，获陕西省科学技术奖一等奖。②确定了主要旱地作物地上部气态氮损失的数量、时期和部位，揭示了旱地作物硝态氮累积及其调控机制。该成果达国内同类研究领先水平，获陕西省科学技术奖二

等奖。③提出“覆膜—建模法”,确定了施氮与作物蒸腾的关系,揭示了水氮耦合的生理机制。该成果达国际领先水平,获陕西省科学技术奖二等奖。④发现旱地磷肥肥效取决于土壤供磷水平,查明了不同作物对磷肥反应差异的机理,该成果应邀在国际农业3大顶级刊物之一 *Advances in Agronomy* 发表。⑤构建了高效施肥技术体系,建立了黄土高原旱地土壤供氮指标和“因水施氮”技术,磷素丰缺指标及因土、因作施磷技术,研制出3种新型肥料并实现了产业化生产。成果分别达国内、国际领先水平,获陕西省科学技术奖一等奖、二等奖。

项目组先后培养博、硕士研究生160余人,形成了一支以黄土高原旱地养分高效利用理论与应用研究为特色、在国内外有较大影响的科研团队。发表论文482篇,其中SCI收录46篇,被他引共计8105次。2篇论文在国际土壤权威刊物 *Advances in Soil Science* 发表,3篇论文在国际3大顶级农业刊物之一 *Advances in Agronomy* 刊出。出版《中国旱地土壤植物氮素》《中国旱地农业》和 *Dryland Agriculture in China* 3部专著,420万字。出版科普著作《肥料知识》《庄稼的粮食》和《肥料农谚趣谈》3部,发表科普文章50多篇。

研究成果获陕西省科学技术奖一等奖1项、二等奖4项。项目主持人长期致力于黄土高原农业研究,获“何梁何利科学与技术进步奖”,被国家四部委评为全国农业引进国外智力先进工作者。

从20世纪60年代开始,通过多种形式,将旱地氮磷肥料高效利用理论与技术成果在黄土高原地区大面积应用。2002年后,累计示范推广0.41亿亩,增产粮食11.9亿千克,新增产值23.1亿元。同时取得了显著的社会和生态效益。

农产品高值化挤压加工与装备关键技术研究及应用

主要完成单位:山东理工大学、江南大学、江苏牧羊集团有限公司

主要完成人:金征宇、申德超、陈善峰、徐学明、范天铭、李宏军、谢正军、申勋宇、马成业、童群义

获奖情况:国家科学技术进步奖二等奖

成果简介:

作为一种温度、压力、剪切综合作用的加工方法,挤压是目前食品、饲料制造中的重要加工手段。与国外相比,我国挤压技术研究起步晚,装备落后,存在挤压技术应用面窄,挤压设备产量小、关键部件寿命短、自动化程度低、适应能力差等问题。针对上述情况,该项目在国家“科技支撑计划”“863计划”“948计划”、国家自然基金重点、国家“火炬计划”、国家重点新产品、科技部农业成果转化资金等12项国家、省部级课题资助下,以挤压技术为出发点,经过15年的努力,在挤压关键技术、挤压装备应用以及挤压机性能提高等方面取得突破,完成了在十多家食品词料企业大规模工业化生产以及专用挤压机或配套设备的设计、制造与应用;相关成果通过国家及省部级验收和鉴定,整体水平达国内领先,获山

东省技术发明奖二等奖、教育部科技进步奖二等奖等省部级奖励8项。主要技术内容如下。

1. 研究了分流冷却和整流控压的稳态化物料成型技术，使高水分、高油脂、均质差、黏度大的物料得以顺利挤压成型，在国内首次完成了配合营养米和速溶首乌颗粒的工业化生产，并形成了多条高品质全脂大豆的挤压生产线。

2. 建立了挤压与酶反应生物转化或化学催化相结合的加工技术，突破了传统挤压简单物理加工的局限，创新了挤压机作为生化反应器的加工模式，分别完成了啤酒辅料淀粉高效转化、变性淀粉干法生产、高蛋白饲料饼粕脱毒和非常规蛋白资源开发的挤压关键技术研究，实现了啤酒辅料酶法低温挤压和糖化、辛烯基琥珀酸淀粉酯等变性淀粉产品干法挤压生产和蓖麻粕、田菁籽粉、菜籽粕、棉籽粕等饲料饼粕的挤压脱毒，以及挤压膨化羽毛粉的工业化生产。

3. 研究了挤压螺杆柔性组合与压力—温度分段控制技术，显著提高了国产挤压机的加工适应能力，创新了同一挤压机分别工业化生产乳猪料、沉性或浮性水产饲料和稳定化米糠产品的加工模式。

4. 发展了热渗透处理和等离子表面喷涂技术，使挤压机关键部件的使用寿命由6000小时延长至12000小时；通过高度柔性分散控制检测和多级分布式通信网络技术在挤压装备中的应用，从而实现了挤压机的自动化操作，创造性地采用软件模拟分析进行挤压设备系列化和模块化的设计与制造，完成了50~315千瓦系列挤压装备的大规模化生产。

通过该项目的实施，获国家授权发明专利18项，授权实用新型专利25项；发表学术论文129篇，其中SCI收录论文25篇，EI收录论文16篇；完成了与挤压技术直接相关博士、硕士学位论文和专著36篇(本)。成果分别为中粮集团、青岛啤酒有限公司、燕京啤酒股份有限公司、双胞胎集团、湖南金健米业、唐人神集团、新疆天康畜牧生物技术有限公司、山东诸城兴贸玉米开发有限公司、宝宝集团等十多家大型食品饲料企业应用，创造直接经济效益达43.02亿元。江苏牧羊集团至2010年8月销售各种挤压膨化机累计527台套，销售收入达11.2亿元，创收外汇4700万美元，配套设备销售达4.8亿元，累计创造了直接经济效益16亿元。

枣育种技术创新及系列新品种选育与应用

主要完成单位：河北农业大学、国家北方山区农业工程技术研究中心、山西省农业科学院果树研究所、北京市农林科学院林业果树研究所、河北省林业科学研究院、山西省林业科学研究院、新郑市红枣科学研究院

主要完成人：刘孟军、李登科、刘平、潘青华、王振亮、卢桂宾、赵旭升、王永康、王玖瑞、代丽

获奖情况：国家科学技术进步奖二等奖

成果简介：

枣是我国第一大干鲜兼用果品和2000多万农民的主要经济来源，但因育种滞后，长期以古老地方

品种当家，分化退化严重、病害日趋猖獗、商品性能下降。我国作为枣原产地和最大生产国（占世界99%），不应也无法依赖国外品种。河北农大中国枣研究中心与山西果树所国家枣资源圃等7家枣科研骨干单位合作，历时26年，创建起枣种质评价和新品种选育方法体系，培育出特色各异的新一代枣品种28个。

探索建立起以秋水仙素诱变和花药培养为主、快速高效的枣倍性种质创新体系，创建胚状体途径一步获得纯多倍体新技术，彻底解决了费力耗时的嵌合体纯化问题，使育种周期缩短2~3年；创造不同倍性种质9个，包括冬枣等5个二倍体优良品种的四倍体、1个二倍体酸枣的四倍和八倍体及冬枣和赞皇大枣（唯一已知自然三倍体）的花粉植株；培育出世界上迄今唯一的四倍体枣品种辰光（早果速丰、果实极大、鲜食品质优异、恰逢中秋和国庆上市），获国家农转资金资助。

创新建立了枣地方品种分子辅助株系选优技术体系，制定出全国第一个枣品种选育技术规程。针对枣品种地域性强的特点，开展了全国最大规模有组织的地方品种株系选优，从占枣总产70%的主栽地方品种的自然变异和珍稀鲜食枣资源中系统选育出在果个、品质和营养、早果丰产性、特别是抗两大果实病害（裂果和缩果）等重要性状上有显著改进、用途和熟期配套、适应不同立地气候类型区和消费者多样化需求、效益显著提高的换代型新品种27个。其中月光等4个品种获国家农转资金资助；"曙光""京枣18"等6个品种通过国审，占迄今国审枣品种的60%。

在北方枣区（占全国95%）的代表性生态类型区，扩建和新建枣种质基因库5个，构建起适于多点综合评价的世界最大枣基因库网络，保存种质853个、占已知种质80%以上。研制出枣种质资源描述规范和数据标准，提出数量性状概率分级方法，建立多种特色功能成分的分离提取与HPLC测定方法。对405份种质的131个农艺、抗性、营养、分子等性状进行多年评价，获10万余个基础数据，筛选出49份富含2n花粉、重要功能成分（cAMP、Vc、三萜酸等）及高抗裂果和缩果的优异种质，开发出全国最大枣种质网络信息公益平台，实现了资源共享和科学利用。

创新的系列方法使我国枣资源研究和育种技术跃上新水平；育成的新品种近3年在冀、豫、晋、陕、京、宁和新等枣主产区示范推广106万亩，并辐射到云、浙、湘等地，占同期新品种推广面积的70%以上，创经济效益37.7亿元，对引领品种换代与结构优化及促进农民增收和特色产业升级起到重大作用。

发表论文77篇（英文23篇），其中三大索引收录9篇，被SCI引用19次（他引18），CSCD收录43篇、引用215次（他引177）；主编出版《中国枣种质资源》（90万字），培养博士、硕士22名，举办百余次全国和地方培训班，培训科技骨干1万余人次。

该项目主体成果经尹伟伦、束怀瑞、方智远3位院士等组成的鉴定委员会鉴定认为：历时长、难度大、创新性强，居国际先进水平。2010年获教育部科技进步奖一等奖。

梨自花结实性种质创新与应用

主要完成单位：南京农业大学、中国农业科学院郑州果树研究所、河北省农林科学院石

家庄果树研究所

主要完成人：张绍铃、李秀根、王迎涛、吴俊、吴华清、杨健、李勇、王龙、李晓、王苏珂

获奖情况：国家科学技术进步奖二等奖

成果简介：

梨是我国第三大水果，产量占世界总量65%以上，在种植业结构调整中具有重要地位。梨是自花授粉不结实性果树，生产上必须配植授粉树或进行人工辅助授粉才能获得相应的产量和品质。据统计，我国每年人工授粉的梨园达500多万亩，花费6亿元以上。因此，选育和栽培自花结实性品种是解决因授粉受精不良而造成产量品质下降的重要途径之一，但是果树新品种选育所需时期长、难度大，更新换代慢。该项目针对梨自花结实性种质资源奇缺、自花结实性种质创制与鉴定技术体系尚未建立等突出问题，联合开展了梨自花结实性种质挖掘与创制、品种选育与应用攻关研究，取得了重要进展。

1. 创立规模化鉴定梨自花结实性种质和S基因型的技术体系。创立了离体授粉鉴定自花结实性程度的方法，评价国内外梨种质资源500多份，找到自花结实性种质4个。建立鉴定梨自交不亲和性基因型的技术体系，鉴定出144个梨品种的S基因型，占国际已鉴定总数的54%，从而改变了以往靠经验或田间授粉坐果率确定授粉品种的局面。挖掘与克隆梨新S等位基因21个，占国内外已报道数量的46%。

2. 发明梨自花结实性种质创新方法，建立分子标记辅助育种技术体系，创制新种质11个。建立完善的梨遗传连锁图，定位重要果实性状QTL位点72个，其中主效QTL 11个；开发可应用的梨自花结实、果实性状及抗黑星病分子标记9个；利用杂交育种和分子标记技术，建立梨分子标记早期辅助育种技术体系，创制综合性状优良的自花结实性新品系“99-6-39”“98-19-1”等11份。

3. 杂交育成自花结实性优质早熟梨新品种“中梨1号”“早冠”“早美酥”和“宁翠”4个，其中2个通过国审，2个获得植物新品种权，占国际上杂交育成自花结实性品种的4/5；这些品种具有抗逆性强、产量高、品质优，成熟早等优点。

4. 研发与新品种配套的规范化生产关键技术，加快新品种的推广应用。制定了梨高接换种、套袋等的技术标准8部，出版著作12部。在全国推广应用新品种，推广面积占世界自花结实性品种栽培总面积的95%以上，占全国早熟梨面积的35%左右，实现了梨自花结实、优质、早熟新品种的大面积快速应用。

5. 系统研究梨自花结实与不结实性机理，为梨自花结实性种质创新奠定理论基础。研究成果发表论文146篇，其中SCI收录31篇，被引用147篇次，有5篇影响因子6.0以上，这是以果树为试材的果树学该领域高影响因子论文，引领了果树学该领域科学研究前沿。

已获得省部级科学技术奖二等奖5项，获得授权国家发明专利4项，申请国家发明专利21项；育成国审和省审新品种4个，其中2个获植物新品种权；新品种覆盖20多个产梨省，累计推广面积93.1万亩，经济社会效益显著，新增利润52.9亿元，节支13.2亿元；其中，2008—2010年新增利润39.2亿元，节支10.4亿元。该成果解决了国际上梨自花结实种质匮乏、创制效率低、推广应用速度慢的问题，为我国

梨品种结构调整、农民增收、梨产业可持续性发展以及果树科学研究做出了重大贡献。

南方砂梨种质创新及优质高效栽培关键技术

主要完成单位：中南林业科技大学、浙江大学、湖北省农业科学院果树茶叶研究所、云南省农业科学院园艺作物研究所、株洲市地杰现代农业有限责任公司、云南红梨科技开发有限公司

主要完成人：谭晓风、周国英、滕元文、袁德义、胡红菊、舒群、刘君昂、乌云塔娜、张琳、曾艳玲

获奖情况：国家科学技术进步奖二等奖

成果简介：

针对我国南方砂梨优良品种缺乏、栽培技术落后、果品质量差和产业规模小等突出问题，在科技部、国家林业局和国家自然科学基金委员会等部门项目的资助下，项目组自1991年起开展了南方砂梨种质创新、优质高效栽培关键技术等长期系统研究，取得了系列创新成果如下。

发现梨自交不亲和基因(S基因)52个，其中雌蕊S基因28个、花粉S基因24个，克隆了52个基因的全长基因组序列和cDNA序列；开发了快速、准确鉴别梨品种S基因型的基因芯片；确定了以中国砂梨为主的116个主栽品种的S基因型。突破了长期困扰我国梨自交不亲和性的重大科学技术瓶颈，从根本上解决了我国梨授粉品种优化配置和杂交育种亲本选择的技术难题。

开发了40对适于梨属植物高效EST-SSR引物；构建了梨遗传连锁图谱，总长度982厘米，标记间平均图距5.4厘米，含标记182个；首次定位了控制果皮红色、果锈、萼片脱落与宿存等质量性状的基因，鉴定了与可溶性固形物含量、单果重、果实横径和果实纵径等数量性状连锁的主效QTL位点6个。奠定了解析梨重要经济性状的遗传控制模式的理论基础，为梨分子标记辅助选择育种提供了技术支撑。

收集保存国内外砂梨种质资源1194份，创建了世界上最大的砂梨种质基因库；鉴别出一批同名异物和同物异名的品种，明确了部分重要资源的分类归属；挖掘高糖、高Vc、石细胞含量低等特异和优异资源142份；建立了中国砂梨信息网站，搭建了砂梨种质资源共享平台。为我国砂梨长期遗传改良奠定了坚实的种质基础。

培育出“华丰”“华高”和“云红梨一号”等8个适合南方栽培的砂梨新品种，引种筛选出适合南方不同区域栽培的“圆黄”“黄金”和“金秋”等19个优良品种，彻底解决了我国南方砂梨主栽品种果型偏小、石细胞多、风味欠佳的问题，优化了南方砂梨的品种结构，实现了成熟期、果型、品质和抗性的同步跨越，促进了南方砂梨栽培品种的升级换代。

创新了一套红色砂梨着色技术和一套翠冠梨锈斑的砂梨除锈技术；确定了适宜南方砂梨栽培的树体结构指标和合理负载指标；建立了种草养园、精准施肥的梨园肥水管理模式；提出了南方砂梨主要病虫害预测预报新技术，创建了砂梨主要病虫害无公害防治技术体系。显著提高了南方砂梨的整体栽培

技术水平。

项目组获得省部级一等奖1项、二等奖2项和三等奖3项；发表学术论文82篇，其中三大检索论文20篇；培养博士7名、硕士11名。

项目组整体技术居于国际同类研究先进水平，主要在湖南、湖北、贵州、云南和浙江等5个省进行了推广应用，开发了“地杰”“滇之红”和“苗疆”等5个绿色食品品牌，提高了商品梨的内在品质和外观品质，增强了南方砂梨在国内外市场上的竞争力，推动了南方砂梨产业的快速发展。近3年，推广南方砂梨新品种、新技术面积113.18万亩，累计新增产值43.06亿元，新增利润22.38亿元，出口创汇119.8万美元，创造了34万个就业岗位，取得了重大的经济、社会和生态效益。

核桃增产潜势技术创新体系

主要完成单位：中国林业科学研究院林业研究所、河北农业大学、山西省林业科学研究院、北京市农林科学院、四川省林业科学研究院、云南省林业科学院、新疆林业科学院

主要完成人：裴东、张志华、王贵、郝艳宾、韩华柏、陆斌、张俊佩、王根宪、魏玉君、杨文忠

获奖情况：国家科学技术进步奖二等奖

成果简介：

核桃是我国乃至世界栽培面积最大的坚果类树种，是我国山区增收最具潜力的经济林。但长期以粗放经营为主，无性繁殖困难，品质良莠不齐，潜力未能发挥。20世纪80年代中国林科院林业研究所与国内7家科研院所联合，在以奚声珂研究员为首的老一辈科学家努力下，历经10年培育出首批16个早实核桃良种，为核桃产业由粗放向集约迈进奠定了基础。1990年在原有协作单位和研究工作基础上，中国林科院林业研究所再次联合8家科研院所和大专院校组成协作组，在国家科技攻关、自然科学基金、国家林业局重点和省级重点等40余个课题近20年的持续资助下，针对集约栽培和良种选育中的技术瓶颈问题开展攻关，取得一系列突破性成果(查新报告201101cl40013)，使核桃增产潜势得以发挥。

1. 主要内容和技术经济指标。

(1)我国核桃栽培区域划分。根据立地、气候和栽培习惯等将核桃适生区划分成东部近海、黄土丘陵、秦巴山地、云贵高原、新疆绿洲和西藏6个区域，确定了平原、低山丘陵和山地的主栽和授粉品种。3项成果经鉴定均达国际先进水平。

(2)良种无性繁殖技术取得突破。创新性地提出提早芽接时期、壮芽培育等技术措施，使芽接成活率>95%；发明“埋干黄化复幼”技术，使扦插生根率>90%；试管复幼结合“二步生根法”，使试管苗生根率达98%。5项成果经鉴定均达国际先进水平，1项成果部分达国际领先水平。

(3)创建了中国核桃集约化栽培管理技术体系。首先，作为山区生态经济建设中的树种，提出了保

持水土的整地和种植模式；其次，确立了丰产树形和树相指标，建立了花期预测、花果调控和科学采收为主的调控指标体系；第三，研制和推广了适宜不同树龄的核桃专用肥和绿色农药。栽培技术的实施使我国核桃结果树平均产量由373.5kg/ha，提高到1470kg/ha，提高了近3倍；带壳坚果的售价由8元/千克，提高到40元/千克，提高了4倍。7项成果经鉴定均达国际先进水平，1项成果部分达国际领先水平。

(4)丰富和完善了核桃高效遗传改良技术和理论。首次建立应用型核桃种质资源库和已知品种数据库，保存300余份种质和127份品种及农家类型；初步建成优异种质遗传评价和基因源的鉴定体系，新选育抗晚霜和高油脂等生产急需品种10个；制定了新品种特异性、一致性和稳定性评价标准。3项成果经鉴定均达国际先进水平，2项成果达国内领先水平。

2. 促进行业科技进步作用及推广应用情况

1990—2009年我国核桃产量和收益大幅度提高，年产量由14.9万吨猛增到97.9万吨，排位由世界第三，升至世界第一；项目成果在我国核桃主产区的169县(市)推广应用，近3年新增纯收益87.05亿元；项目共培训农村核桃实用技术人员10万人，通过核桃产业的发展，扩大了山区的“容人之量”，仅2009年就新增约200万个就业岗位，另外所获得的水土保持和改善环境等生态效益十分可观。

项目组共获省部级奖励10项，授权专利2项，制定国家、行业和地方标准20部，出版著作12部，其中专著2部，发表学术论文161篇。

防潮型刨花板研发及工业化生产技术

主要完成单位：西南林业大学、昆明新飞林人造板有限公司、昆明人造板机器厂、昆明美林科技有限公司、河北金赛博板业有限公司、唐山福春林木业有限公司、中国林业科学研究院木材工业研究所

主要完成人：杜官本、张建军、储键基、李学新、廖兆明、李宁、李君、张国华、雷洪、龙玲

获奖情况：国家科学技术进步奖二等奖

成果简介：

该项目属于木材加工与人造板工艺技术学科领域。项目以开发橱柜系列刨花板新产品和提高刨花板使用安全性为目标，针对我国刨花板质量存在尺寸稳定性差和甲醛释放量高两个技术难题，围绕共缩聚树脂胶黏剂、生产工艺、关键设备和产品技术规范等进行系统、成套技术研发，经十余年产学研联合攻关，形成了完整的防潮型刨花板生产技术体系，实现了大规模工业化生产。

1. 主要技术内容

(1)共缩聚胶黏剂合成及应用技术。针对三聚氰胺-尿素-甲醛(MUF)共缩聚树脂稳定性差和共缩聚成分低的技术难点，创建了结构形成跟踪研究方法，揭示了MUF树脂分子结构和分子组分的形成规

律,发明了共缩聚树脂合成配方与合成路线,采取分步合成等措施控制残留三聚氰胺和反应产物活性,既提高了MUF共缩聚树脂稳定性,又兼顾了胶黏剂成本等应用技术难题。

(2)防潮型刨花板工艺技术。针对构建刨花板长、中、短防潮性能的技术关键以及提高树脂反应活性的技术关键,发明了防潮型刨花板均质结构以及三层结构制造技术,创建了在线施胶技术、热压强化技术、密度调控技术,突破了刨花板防潮性能与环保性能相互矛盾的技术难题,先后研发了传统防潮型刨花板和环保防潮型刨花板,首创了我国防潮型刨花板工业化生产成套技术。

(3)关键设备以及生产线控制技术。针对传统铺装机铺装精度低和适应性差的技术难点,研制了国产第一台刨花板分级式铺装机;集成研发了刨花板生产线控制系统,应用controller link等技术实施全数据交换与联网,实现了各生产工艺的有机衔接,大大提高了生产线的柔性。通过关键设备研制与控制技术集成,显著提高了刨花板生产线控制水平和生产效率。

(4)产品标准体系与应用技术。首次建立了我国防潮型刨花板标准体系,制定了相关国家标准;对防潮型刨花板产品功能定位、适用环境条件、产品命名、外观标识、产品认证等进行了系统研发,对产品应用性能进行了全面研究评估,形成了以橱柜家具为代表的新兴市场板块。

2. 授权发明专利、技术经济指标、应用推广及效益情况

(1)项目获省级科技进步奖一等奖、二等奖各1项,授权专利7项,其中发明专利4项,制定国家标准1项,发表学术论文36篇,其中SCI/EI共收录13篇。

(2)防潮型刨花板各项物理力学性能优于国家标准要求,24小时吸水厚度膨胀率控制在5%以下,甲醛释放量控制在5 mg/100g以内,每立方米新增利税150元以上。

(3)项目整体技术以及配套技术已在全国41家企业推广应用,产品获美国CARB认证,近3年新增产值35亿以上,新增利税4亿元以上,直接经济效益显著。

(4)防潮型刨花板主要原料为林业三剩物和次劣木材,资源综合利用率高,有利于林区和农村社会效益、经济效益与生态效益的同步提高与平衡发展。

张齐生院士领衔中国、美国、日本3国科学家对该项目的鉴定意见为:项目技术难度大,研发的产品填补国内空白,对推动行业技术进步和产业结构调整及转型升级有重大意义,具有重大技术创新,产业化程度高,整体技术水平达到国际先进。

主要商品盆花新品种选育及产业化关键技术与应用

主要完成单位: 北京林业大学、广东省农业科学院花卉研究所、南京农业大学、中国科学院昆明植物研究所、北京林福科源花卉有限公司、云南远益园林工程有限公司、丹东天赐花卉有限公司

主要完成人: 张启翔、朱根发、陈发棣、张长芹、高亦珂、房伟民、吕复兵、孙明、李奋勇、赵惠恩

获奖情况：国家科学技术进步奖二等奖

成果简介：

蝴蝶兰、大花蕙兰、卡特兰、菊花和杜鹃花是我国重要的盆花作物，年销售额占我国盆花总销售额的48.5%，但商品生产中绝大多数品种源自国外，引进成本高，受制于国外育种公司，缺乏自主知识产权品种和商品化生产技术两大“瓶颈”严重制约了我国盆花产业可持续发展。该项目以上述盆花为研究对象，以提高我国盆花产业自主创新能力和产业化水平为目标，依托10多项国家级、省部级课题的实施，历经20余年系统研发，在挖掘优异种质、构建高效育种及配套标准化生产技术体系方面取得重要突破。培育出自主知识产权新品种54个，其中，获中国植物新品种权14项、美国植物品种专利1项，审定良种6个，国际品种登录15个；申请专利23项，获国家发明专利10项、实用新型专利1项；制定行业标准2项（已颁布）、企业标准8项；发表论文86篇（SCI 16篇），出版专著6部；获省科技奖一等奖1项、二等奖2项、发明三等奖2项。示范推广5879亩，生产优质种苗9975万株、盆花5136.5万盆，新增经济效益15.2亿元，利润3.34亿元。主要技术突破如下。

1. 发掘优异种质，筛选关键亲本。建立我国大陆第一个蝴蝶兰资源圃及大花蕙兰、卡特兰资源圃，收集资源648种（品种）；建立中国最大的菊花资源保存中心，收集菊属近缘种属及品种资源2298种（品种），涵盖中国全部菊属野生种及70%的品种，首次建立菊花种质离体保存技术；成功驯化栽培杜鹃花属种质资源240种（品种），包括中国原产杜鹃花种类1/4以上。建立种质评价技术体系，筛选优异种质169份和关键育种亲本46份。

2. 优化育种体系，培育新优品种。建立完善的热带兰远缘杂交育种技术体系，提高结实率和胚培养成功率，缩短育种周期，培育品种16个，2个成为生产主导品种，打破热带兰品种长期依赖进口的局面；培育2个花芽分化不需低温的品种，实现低能耗生产。建立远缘杂交、细胞悬浮培养结合诱变、分子标记辅助选择的菊花高效育种体系，培育优质盆菊品种32个，其中“女神”是我国自主培育的首个获保护权的菊花品种，首次获得菊花单倍体株系；建立菊花规模化转基因技术平台，首次利用双T-DNA共转化系统获得无抗生素标记转基因株系，实现菊花安全转基因育种零的突破，获得5个转基因释放安全性中间试验许可。建立杜鹃花远缘杂交高效育种技术体系，培育出我国首批（6个）获保护权的杜鹃花自主产权品种，填补了中国高山杜鹃花育种空白。

3. 创新生产技术，促进产业升级。创立“三步法”蝴蝶兰实生苗生产技术，生产周期缩短40%；研发热带兰二次诱导分生苗生产技术，诱导率提高2~3倍，增殖率提高3~5倍；实现低能耗热带兰精准花期调控，成功应用于115个品种的生产。创新了菊花延长花期、一年两次开花低能耗生产方法；采用精准施肥、套盆埋地栽培技术，使盆菊着花率、开花整齐度从70%提高到97%。发明杜鹃花漂浮法育苗技术，成苗率由40%提高到95%。

利用项目技术生产的盆花占全国同类产品产值的15.7%，示范辐射效果明显，经济社会效益显著，有力地促进了我国盆花产业结构调整与优化升级。

银杏等工业原料林树种资源高效利用技术体系创新集成及产业化

主要完成单位：南京林业大学、中国林业科学研究院资源昆虫研究所、中国林业科学研究院经济林研究开发中心、扬子江药业集团有限公司、山东永春堂集团有限公司、江苏同源堂生物工程有限公司

主要完成人：曹福亮、段琼芬、李芳东、张往祥、杜红岩、郑璐、赵林果、颜廷和、张燕平、俞建国

获奖情况：国家科学技术进步奖二等奖

成果简介：

1. 项目主要技术内容

重点开展银杏、杜仲、印楝和辣木4个工业原料林树种高效加工利用关键技术体系的原始和集成创新研究。

2. 授权专利情况

授权专利14项，其中国家发明专利10项、实用新型专利4项。

3. 主要技术经济指标

（1）筛选出33个优良品种和种源（银杏品种22个、杜仲品种6个、辣木种源1个和印楝种源4个）。与对照相比，3个核用和2个外种皮用银杏品种的产量和有效成分含量分别提高15%和12%，5个花用品种黄酮和内酯含量分别提高10.9%和16.6%以上，印楝种源的印楝素A含量达6.8 g/kg，辣木种源油脂含量提高10%~20%，杜仲良种盛果期产量达3.5~5.9t/hm^2，种仁粗脂肪24%~28%。

（2）率先开展5种银杏叶生物饲料添加剂产品制备的关键技术体系研究。银杏叶酵母培养物活菌数达40亿个/克、粗蛋白提高70.23%、总氨基酸提高40.8%；银杏叶饲料复合酶的粗蛋白提高106.1%，总氨基酸提高7.6%，酶的总活力超过26000μg，总黄酮提取率提高5.77%，发酵后主要香气物质为发酵前的3.9倍；银杏叶合生元的氨基酸总量提高79.2%，粗蛋白提高98.02%，每克产品含益生菌40亿个，酶的总活力达26000μg，发酵后主要香气物质为发酵前的4.6倍；黄芪—银杏叶复合饲料添加剂中活菌数达到26.5亿个/克，黄芪多糖提取得率、粗蛋白、总氨基酸提高11.15%、70.02%和20.92%；β-葡萄糖苷酶活力达到137.8IU/mL，是初发菌株的44.6倍。

（3）银杏黄酮合成的代谢调控技术使愈伤组织和悬浮细胞中黄酮含量提高24%和202.1%。

（4）银杏甙元黄酮生物转化技术使转化率提高到80%，纯度达50%，生物效价提高7倍。

（5）银杏叶片和银杏叶粉针剂制备工艺使浸膏中银杏总黄酮醇苷和萜类内酯达30%和10%以上（传统工艺仅为24%和5%），银杏酚酸降到5 ppm以下，产品片重由主流的0.27克/片降到0.18克/片。

（6）银杏粉、银杏油及银杏蛋白粉加工技术使银杏油得率由2%提高到4%，银杏种仁蛋白质提取率达75%，白果澄清汁透光率提高到65.9%。

（7）新型活性炭对甲醛、铅、镉的吸附率达到140%、200mg/g、90mg/g。

(8)印楝等生物活性物质的加工一体化技术使印楝素原药得率达到3.2%~3.4%,出油率达31.6%~33.7%,印楝素浸膏高达6.86%;印楝素干粉制备得率66%,印楝素的含量由6.7%提高到25%;印楝素分离纯化的纯度>98%,成本降低70%。

(9)辣木油脱色技术减少了脱胶等3道工序,辣木干燥技术使生产效益提高18%;集中式与分散式辣木供水一体化净水技术与装置,把原水浊度从200 NTU降低至5 NTU以下,除菌率达90%。

(10)杜仲油的抗氧化保鲜技术及雄花茶制备技术使杜仲油保质期延长4倍,杜仲雄花保鲜时间由常温下的3天增加到22天;杜仲雄花茶具有显著的抗疲劳和保肝作用,小鼠乳酸清除比值提高39.7%,血清ALT下降378%。

4. 应用推广及效益情况

该项研究成果在江苏、云南、河南、福建和山东等省进行了大规模推广应用,近3年累计新增利润约9.88亿元,新增税收约6.56亿元。

造纸纤维组分的选择性酶解技术及其应用

主要完成单位:山东轻工业学院、华泰集团有限公司、中国制浆造纸研究院

主要完成人:秦梦华、傅英娟、徐清华、张凤山、曹春昱、李宗全、刘娜、邵志勇、李晓亮、田居龙

获奖情况:国家科学技术进步奖二等奖

成果简介:

该项目属于轻工业科学技术中造纸技术领域。

以植物纤维为原料的制浆造纸工业是我国国民经济的重要基础原材料工业,也是我国节能减排和污染治理的重点行业。该项目以现代生物技术为手段,在降低打浆和磨浆能耗、废纸的清洁化生产及提升纸浆的品质等关键技术方面有重大突破和创新,解决了制浆造纸工业中生物酶的选择性降解这一关键科学技术问题。获得了多项原创性理论成果,创建了具有我国自主知识产权的造纸纤维生物酶解关键技术体系:①提出了纤酶对化学浆的酶促打浆机制,研发了一种能够选择性降解的酶促打浆技术,即在大幅度降低能耗的同时,提高纸浆的强度。②揭示了脱墨条件下纤维选择性酶解的途径,合成了高效中性脱墨剂,开发了一种办公废纸酶法脱墨技术和废新闻纸中性脱墨技术,大幅度降低了脱墨废水的污染负荷。③提出了废新闻纸漆酶—介体脱墨理论,发现了漆酶和纤酶在脱墨过程中的协同作用,发明了一种能够选择性降解的漆酶—介体和漆酶—纤酶废新闻纸脱墨技术,进一步提高了脱墨浆的质量。④构建了树脂在浆水体系中的双层结构模型,研发了一种能够有效降低阴离子杂质阳电荷需要量和树脂沉积的生物处理技术,优化了造纸湿部化学体系。⑤阐明了纤酶和漆酶对机械浆、化学浆纤维的改性机理,明确了纤酶、漆酶及微生物对纤维原料制浆前进行选择性生物降解的机制,研发了一种降低磨浆能耗的纤维原料制浆前选择性降解技术和提高纸浆强度性能的生物处理技术。

该技术的应用,可使针叶木浆的打浆能耗降低10%~30%,阔叶木浆能耗降低35%~45%,草浆能耗

降低40%~55%，同时纸浆强度有不同程度的提高；废纸酶法脱墨废水的COD5降低49%，碎浆能耗降低25%，同时纸浆白度和强度进一步提高；果胶酶处理可使浆水体系中阴离子杂质的阳电荷需要量降低30%~60%，树脂沉积量减少10%~55%，留着率提高10%~80%；利用纤酶、漆酶或菌种处理植物纤维原料，可以节约磨浆能耗30%~40%，且大幅度提高后续纸浆的强度和白度；酶法改性后，机械浆裂断长提高8%~58%，硫酸盐浆湿强度提高100%。以上性能指标，均超过国内外相关的技术指标。

该技术已在华泰集团有限公司、山东晨鸣纸业集团股份有限公司、山东太阳纸业股份有限公司的现代化生产线上应用，并在山东、浙江、江苏等10余家造纸企业推广。2008—2010年，为造纸企业增收节支7亿多元，有力地促进了我国造纸工业的技术水平提高和企业节能减排目标的实现。

该项目已获国家发明专利8项。基础研究在 *Enzyme Microbial Technol*，*J.Pulp Pap.Sci.*，*Bioresour. Te ch nol.*，*Colloids Surf. A*，*Appita*，*Waste Management* 等学术刊物发表学术论文123篇，出版学术专著1部。荣获山东省科技进步奖一等奖1项，二等奖1项，高等学校技术发明奖二等奖1项。项目培养研究生32人，培训企业基层技术人员1200余人。

禽白血病流行病学及防控技术

主要完成单位：山东农业大学、扬州大学、山东益生种畜禽股份有限公司

主要完成人：崔治中、秦爱建、孙淑红、曲立新、成子强、杜岩、郭慧君、金文杰、柴家前、朱瑞良

获奖情况：国家科学技术进步奖二等奖

成果简介：

该项目属于家畜禽、兽医科学技术领域。

禽白血病是由禽白血病病毒（ALV）引起的肿瘤病，由于缺少特异性诊断方法和有效的防控措施，在我国鸡群中危害越来越严重。ALV在我国肉、蛋种鸡群中长期延续，并通过种蛋垂直传播逐代放大。其中，J亚群ALV（ALV-J）已在我国不同地区不同类型的蛋鸡和肉鸡群中广泛传播，感染率高达41.74%，感染严重的鸡群肿瘤死淘率可达20%，每年造成的经济损失约200亿元。该项目在国家“十五”科技攻关计划、国家自然科学基金等项目支持下，率先在我国白羽肉鸡中分离鉴定了ALV-J，研制了禽白血病快速诊断技术，建立了禽白血病综合防控技术体系，创立了无疫苗预防疫病防控的新模式，经济、社会效益显著。

1. 研制出快速鉴别诊断J亚群禽白血病的单克隆抗体，建立了间接免疫荧光检测方法。突破了以全病毒作为免疫原制备单克隆抗体无法鉴别ALV-J这一技术难题，用昆虫细胞—杆状病毒表达系统表达ALV-Jgp85蛋白，制备了单克隆抗体，该单克隆抗体已成为国内外禽白血病诊断研究的唯一标准物质。利用该单克隆抗体建立了简便、高效、特异性识别ALV-J的间接免疫荧光检测方法。主持制定了中华人民共和国国家标准《禽白血病诊断技术》（GB/T 26436—2010），为该病的深入研究和有效防控提

供了技术支撑。

2. 阐明了J亚群禽白血病在我国鸡群中传播广泛、危害严重的原因和发病特点。①证明了早期我国白羽肉鸡禽白血病主要由ALV-J引发。自1999年始，从不同类型鸡群中分离鉴定ALV-J140株，完成了79株囊膜糖蛋白基因测序，建立了我国ALV-J分子流行病学资源库，为我国禽白血病防控研究奠定了基础。②阐明了我国鸡群ALV-J的来源。研究证明了我国白羽肉鸡ALV-J来源于美国，而我国蛋鸡和黄羽肉鸡的ALV-J来源于我国引进的白羽肉鸡，为解决我国种禽进口国际贸易纠纷提供了科学依据。③发现了我国鸡群中ALV-J的致病新特点。证实我国鸡群中ALV-J可通过诱发免疫抑制、与网状内皮增生病病毒(REV)共感染诱发鸡肿瘤高发病率和死亡率，并呈现出致肿瘤的多样性。

3. 研究形成了禽白血病综合防控技术体系。建立了大批量样品ALV分离培养检测方法，实现了致病性ALV的动态监测和种群净化；建立了切断垂直传播、阻断横向传播相结合的禽白血病综合防控技术体系，创立了无疫苗预防疫病的防控新模式，有效地控制了禽白血病在我国的流行。

该技术已在我国65%的祖代白羽肉鸡和60%的祖代蛋鸡推广应用，近3年减少由该病带来的直接和间接经济损失243.4亿元，有效保障了我国家禽产业的安全生产与可持续发展，经济、社会效益显著。

制定国家标准1项，获全国百篇优秀博士学位论文1篇，在国内外重要学术刊物上发表论文53篇，其中SCI收录7篇。

该项目2010年获山东省科技进步奖一等奖。

仔猪健康养殖营养饲料调控技术及应用

主要完成单位：中国农业科学院北京畜牧兽医研究所、南京农业大学、北京大北农科技集团股份有限公司、武汉邦之德牧业科技有限公司、建德市维丰饲料有限公司、辽宁禾丰牧业股份有限公司

主要完成人：张宏福、王恬、宋维平、顾宪红、卢庆萍、唐湘方、吴晓峰、洪作鹏、王振勇、丁洪涛

获奖情况：国家科学技术进步奖二等奖

成果简介：

“猪粮安天下”。针对我国养猪业由传统向现代养殖快速发展对乳仔猪饲料配制技术国产化的重大技术需求，在国家及地方科技攻关、自然基金项目的支持下，从系统研究饲养体制和饲喂模式、生理应激及其成因、原料营养与抗营养特性、养分需求、肠道健康及微生态着手，采用多学科集成攻关’研制出仔猪健康养殖营养饲料调控技术及新型饲料添加剂、预混料和配合饲料各型产品。

1. 首次系统研究了不同断奶日龄仔猪饲养模式的生理效应，提出针对中国资源特点，规模及适度规模养猪业仔猪适宜断奶日龄为21~32天；系统研究了能量、蛋白质、氨基酸等重要参数，填补了仔猪日粮适宜dEB值和系酸力参数空白，创建了日粮系酸力模型和系酸力与dEB值耦合调控新

方法，获专利1项。在“乳仔猪营养生理研究的系统性、日粮系酸力模型及调控等方面达到国际领先水平”。

2. 用体内、外试验方法，研究牛乳酶解物中刺激仔猪胃泌素释放、胃肠道组织生长和消化酶分泌的乳源性肽类活性物质。从分子水平揭示了断奶仔猪肠道可吸收IGF-I、EGF与Insulin，为肽类蛋白质原料生产与应用提供了论据；开发了豆粕高效发酵、酶解新工艺，产品氮溶指数(TCA-NSI)达20.09%，抗胰蛋白酶体外降解率达86%，抗原降低79%，获专利1项。

3. 研制了甘氨酸锌、植物甾醇两种新型饲料添加剂，获农业部饲料与饲料添加剂新产品证书；研制了芽胞杆菌、乳酸菌饲料添加剂，经专家鉴定“达国际领先水平”，获专利2项。

4. 以仔猪肠道营养、免疫机能发育、减少后段肠道发酵、维护肠道微生物生态、减少环境N、Cu、Zn排放为目标，建立仔猪健康养殖营养与饲料调控综合技术方案：采用微生物制剂、益生元建立肠道优势有益菌群，代替抗生素；采用发酵酶解大豆蛋白，禁用血浆、血球蛋白粉等蛋白原料，杜绝食源性病源交叉感染；采用养分平衡技术、体外仿生消化优化酶制剂(主要为NSP酶)，提高日粮干物质消化率8%，减少后段肠道发酵。开发仔猪健康养殖添加剂8个及预混料、配合饲料优势产品，具有原料国产化、无同源性动物蛋白、适口性好、应激反应小、食源性和继发性腹泻少的特点。累计生产乳仔猪配合饲料931.2万吨，预混料68万吨，添加剂3.5万吨。累计饲喂仔猪5.86亿头，仔猪腹泻率降低55%~60%，料重比降低0.25，60日龄体重提高3.5~3.8千克，窝健仔数增加2.1~2.3头。累计产生间接经济效益205.1亿元。仅据部分用户近3年统计数据显示，该成果新增产值195亿元，新增利税26亿元，养殖户新增经济效益197.2亿多元。

5. 发表论文80篇(SCI 8篇：*Biol Neon*，IF2.75，3篇；*J Pedi Gastr & Nutr*，IF2.10，1篇；*Lifesciences*，IF2.34，2篇，*Anim. Feed Sci & Tech*，IF1.87，2篇)，出版著作2部。获省部级科技进步奖4项、发明专利5项、制定国家标准1项；获新饲料添加剂证书2个、国家及省级重点科技新产品5个。

动物流感系列快速检测技术的建立及应用

主要完成单位：华中农业大学、武汉科前动物生物制品有限责任公司、湖北省动物疫病预防控制中心、湖南省兽医局

主要完成人：金梅林、陈焕春、吴斌、张安定、周红波、邱伯根、宋念华、徐晓娟、郭学波、但汉并

获奖情况：国家科学技术进步奖二等奖

成果简介：

近年来，动物流感在全球频繁爆发流行不仅严重危害人类健康，引发重大公共卫生问题，而且直接威胁养殖业，给国民经济造成严重损失。采用快速有效的手段，长期持续性的对流感进行诊断、检测与监测是防治流感切实可行的重要策略。

该项目分析了流感病毒重要功能基因进化的特点，发现2000年后禽流感病毒NS1蛋白的80—84位出现5个氨基酸的缺失，NA基因49—68位存在20个氨基酸的缺失是一种特殊的“茎部-Motif”，研究证实了病毒进化过程中NS1和NA基因片段特殊的缺失突变可导致毒力和致病力增强。提示了对流感病毒进行长期监测的重要性。

通过分析病毒特点筛选和鉴定出适合我国流行特点的NP、M和NS1基因和不同亚型HA基因中具有流感型及亚型特异性序列并作为分子诊断标识。成功表达了这些分子标识的生物活性功能蛋白。对制备筛选的高效价单抗识别表位进行分析及组合优化，在此基础上创建的技术和产品针对性和特异性强、覆盖当前主要流行毒株。鉴定出20个禽流感病毒致神经病理相关的宿主特异性诊断标识。

该项目运用分子病毒学、现代免疫学、分析化学等先进技术，通过对生物活性物质分析、制取及纯化、特异性IgG及活性蛋白的化学偶联、酶促反应等关键技术的深人研究，创建了一系列(17种)快速简便、灵敏特异、稳定可靠、通量高和可现场“栏圈边”使用的、具有自主知识产权的抗原和抗体检测技术与商业化试剂盒。成功研制了抗原、抗体保护剂、稳定剂，样品处理缓冲剂，解决了国内诊断试剂产业化生产工艺及其技术应用于临床实际中的各项瓶颈问题。该项目研究的系列快速检测技术和产品可以适应不同层面、不同检测目的需求。主要技术和产品在关键技术参数等方面优势明显，填补了国内外流感快速诊断试剂商业化产品的空白，具有巨大的应用潜力。

研究成果在湖北、湖南、广东、黑龙江、贵州、四川、西藏、北京和上海等14个省市应用，产生了广泛的辐射效益。近3年累计新增产值13.77亿元，新增利润总计3.85亿元，新增税收总计1.38亿元。使用该成果显著降低了流感对养殖业的经济损失，阻断病毒感染人的传播链，对社会稳定起到了积极作用。应邀对全国35个省市动物CDC的技术人员进行流感快速检测技术培训。应邀在电视台进行流感防控技术普及；编写流感防控技术科普读物，增强了社会民众的防控意识。

研究成果获2007年湖北省科技进步奖一等奖。申报国家发明专利5项，其中已获授权3项；获新兽药注册证书3项；获兽药批准文号3项；建立兽医生物制品质量标准3项；制定猪流感防制技术规范2项；建立标准化流感诊断试剂专项GMP生产线，成功实现了成果转化和产业化，提高了相关行业、产业的技术水平及竞争能力。发表流感相关研究论文40篇，其中SCI论文22篇。

该项目为病原生物灾害的监测和防控范畴，具有很强的社会公益性。其技术和产品对防控动物流感，促进养殖业可持续发展，保障人民健康具有广泛的辐射效益、经济效益及社会效益，对经济建设和社会发展产生了较大影响。

猪主要繁殖障碍病防控技术体系的建立与应用

主要完成单位：山东省农业科学院畜牧兽医研究所、武汉中博生物股份有限公司、中国农业科学院哈尔滨兽医研究所、青岛农业大学

主要完成人：王金宝、漆世华、吴家强、崔尚金、任慧英、李俊、张秀美、周顺、舒银辉、李曦

获奖情况：国家科学技术进步奖二等奖

成果简介：

该项目属于农业科学的畜牧兽医领域。

猪细小病毒病、猪繁殖与呼吸综合征和猪圆环病毒病均可引起猪繁殖障碍，临床上混合感染现象非常普遍，该项目实施前尚无成熟有效的预防技术和治疗方案，严重威胁着养猪业健康可持续发展。该项目在国家和省部相关课题的支持资助下，对上述3种猪主要繁殖障碍病的防控技术进行了系统研究。该技术的主要科学内容包括以下4个方面。

1. 疫苗研制。筛选病原流行毒株和高效免疫增强剂，成功研发出具有自主知识产权的2个灭活疫苗和9个基因工程疫苗，为猪主要繁殖障碍病防控技术体系的建立提供了重要的产品支持。猪细小病毒灭活疫苗(CP-99株)和猪繁殖与呼吸综合征灭活疫苗(SD1株)在抗原培养过程中采用细胞转瓶永续培养技术和专用营养液配方将毒株效价提高10倍以上，在制苗过程中采用抗原纯化工艺降低了异源蛋白对免疫猪造成的应激反应。猪细小病毒病灭活疫苗的免疫保护率达95%以上，猪繁殖与呼吸综合征灭活疫苗的免疫保护率达80%以上。

2. 诊断技术。建立了针对猪主要繁殖障碍病血清学抗体检测的ELISA、IPMA及病原学检测的多重PCR、荧光定量PCR等方法，并开发了适合临床现地应用的LAMP及免疫胶体金诊断方法，可以实时进行猪主要繁殖障碍病的快速鉴别诊断，真正做到了"早发现、早诊断、早防治"，为猪主要繁殖障碍病的综合防控提供了有效的技术手段。

3. 流行病学调查。对猪细小病毒病、猪繁殖与呼吸综合征和猪圆环病毒病进行了系统的流行病学调查，获得了详细的流行病学数据，系统地鉴定了病原生物学特性和致病力，揭示了我国猪主要繁殖障碍病原的基因变异规律和遗传演化趋势，为防控措施的制定提供了科学的理论依据。

4. 防控技术体系。组装、集成、创新猪主要繁殖障碍病的疫苗研制、快速诊断、卫生消毒、免疫监测、生物安全等关键防控技术，获得1项国家新兽药注册证书和2项兽药产品生产批准文号，申报14项国家专利(其中已授权发明专利2项，实用新型专利1项)，制定1项农业部兽用生物制品质量标准和5项山东省地方标准，在国内外期刊上发表研究论文176篇，形成了规模化猪场主要繁殖障碍病综合防控技术体系，为猪繁殖障碍病的科学防控提供了技术保障。

该项技术成果采取基地示范、产品转让、技术培训等方式，近3年来已在除西藏之外的中国大陆地区的规模化猪场进行了示范和推广，转让2家兽用生物制品企业，培训基层兽医工作者和猪场技术骨干12000余人次，累计应用3045万头母猪，平均每头免疫母猪每年多提供2头活仔猪，创造直接经济效益达625950.34万元，有力地推动了养猪行业和生物制品行业的科技进步。

肉鸡健康养殖的营养调控与饲料高效利用技术

主要完成单位：中国农业大学、河南省农业科学院畜牧兽医研究所、山东六和集团有限公司、河南大用实业有限公司、北京北农大动物科技有限责任公司

主要完成人：呙于明、张日俊、李绍钰、吕明斌、袁建敏、郝国庆、杨鹰、魏凤仙、张炳坤、王忠

获奖情况：国家科学技术进步奖二等奖

成果简介：

该项目围绕肉鸡全肠道系统（微生物和肠组织）发育及其调控、应激代谢病机制及其调控、免疫抗病力和鸡肉品质性状发育的饲料营养调控技术及饲料高效利用与氮、磷和微量元素Zn、Mn、Cu等减排技术进行了研究。成果要点如下。

1. 研究确定了肉鸡全肠道菌群的演替规律，并分离到可调控其消化道菌群的特殊功能微生物；采取单菌液体深层高密度发酵工艺，使芽孢杆菌发酵液的菌浓度很高；后处理工艺中对乳酸菌和芽孢杆菌的微胶囊包被和对酵母菌进行膜浓缩集菌、沸腾造粒包衣干燥等技术措施，使益生菌存活率高和抗逆性强。明确了饲料添加剂锌、丁酸钠、寡糖、溶菌酶和益生菌调节肉鸡肠道结构和功能的作用效果、机理及其适宜剂量。

2. 揭示了ω-3和ω-6多烯酸、共扼亚油酸、有机和无机锌、蛋氨酸营养代谢与免疫反应之间的关系，确定了获得最佳免疫机能的肉鸡日粮蛋氨酸和Zn的适宜供给水平，确定了对不同免疫机能状态下调节肉鸡免疫机能的不同油脂和脂肪酸的应用技术。

3. 运用酶解和化学方法处理酵母细胞壁同时获得高纯度、高得率的β-1，3/1，6-葡聚糖和甘露寡聚糖的制备技术，确定了其具有调节肉鸡免疫机能的适宜分子量范围及在日粮中的适宜剂量。集成出根据季节在日粮中添加益生菌、益生元、酶制剂、植物提取物、溶菌酶和霉菌毒素吸附剂配伍组合与饮水中添加酸化剂相结合的肉鸡无抗饲料饲养技术。

4. 发现染料木黄酮预防肉鸡腹水综合征的作用及适宜剂量，L-肉碱和辅酶Q均可有效增强肉鸡线粒体功能从而降低肉鸡对腹水猝死综合征发生的敏感性以及死亡率，确定了在日粮中的适宜剂量。

5. 确定了丁酸梭菌改善鸡肉肉质的作用以及应用技术和改善鸡肉肉质稳定性的维生素E和镁营养技术；揭示了镁的抗氧化作用及其提高过氧化氢酶基因表达的分子机理。营养富集鸡肉生产技术可使胸肌硒含量达到1.0mg/kg和n-3多不饱和脂肪酸组成比例提高到13.13%。

6. 按可消化氨基酸平衡与酶制剂应用结合配制低蛋白肉鸡日粮的技术可降低N、P排放的幅度分别达到20%和27%以上；应用有机与无机微量元素组合，降低Zn、Mn排放幅度达到30%以上，降低Cu排放17%。

发表科技论文138篇（SCI收录42篇），专著4部；获得13项授权发明专利；研发鉴定新饲料产品4

个；起草制定8项国家或行业标准与规范。自2006年开始成果应用到肉鸡养殖及饲料行业，已生产1900余万吨肉鸡配合饲料、饲养肉鸡39亿余只，累计增收18.96亿余元人民币，其中，饲料生产增收4.67亿元，肉鸡养殖增收14.29亿元，取得了显著的经济效益；所制定的8项标准和规范已经并仍将持续取得显著的社会和生态效益。培养研究生78人、国家杰出青年基金获得者和“新世纪百千万人才工程”国家级人才各一名，2009年教育部创新团队一个；培训人员2.8万余人次；培育了“六和”牌中国名牌、“大用”“象丰”“赛优”和“优农”“永达”等多个肉鸡饲料知名品牌以及“大用”和“永达”等鸡肉知名品牌。

项目成果已通过教育部鉴定，并获得2010年度教育部科技进步奖一等奖。

新型和改良多倍体鱼研究及应用

主要完成单位：湖南师范大学、湖南湘云生物科技有限公司

主要完成人：刘少军、周工健、罗凯坤、覃钦博、段巍、陶敏、张纯、姚占州、冯浩、刘筠

获奖情况：国家科学技术进步奖二等奖

成果简介：

鲫鱼是我国重要的养殖和消费淡水鱼类之一，研制和推广优良鲫鱼具有重要意义。该项目在国家杰出青年科学基金、国家自然科学基金重点课题等课题的资助下，利用雌核发育和远缘杂交等遗传育种技术研制了雌核发育二倍体鲫鲤克隆体系、改良四倍体鲫鲤、新型四倍体鲫鲂、改良二倍体红鲫、改良三倍体鱼，在鱼类倍性育种的基础理论研究和应用方面开展了系统的研究工作。研制出的四倍体鱼两性可育，并已形成了群体；研制出的改良三倍体鱼具有不育、生长速度快、抗逆性强和肉质好等优点，已在全国推广应用，产生了显著的经济和社会效益；相关研究成果“新型和改良多倍体鱼研究”得到评审专家的好评，并于2008年获得湖南省科技进步奖一等奖；承担的国家自然科学基金重点课题“四倍体、三倍体鱼遗传改良”完成了结题验收，承担的湖南省重点课题“新型多倍体鱼研究及应用”完成了现场验收，都得到了专家的好评；获得6项授权国家发明专利，在*Genetics*等期刊上发表了68篇论文，其中SCI期刊文章37篇。该项目的主要研究成果如下。

1. 在获得四倍体鲫鲤群体基础上，用其产生的二倍体卵子进行无染色体加倍过程的雌核发育研究，建立了雌核发育二倍体鲫鲤克隆体系，并用之制备了两性可育的改良四倍体鲫鲤（4n=200）群体；通过红鲫（♀）与团头鲂（♂）亚科间远缘杂交，选育出两个两性可育的新型四倍体鲫鲂（4n=148；4n=200）群体。上述四倍体鱼为制备优良三倍体鱼提供了宝贵的四倍体鱼父本。

2. 在改良四倍体鲫鲤的后代中选育出改良二倍体红卿，为制备优良三倍体鱼提供了优质二倍体鱼母本。

3. 用雄性改良四倍体鲫鲤分别与雌性改良二倍体红鲫和二倍体白鲫交配大规模制备了两种改良三倍体鱼（湘云鲫2号和改良湘云鲫）。改良三倍体鱼具有不育、肉质优良、生长速度快和抗逆性强等

优点，已在全国28个省市推广养殖，推广面积达1900万亩，深受广大消费者和养殖户的欢迎。2005—2010年，共生产改良三倍体鱼19亿尾，创造经济效益76亿元，获得利润15.2亿元，税收3.8亿元，产生了显著的经济和社会效益。用雄性四倍体鲫鲂（4n=200）与雌性改良二倍体红鲫倍间杂交制备了三倍体鲫鲂（3n=150）。三倍体鲫鲂具有不育、生长速度快、体型好、肉质好及草食性等优点。

4. 建立了雄核发育二倍体鲫鲤克隆体系和天然雌核发育二倍体红鲫体系，为三倍体鱼的制备提供了优良亲本。

5. 在基础理论方面，发现雌核发育二倍体鲫鲤克隆体系产生不减数二倍体卵子，并观察到这与早期生殖细胞融合有关，为揭示二倍体杂交鱼产生不减数配子的机制提供了重要证据；系统比较了双亲染色体数目相同和不同情况下形成不同倍性鱼的规律；在细胞和分子水平证明了四倍体鱼的可育性和三倍体鱼的不育性；在外形、性腺、垂体、血液和DNA序列等方面提供了大量多倍体鱼在生物进化方面的证据。

该项目在鱼类倍性遗传育种的基础理论和应用方面都取得了突出成绩，研制的改良三倍体鱼产生了显著的经济和社会效益。

坛紫菜新品种选育、推广及深加工技术

主要完成单位：上海海洋大学、集美大学、厦门大学、中国海洋大学、福建省水产技术推广总站、福建申石蓝食品有限公司、厦门新阳洲水产品工贸有限公司

主要完成人：严兴洪、陈昌生、左正宏、茅云翔、黄健、谢潮添、李琳、宋武林、詹照雅、张福赐

获奖情况：国家科学技术进步奖二等奖

成果简介：

该项目属于水产科学技术领域。

坛紫菜是我国特有的经济海藻，产量约占全国紫菜的75%。过去，该产业存在着栽培无良种、加工靠手工、产品粗糙、价值低等问题。在“863计划”和国家自然基金等资助下，该项目针对良种选育和产品加工这两个制约着坛紫菜产业发展的瓶颈问题，进行了20多年研究，在坛紫菜的基础遗传学、良种选育与推广、产品深加工等方面取得了多项理论和技术突破，主要创新成果如下。

1. 基础研究。在国际上首次阐明了坛紫菜的3大基础遗传学问题：①坛紫菜的雌雄叶状体均可通过单性生殖产生基因纯合的后代；②坛紫菜的减数分裂发生在壳孢子萌发初期，有性生殖产生的叶状体是基因嵌合体；③阐明了坛紫菜叶状体营养细胞向性细胞分化的规律，发现细胞分化快慢是影响叶状体生长和成熟的主因。上述研究成果，在学术上，进一步完善了坛紫菜的生活史，发现罕见的坛紫菜单雄生殖，对研究海洋植物性别遗传机制具有重要学术价值；在育种上，为建立坛紫菜育种技术奠定了重要理论基础。

2. 育种技术研究。在国际上创建了利用体细胞克隆再生获得基因纯合叶状体，以及通过单性生殖获得丝状体遗传纯系等紫菜育种核心技术，并对人工诱变、体细胞克隆、遗传杂交和单性生殖等技术进行集成创新，创建了快速高效的坛紫菜单性育种技术。利用该技术，培育出我国首个坛紫菜新品种“申福1号”，已通过农业部新品种审定，被列入全国重点推广养殖品种。“申福1号”不仅产量高、品质好、耐高温，亩产比传统栽培种增加25%~37%，而且是单性不育，攻克了因良种成熟与其他品种发生杂交造成性状退化、使用周期短的紫菜育种难题。另外，选育出30个具有产量、品质或抗逆优势的坛紫菜新品系，其中“申福2号”和“闽丰1号”等新品系的亩产增加30%以上，将被培育成新品种。构建了我国首个坛紫菜遗传连锁图谱，实现多个重要经济性状的QTL定位，为分子辅助育种奠定了坚实基础。

3. 良种推广研究。创建了坛紫菜良种的大规模制种技术，突破了利用坛紫菜良种自由丝状体体细胞移植育苗的关键技术，指导建设坛紫菜良种供应中心4个，国家级坛紫菜原种、良种场各1个，省级坛紫菜良种场2个，有力地促进了新品种(系)的大规模栽培。

4. 产品深加工研究。突破了坛紫菜加工中鲜菜保存、机制菜的供菜与菜饼剥离等关键技术，实现了坛紫菜一次加工半自动和全自动机械化，二次深加工全自动化，告别了加工靠手洗日晒的历史。研发出6大类20多种紫菜深加工产品，其附加值提高200%~350%，经济增效十分显著。

申请国家发明专利12项(已授权6项)，获授权实用专利6项；制定地方标准5部；出版学术论文121篇(其中被SCI和EI收录17篇)，专著5部；获上海市和福建省科技进步奖一等奖各1项。

“申福1号”等3个新品种(系)已在闽、浙二省的16个县市大规模栽培，实现产品深加工产业化，近3年累计新增产值18亿元，新增收入9亿多元。

该项目在紫菜育种技术和新品种的性能指标上达到了国际领先水平，为坛紫菜产业可持续发展提供了有力的技术支撑。

2012年

一等奖

广适高产优质大豆新品种中黄13的选育与应用

主要完成单位：中国农业科学院作物科学研究所

主要完成人：王连铮、赵荣娟、王岚、付玉清、胡献忠、夏英萍、李强、孙君明、陈应志、毛景英、马志强、廖琴、谢辉、曲辉英、石敬彩

获奖情况：国家科学技术技术进步一等奖

成果简介：

该项目针对黄淮海地区南北跨度大、生态条件复杂、品种适应范围窄、单产低、品质差等突出问题，开展了广适高产优质大豆新品种选育与应用研究。

1. 建立了广适高产大豆育种技术体系，创制广适新种质6份。该体系以不同纬度、遗传远缘、性状互补3类种质为亲本，在室内和跨区田间适应性鉴定的基础上，筛选、创制了广适、抗逆性强的大豆新种质，为培育广适高产大豆新品种奠定了技术和材料基础。

2. 培育出广适高产优质大豆新品种“中黄13”，实现了大豆育种新突破。①适应性广。适宜种植区域从29°N~42°N，跨3个生态区13个纬度，是迄今国内纬度跨度最大、适应范围最广的大豆品种；②高产。在黄淮海地区创亩产312.4千克的大豆高产纪录，在推广面积最大的安徽省，全部25个试点均增产，产量列参试品种首位；③优质。蛋白质含量高达45.8%，籽粒大，品质好；④多抗。抗倒伏，耐涝，抗花叶病毒病、紫斑病，中抗胞囊线虫病。

3. 建立了“中黄13”育、繁、推一体化推广模式，实现了大面积应用。通过高产示范、原种生产以及“科研单位—推广部门—种子公司—种植农户”的育、繁、推一体化的推广模式，实现了全国14个省市大面积推广应用。2007年以来年种植面积连续5年居全国首位，已累计推广5000多万亩。2005年以来连续7年被农业部列为全国大豆主导品种，是自1995年以来唯一一年推广面积超千万亩的大豆品种。获中国和韩国新品种权各1项，是国内首次获得国际植物新品种权的大豆品种。以“中黄13”为广适高产大豆骨干亲本已培育出新品系308个，其中参加国家和省级区试新品系38个。整体提升了我国大豆育种水平，促进了黄淮海地区大豆生产的发展，对保障我国食物安全和农民增收作出了重要贡献。

中国小麦条锈病菌源基地综合治理技术体系的构建与应用

主要完成单位：中国农业科学院植物保护研究所、西北农林科技大学、中国农业大学、全国农业技术推广服务中心、甘肃省农业科学院植物保护研究所、四川省农业科学院植物保护物保护研究所、天水市农业科学研究所、甘肃省植保植检站、四川省农业厅植物保护站、甘肃省农业科学院小麦研究所

主要完成人：陈万权、康振生、马占鸿、徐世昌、金社林、姜玉英、蒲崇建、沈丽、宋建荣、王保通、张忠军、赵中华、彭云良、张跃进、刘太国

获奖情况：国家科学技术进步奖一等奖

成果简介：

小麦条锈病是一种高空远距离传播的毁灭性病害，严重影响小麦生产和粮食安全。项目组从1991

年起开展全国大协作，对中国小麦条锈病菌源基地综合治理技术体系进行了连续18年的科技攻关，取得以下成果。

1. 发现中国小麦条锈病存在秋季菌源和春季菌源两大菌源基地，查清了菌源基地的精确范围与关键作用，明确了病害源头与治理重点区域，研发出病害早期定量分子诊断和以菌源基地秋季菌源数量为基础的病害大区流行异地测报技术，预测预报吻合率100%。

2. 系统揭示了基因突变、异核作用和遗传重组是条锈菌毒性变异的主要途径，病菌毒性小种的产生和发展是导致品种抗锈性“丧失”的关键，寄主抗病基因筛选是前提，生态环境胁迫是诱因。建立了品种抗锈性鉴定评价与病菌毒性变异监测的技术平台。

3. 首次提出“重点治理越夏易变区、持续控制冬季繁殖区和全面预防春季流行区”的病害分区治理策略，创建了以生物多样性利用为核心，以生态抗灾、生物控害、化学减灾为目标的小麦条锈病菌源基地综合治理技术体系。

该项目成果大规模推广应用，防病保产效果显著。2009—2011年在全国8省(区、市)累计推广应用23067.2万亩，有效控制了条锈病的暴发流行，为国家粮食生产9连增做出了重要贡献。丰富和发展了《植物病害分子流行学》和《植物生态病理学》理论、技术和方法，为国家小麦条锈病的防控决策提供了重要科学依据和技术支撑，作为“公共植保、绿色植保”的典型范例，为研究其他气传病害提供了借鉴和参考。

中国生态系统研究网络的创建及其观测研究和试验示范

主要完成单位：中国科学院地理科学与资源研究所、中国科学院沈阳应用生态研究所、中国科学院南京土壤研究所、中国科学院植物研究所、中国科学院水生生物研究所、中国科学院寒区旱区环境与工程研究所、中国科学院水利部水土保持研究所、中国科学院东北地理与农业生态研究所、中国科学院华南植物园、中国科学院水利部成都山地灾害与环境研究所

主要完成人：孙鸿烈、陈宜瑜、沈善敏、赵士洞、赵剑平、韩兴国、张佳宝、于贵瑞、刘国彬、秦伯强、赵新全、马克平、欧阳竹、杨林章、李彦

获奖情况：国家科学技术进步奖一等奖

成果简介：

为系统解决我国生态环境和农业现代化中的重大科技问题，提升资源环境领域科技创新基础平台和综合研究能力，1988年开始设计创建涵盖中国主要区域和生态系统类型，集生态检测、科学研究与示范为一体的观测研究网络——中国生态系统研究网络(Chinese Ecosystem Research Network，简称CERN)。

1. 根据我国自然区划特点，系统设计了中国生态系统研究网络，首次制定CERN观测指标体系和技术规范，构建了涵盖全国生态系统观测的技术系统，积累了我国唯一的生态系统变化定位观测数据资源，开创性地组织了全国尺度的网络化生态系统定位观测一科学研究一科技示范工作，奠定了生态环境领域台站建设的理论和技术基础，引领了我国及世界长期生态网络建设和发展。

2. 围绕生态环境和农业生产的国家需求，深入研究了生态系统过程与演变，生态系统对气候变化的响应和适应性，生态系统稳定性与生物多样性保育，脆弱生态系统退化与恢复等科学问题，发展了我国生态系统科学研究的方法论和理论体系，取得了9项具有代表性的理论成果，为我国农业生产和生态环境建设提供了科学依据。

3. 针对我国不同时期生态环境和农业生产领域的科技需求，有效组织了生态环境保护与恢复关键技术及其示范、现代农业高效生产的集成研究，集成了56项生态恢复和农业生产技术模式，其中10项代表性试验示范成果得到广泛应用，累计推广面积1.8亿亩，经济效益119.4亿元，为我国生态环境建设和农业生产做出了重大贡献。

该项目制定了6类生态系统观测指标体系，2套生态系统观测技术标准规范；累积了56个不同类型的生态系统变化定位观测数据和365个专题科学数据集，数据资源总量达400GB；向国务院和省级政府提交15份咨询报告；培养研究生2414人，对数十万农牧民开展了科普教育。

重要动物病毒病防控关键技术研究与应用

主要完成单位：中国人民解放军军事医学科学院军事兽医研究所、华南农业大学、中国农业科学院特产研究所、华中农业大学、广西壮族自治区动物疫病预防控制中心、北京大北农科技集团股份有限公司

主要完成人：金宁一、廖明、程世鹏、涂长春、高玉伟、何启盖、刘棋、赵亚荣、任涛、闫喜军、肖少波、金扩世、鲁会军、辛朝安、吴威

获奖情况：国家科学技术进步奖一等奖

成果简介：

该项目历时27年，开展了18种重要动物病毒病的病原确认、溯源、跨种传播、感染与致病机制、流行规律、诊断试剂和疫苗研究，取得主要成果如下。

1. 分离鉴定了18种畜禽、特种经济动物和野生动物病毒，形成了毒种库和基因库，首次发现并证明新城疫病毒对鹅的致死性感染。

2. 国际上首次发现了高致病性禽流感病毒跨种感染猫科动物虎和犬科动物狐狸，犬瘟热病毒跨种感染大熊猫、猕猴，制定了监测与防控措施，保护了濒危野生动物种质资源安全。

3. 率先启动了我国动物病毒分子流行病学研究，重点明确了8种动物病毒病在我国的流行特征，国际上首次发现了貂犬瘟热病毒新基因型；解析了5种病毒的感染与致病机理，首次揭示了口蹄疫病毒免疫逃避和重组的新机制。

4. 建立了针对动物病毒的15种检测方法，解决了临床诊断中的8项技术难题，获得2项诊断试剂新兽药注册证书，2项诊断技术被列为国家标准，实现了疫病诊断和免疫监测技术的标准化。

5. 攻克了17项疫苗研制及产业化关键技术，国内率先研制了15种畜禽和特种经济动物疫苗，其中7种疫苗获得新兽药注册证书；建立了我国首个特种经济动物疫苗GMP生产基地，实现了国内特种经济动物病毒疫苗零的突破。

该项目在动物疫控系统、养殖基地、中国保护大熊猫研究中心、东北虎林园等单位推广应用，2003年以来获直接经济效益7.52亿元，减少经济损失305.59亿元，在阻击禽流感，控制畜禽、特种经济动物疫病流行以及保护熊猫等濒危野生动物种质资源和汶川震后防疫等方面均发挥了重要作用。

二等奖

特色热带作物种质资源收集评价与创新利用

主要完成单位：中国热带农业科学院、广西壮族自治区亚热带作物研究所、广州市果树科学研究所、攀枝花市农林科学研究院、广东省湛江农垦集团公司、广西壮族自治区农业科学院园艺研究所、云南省德宏热带农业科学研究所

主要完成人：王庆煌、陈业渊、黄国弟、陈健、蔡泽祺、李贵利、刘业强、周华、李琼、陆超忠

获奖情况：国家科学技术进步奖二等奖

成果简介：

我国热区包括海南、广东、广西、云南、四川等8省区，面积50万平方公里，是热带作物的主要产区，资源十分稀缺，发展热带作物对保障我国热带作物产品的有效供给、促进农民增收具有重要意义。针对我国芒果、菠萝、剑麻、咖啡等12种特色热带作物资源储备不足、鉴定技术空缺、优异资源匮乏、生产品种短缺、种苗生产和栽培技术落后等突出问题，该项目开展了特色热带作物种质资源收集评价和创新利用，经过长期系统的联合攻关，取得了重大突破与创新。

1. 提出了特色热带作物种质资源保护利用新思路，构建了资源安全保存技术体系，收集保存资源5302份。提出了“资源保护、科学研究、科普示范”三位一体的特色热带作物种质资源保护和利用新思路，构建特色热带作物种质资源收集评价与创新利用协作共享平台；探明了我国特色热带作物资源的地理分布和富集程度，首次发现具有重要利用价值新类型3个，引进新作物2个；创建了由种质圃、离体

库和种子库相配套的热带作物种质资源安全保存技术体系，收集保存12科18属81种特色热带作物资源5302份，占我国特色热带作物资源总量的92%。

2. 首次创建了我国特色热带作物种质资源鉴定评价技术体系，筛选优异种质107份，为产业培育发挥了关键性作用。在国际上首次确定了968个种质资源鉴定评价技术指标；系统研制12种作物种质资源数据质量控制规范、描述规范和数据标准36项，其中6种作物18项规范属国际首创，建立统一的鉴定评价技术体系，鉴定准确率达99%；对5302份资源进行系统鉴定评价，并提供资源信息共享22.6万人次、实物共享6.3万份次，2011年比2003年分别提高23倍和10倍；筛选优异种质107份，其中45份直接用于生产，70份作为种质创新和育种材料。

3. 创制优异新种质89份，培育新品种34个，推动了特色热带作物产业升级。通过种质、技术和信息共享，创制新种质89份，利用优异新种质培育“桂热芒120号”红铃番木瓜等系列新品种34个；项目主栽品种共31个，占特色热带作物主栽品种的75%；攻克了外植体生根诱导等关键技术难题，首创番木瓜、剑麻等组培快繁技术，构建了与优良新品种相配套的种苗生产和栽培技术体系，实现了优异种质、新品种和技术的快速应用，特色热带作物良种覆盖率达90%，种植面积比20世纪90年代初扩大2.5倍，剑麻、胡椒、香草兰单产超过主产国。

优异种质和新品种在海南、广东、广西等5省区广泛应用，累计推广1850万亩，社会经济效益926亿元，新增社会经济效益555亿元。2009—2011年推广370万亩，社会经济效益185亿元。

获授权发明专利3项，制定技术标准36项，出版专著12部，发表论文120多篇。

该项目培育了我国澳洲坚果、香草兰2个新兴特色产业，促进了咖啡、芒果、番木瓜、菠萝、胡椒、剑麻等产业升级，带动了黄皮、杨桃等区域特色作物的发展，提高了产业国际竞争力，为热区农民增收、农业增效作出了重要贡献。

杂交水稻恢复系的广适强优势优异种质明恢63

主要完成单位：福建省三明市农业科学研究所

主要完成人：谢华安、张受刚、郑家团、林美娟、杨绍华、余永安、姜兆华、许旭明、罗家密、张建新

获奖情况：国家科学技术进步奖二等奖

成果简介：

明恢63是我国创制的第一个取得突出成效的优良恢复系，所配制的杂交稻品种应用范围最广、应用持续时间最长、推广面积最大，改变了我国杂交水稻恢复系资源仅限于引用国外品种的局面，对我国杂交水稻的更新换代起到里程碑的作用。主要技术内容如下。

1. 利用生态远缘品种杂交，通过基因重组，实现优良多基因聚合。将地理远缘的品种IR30与主

630杂交，圭630千粒重大（35克）、米质优、丰产性好；IR30株叶型态好、抗病性强、转色好。通过基因重组，实现双亲优异基因的聚合。

2. 应用复合生态选择，多年、多点、多代、多种逆境胁迫、大群体筛选，实现选育品种"广适性"的特性。"明恢63"的双亲均具有适应不同环境条件的遗传基础，其杂交后代逐代分别在海南和福建等不同海拔、不同地区（纬度跨越9°，经度跨越8°）进行穿梭种植和筛选，育成的"明恢63"具有适应性广的特性。

3. 创立同步四重筛选、选育"强优势"优异种质的育种技术。科学地将高产性、抗病性、适应性和恢复力等四个方面的筛选和鉴定有机地结合，进行同步四重筛选，提高育种效率。

技术经济指标如下。

1. 明恢63具有优良的生物学特性。恢复力强、恢复谱广（2对恢复基因），配合力好，抗稻瘟病（抗菌株率96.08%，抗小种率83.33%），米质优（直链淀粉含量16.20%，胶稠度91.0毫米），耐低钾（1级），耐盐，穗期耐高温（高温胁迫指数0. 4784），适应性广（跨越21.3个经度、20.2个纬度），再生力强（再生力有利基因位点多，基因加性效应大）和制种产量高（一般200~250千克/亩）。

2. "明恢63"及衍生的恢复系为父本配制的杂交稻品种丰产性好、抗性强、优质和适应性较广。如"特优63"比"汕优2号"增产17.89%（"汕优63"四年全国区试平均产量比对照"汕优2号"增产16.34%，"特优63"比对照"汕优63"增产1.55%）；衍生的恢复系多系1号配制的品种汕优多系1号全国区试比对照"汕优63"平均增产3.45%，冈优22全国区试比对照"汕优63"平均增产4.52%。

3. "明恢63"聚合了大量的有利基因，是水稻分子生物学、遗传学和分子育种研究的优异基因材料。到2010年止，已从明恢63中定位了43个基因，克隆了9个基因。

应用推广及效益情况：1984—2010年，以明恢63为父本配制并通过国家、省级审定的杂交水稻品种34个，累计推广3.10亿亩（"汕优63"除外），增产稻谷251.2亿千克，新增产值502.4亿元；1990—2010年，以"明恢63"为亲本选育的新恢复系达543个，这些新恢复系配制并经国家、省级审定的杂交水稻新品种达922个，其中国家审定167个，累计推广13.1亿亩，增产稻谷238.2亿千克，新增产值476.4亿元。

国内同行专家评价：该项成果技术先进，创新性强，社会经济效益显著，达到国内外同类研究领先水平。

抗除草剂谷子新种质的创制与利用

主要完成单位：河北省农林科学院谷子研究所、中国农业科学院作物科学研究所、张家口市农业科学院、山西省农业科学院谷子研究所、宣化巡天种业新技术有限责任公司

主要完成人：王天宇、程汝宏、赵治海、石云素、王慧军、师志刚、黎裕、张喜文、宋燕春、岳增良

获奖情况：国家科学技术进步奖二等奖

成果简介：

谷子耐旱耐瘠、营养丰富、粮草兼用，是我国北方旱作农业中的主栽作物之一。然而，由于谷田杂草种类多、数量大、苗草难分，依赖人工除草间苗，费时费工，已不能适应现代谷子生产发展的要求。谷子属于狗尾草属，栽培种中没有抗除草剂基因，为此，该项目将收集、筛选和利用谷子近缘野生种抗除草剂基因作为突破口，在国际上首次创制出达到实用水平的非转基因抗除草剂新种质，利用新种质拓建了高效育种技术体系，培育出了一批抗除草剂谷子新品种及杂交种，取得了谷子遗传改良与栽培技术的重大突破与创新。

1. 首次创制出达到实用水平的非转基因抗除草剂谷子新种质。收集、筛选获得高抗除草剂“拿捕净”和“氟乐灵”的青狗尾草自然突变体及具有野生种细胞质的抗除草剂“莠去津”（阿特拉津）谷子材料，综合利用远缘杂交、快速回交等技术，成功地将谷子近缘野生种抗除草剂基因转移到栽培谷子中，在世界上第一次创制出抗性基因表达完全、遗传稳定、达到实用水平的单抗或复抗三类不同除草剂的谷子新种质。其中，抗除草剂“莠去津”基因存在于野生种细胞质中，通过创造性地利用花粉作载体，将其转移到栽培谷子细胞质中，开辟了雄配子携带细胞质基因导入的技术途径。明确了新种质抗“拿捕净”特性受一对核显性基因控制，抗“氟乐灵”特性受两对核隐性基因控制，抗“莠去津”特性受胞质基因控制，这些抗性基因对植物性状和产量性状没有不良影响。多年基因流检测证明，轮作轮药等措施可使抗除草剂新种质长期有效利用。“抗除草剂谷子的选育方法”获发明专利。

2. 建立了以抗除草剂新种质利用为核心的高效育种技术体系。研发的高通量配制杂交组合及准确高效鉴定杂交后代的成套技术，提高了育种效率；拓建的利用不同遗传特点抗除草剂基因应用于杂种优势利用的模式，解决了以往杂交种去杂难、不育系保纯难、制种产量低等技术“瓶颈”，使谷子杂种优势实现了大面积生产利用；开发的抗除草剂“拿捕净”AFLP分子标记、谷子基因组SSR分子标记等，提高了谷子育种鉴定与材料分类的效率。

3. 选育出系列抗除草剂谷子新品种、杂交种，研发了简化配套栽培技术，实现了大面积快速应用。组建了全国抗除草剂新种质利用协作网，利用新种质育成适应不同生态区种植的系列抗除草剂谷子新品种与杂交种15个，研发了谷田除草、间苗简化栽培配套技术，抗除草剂谷子实现了大面积快速应用。2001—2011年累计推广1319万亩，增产谷子76万吨，经济效益27亿元，2009—2011年抗除草剂谷子推广面积分别占谷子总面积的21%、30%和35%。

获发明专利2项，获新品种权2项，审定品种15个，发表论文46篇，其中SCI 15篇。

该成果有效地解决了谷田间苗除草去杂难、谷子育种效率低、杂种优势利用难的瓶颈问题，实现了谷子简化集约种植，极大地促进了谷子科研与生产的发展，为保障我国粮食安全、农民增收和农业可持续发展作出了重要贡献。

优质早籼高效育种技术研创及新品种选育应用

主要完成单位：中国水稻研究所、湖南省水稻研究所、湖南金健米业股份有限公司

主要完成人：胡培松、赵正洪、唐绍清、黄发松、王建龙、罗炬、周斌、张世辉、应杰政、吕燕梅

获奖情况：国家科学技术进步奖二等奖

成果简介：

早稻是我国重要的粮食作物，约占粮食总产的7%左右。2011年，国务院办公厅发布的《国务院办公厅关于开展2011年全国粮食稳定增产行动的意见》中明确指出，继续推进“单改双”，扩大早稻种植面积；而品种优质化、专用化是早稻生产的根本出路。该成果针对长江中下游稻区早稻籽粒灌浆成熟期特殊生态条件和高温逼熟等导致稻米品质差的技术难题，从稻米品质温度钝感材料发掘入手，结合品质快速鉴定技术，开展大分离群体选择，攻克了早籼稻品质改良的技术难关，建立了优质早籼高效育种技术体系。该成果于2011年4月通过中国农学会组织的技术评价。

1. 提出了利用稻米品质温度钝感特异材料培育我国优质早籼稻品质的创新思路。针对长江中下游稻区早稻籽粒灌浆成熟期特殊生态条件，利用异地、异季、人工气候箱温控试验，筛选到在不同环境条件下品质变异系数小、优质的D50、H1000、Jefferson等品质温度钝感材料，并应用于优质早籼培育，成为优质早籼品质改良的核心亲本。

2. 研创了稻米品质高效鉴定技术平台，在国内外同行广泛高效利用。根据早籼品质育种的特点，构建了包括“稻米品质温度钝感材料的筛选鉴定方法”“整精米率快速鉴定方法”和“稻米直链淀粉含量的简易测定方法”等高效优质早籼品质鉴定技术；利用温度钝感材料D50构建了株系间生育期接近，适合早稻品质遗传研究的重组自交系及衍生群体，定位了稻米蒸煮和外观品质等QTLs，间接验证了项目组早期提出的利用大分离群体进行优质高产抗病品种综合选育技术路线的科学性，为新品种选育奠定了基础。

3. 培育了品质达部颁二级标准的早稻品种5个，初步解决了优质与高产、优质与抗病的矛盾。利用筛选的Jefferson等稻米品质温度钝感材料，结合自主创新的快速鉴定技术、大群体打破不良连锁和分子标记辅助选择等高效育种技术，开展优质早籼育种，育成的“中鉴100”“湘早籼31号”“中鉴99-38”“中优早5号”“中佳早2号”等5个优质、高产、抗病新品种和优质不育系中2A，其稻米品质主要指标达部颁二级优质米标准。其中“中优早5号”“中鉴100”“中鉴99-38”先后获得国家优质专用农作物后补助。

4. 集成了保优高产高效生产技术，提升了优质早籼的效益和产业化水平。通过农业跨越计划和成果转化等项目的实施，在湖南、江西、湖北等进行品种和生产技术的集成与示范；12家企业以优质早籼“中鉴100”“中鉴99-38”等为主要原料进行产业化开发，创建了“金健银针”等优质配方米品牌，带动了稻米加工企业的规模化发展。育成的“中鉴100”“湘早籼31”“中鉴99-38”等优质早籼品种审定后迅

速成为长江中下游稻区主推优质早籼品种，其中“中鉴100”“湘早籼31号”成为近年长江中下游稻区年推广面积最大的优质早籼品种之一，累计推广应用8175.2万亩，实现农民增收18.26亿元，创造了显著的社会经济效益。

高产抗病优质杂交棉品种GS豫杂35、豫杂37的选育及其应用

主要完成单位：河南省农业科学院、中国农业科学院生物技术研究所、河南农业大学

主要完成人：房卫平、王家典、谢德意、郭三堆、唐中杰、李国海、霍晓妮、刘孝峰、赵元明、吕淑平

获奖情况：国家科学技术进步奖二等奖

成果简介：

长期以来，我国棉花育种与生产中存在以下突出问题：①棉花栽培种遗传基础狭窄，抗枯、黄萎病的优异资源匮乏，生产应用品种抗病性差。②在杂交亲本选配上，往往依据表型和经验，盲目性大、成功率低。③高产栽培技术配套与集成不够，杂交种增产潜力难以充分发挥。为此，自1991年以来，项目组历经19年攻关，创制了抗病新种质“豫棉21号”，并以此为亲本育成了杂交棉新品种GS豫杂35和豫杂37，在育种研究和生产上广泛应用，创造了显著的社会经济效益。

1. 创制了高抗枯萎、抗黄萎病新种质“豫棉21号”(豫2067)，拓宽了陆地棉抗病种质基础。采用复式杂交、回交选育，枯、黄萎多菌系混生重病圃连续定向选择等技术，选育出高抗枯萎、抗黄萎的新种质“豫棉21号”。该种质被收入国家《棉花种质资源数据质量标准》。明确了“豫棉21号”组织结构、生理生态及分子抗病机理：①主根和茎的髓射线数和单位面积薄壁细胞数多，导管数目多、直径小。②叶片过氧化物酶(POD)、多酚氧化酶(PPO)、苯丙氨酸解氨酶(PAL)活性及酚类物质含量接菌后出峰早、降解慢。③根系分泌物中含特有的精氨酸。④克隆了两个抗病相关基因GhDIR和GhSUMO。开发了RAPD抗黄萎标记OPB-191300。该种质被中国农科院棉花研究所等8家育种单位引用，育成了46个新品种(系)。拓宽了陆地棉抗病核心种质资源，推动了我国棉花抗病育种的发展。

2. 育成了集高产、抗病、优质于一体的杂交棉新品种。采用分子标记辅助选择优选杂交亲本，混合重病圃鉴定等技术，育成了“GS豫杂35”和“豫杂37”，其主要经济技术指标有显著创新：①高产、稳产性好。“GS豫杂35”在河南省及国家区试中，皮棉平均亩产109.6千克，比对照增产30.7%，皮棉产量连续5年次名列第一，被誉为“五连冠棉花”。“豫杂37”在河南省区试中皮棉亩产108.6千克，比对照增产16.5%。②抗病性强。国家抗病鉴定公证单位鉴定：“GS豫杂35”平均枯萎病指3.80、黄萎病指16.70，为高抗枯萎、抗黄萎病型；“豫杂37”平均枯萎病指1.45、黄萎病指20.54，为高抗枯萎、耐黄萎病型。③纤维品质优良。农业部纤维品质监督检测中心检测：“GS豫杂35”平均纤维长度31.10毫米、比强度31.15cN/tex、马克隆值4.95；豫杂37平均纤维长度30.30毫米、比强度30.10cN/tex、马克隆值4.60；两品种

各项指标突出且协调性好，均达30B1级以上。与2000年以来获得国家科技进步奖二等奖和河南省科技进步奖一等奖的7个春棉品种相比，“GS豫杂35”综合排名居第一位。突破了我国陆地棉高产抗逆育种技术瓶颈，在杂交棉品种的产量、抗性和品质同步改良方面居国际先进水平。

3. 建立了棉花杂交种亲本自交保纯、低温储藏、分年隔离繁殖的《棉花四级种子生产技术操作规程》，并作为河南省地方标准颁布实施。熟化集成了高产高效栽培技术，制定了《河南省麦套杂交春棉生产技术规程》，实现了良种良法配套。

4. 2003—2011年，两品种在河南、山东、河北、江苏及安徽北部等地累计推广1276.9万亩，新增直接经济效益16.2亿元、间接效益14.1亿元。新品种的推广加速了国产转基因抗虫杂交棉在生产上的应用，促进了民族种业的发展。

5. 获GS豫杂35、豫杂37植物新品种权2项。

热带、亚热带优质、高产玉米种质创新及利用

主要完成单位：云南省农业科学院粮食作物研究所、广西壮族自治区玉米研究所、云南田瑞种业有限公司、会泽县农业技术推广中心、保山市农业科学研究所、云南足丰种业有限公司

主要完成人：番兴明、张述宽、谭静、黄开健、陈洪梅、谭华、顾平章、邵思全、赵吉奎、黄云霄

获奖情况：国家科学技术进步奖二等奖

成果简介：

该项目历经20多年，利用云南和广西独特的地理气候资源优势，长期开展热带、亚热带优质、高产玉米种质改良、创新及利用研究，系统地研究我国温带玉米种质与热带、亚热带玉米种质的配合力和杂种优势，取得了利用热带、亚热带玉米种质的一系列理论研究成果，在国内外首次提出利用种群配合力划分玉米杂种优势群的新方法，构建了“Suwan1×Reid”和“Suwan1×非Reid”杂种优势模式；项目完成人作为第一作者和通讯作者在国内外重要学术刊物发表了多篇论文（其中SCI 10篇、国家一级学术刊物10篇）；选育了通过国家和省级审定的优质高产玉米品种25个，获国家植物新品种权13项，有效地解决了长期以来我国热带、亚热带地区缺乏强优势玉米杂交种的重大技术难题。

在国际上首次选育出高抗玉米穗粒腐病的高油玉米品种“云瑞8号”和高油高淀粉玉米品种“云瑞21”，这两个品种较普通玉米增产10%以上，抗多种玉米主要病害，在解决国内外高油玉米产量低和抗病性差方面取得了重大进展；选育出一批国内外独创的热带、亚热带高油玉米种质，成功地拓宽了高油玉米的种质基础，解决了长期困扰高油玉米遗传多样性匮乏的重大技术难题。

选育出国内首批硬质胚乳优质蛋白玉米品种“云瑞1号”“云优19”和“玉美头102”，这些品种具有突出的抗病性，有效地解决了长期以来国内优质蛋白玉米胚乳呈软质或半硬质、抗病性差的重大技术

问题；其中“云瑞1号”通过三省审定（认定），是国内外首个抗灰斑病的优质蛋白玉米品种，云优19是国内唯一油分含量超过6%的优质蛋白玉米品种，“玉美头102”是国内外首个优质蛋白高淀粉玉米品种。

利用普通热带玉米突变体选育加强甜玉米品种云“甜玉一号”和“甜糯888”，各项品质指标均超过国家食用玉米一级质量标准，克服了我国鲜食玉米适口性、商品性较差的缺点，并拓宽了我国鲜食玉米的种质基础。

自1995年以来，在云南、广西、贵州等省区推广应用热带、亚热带优质、高产玉米新品种累计达1.75亿亩，直接新增产值237.23亿元。这些品种的选育和推广为保障国家粮食安全、促进产业结构调整、提高山区农民收入做出了重大贡献，极大地促进了畜牧业和相关产业的发展，对改善以玉米为主食地区的人民群众的营养状况具有十分重要的意义。预计在今后较长时间内，这些品种将继续作为云南、广西的主栽品种大面积种植，还可以在东南亚、非洲等生态条件相似地区推广，还将产生更大的经济及社会效益。

该项目共获何梁何利基金科学与技术创新奖1项、省部级科学技术奖一等奖3项、二等奖8项和第十四届全国发明展览会金奖1项；国际玉米小麦改良中心（CIMMYT）在官方网站和刊物*Informa*上连续两次公开报道该项目在热带、亚热带高油和优质蛋白玉米选育和大面积推广应用方面取得的重大进展，在国际上产生了重要影响。

经中国农业大学戴景瑞院士和中国农科院、CIMMYT等有关单位的国内外专家鉴定，该项目技术思路和选育方法创新性突出，多项技术属国内外首创，难度大，主要技术经济指标达到国内同类研究的领先水平，部分技术指标达到国际领先水平，已大规模应用并取得显著的经济和社会效益。

双孢蘑菇育种新技术的建立与新品种As2796等的选育及推广

主要完成单位：福建省农业科学院食用菌研究所、上海市农业科学院、浙江省农业科学院园艺研究所、四川省农业科学院土壤肥料研究所、华中农业大学、甘肃省农业科学院蔬菜研究所

主要完成人：王泽生、廖剑华、曾辉、谭琦、蔡为明、陈美元、王波、边银丙、张桂香、李洪荣

获奖情况：国家科学技术进步奖二等奖

成果简介：

该项目属食用真菌领域。

双孢蘑菇是世界上人工栽培最广泛、产销量最大的食用菌，以种养业废料为生产基质，子实体富含蛋白质。我国双孢蘑菇产业起步于1978年，至1986年，仍然没有获得育种用野生种质，尚未建立杂交育种技术，一直使用引进品种或其分离物，存在高产品种不优质、优质品种不高产等技术难题和知识产权问题；生产技术仍较落后，效益亟待提高。双孢蘑菇杂交育种还存在同核体难以获得、同核体与异核

体菌丝难以区分、缺少重要农艺性状相关的遗传标记三大世界性难题。

为解决上述难题，福建省农科院食用菌研究所等6个单位在国家攻关项目的基础上开展跨地域的合作，创新育种技术，重组种质的高产与优质等重要性状，选育有自主知识产权的新品种并研制关键配套技术，以满足产业发展的迫切需求，历时25年，取得了系列成果。

首次发现我国西藏、四川、青海等地存在丰富的双孢蘑菇野生种质资源，系统研究表明是双孢蘑菇中特有的种质，纠正了中国双孢蘑菇野生种质稀缺的说法。建立了种质资源库，保藏量454株，居世界第三位。对种质农艺性状和遗传多样性评价等系统的生物学研究，明确了菌株间亲缘关系，建立了核心种质群，为选育目标新菌株提供了丰富的育种材料和理论指导。

在国际上首创分子标记辅助的双孢蘑菇杂交育种新技术。建立同工酶、DNA分子标记预测菌株重要农艺性状、鉴定同核体与杂合体、跟踪子代遗传与变异、定向筛选目标新菌株和同核不育株分离与配对杂交育种的理论与技术，解决了双孢蘑菇杂交育种的世界性难题，降低筛选工作量90%以上，育种效率显著提高。

选育出17个新品种。其中，杂交新品种As2796首次解决了国内外普遍存在的高产与优质难以兼得的矛盾，在产量、品质和适应性上全面超过引进品种，扭转了我国双孢蘑菇靠国外引种栽培的局面，是我国具有自主知识产权的、近年全球产量最大的栽培品种。

率先建立了具中国特色的工厂化制种、规范化栽培、保鲜加工等关键配套技术和生产模式，促进了新品种的迅速推广。

获国家认定品种7个，省级认定品种13个，国家发明专利2项，制定了国家、行业和地方标准8项，菌种法规1部，鉴定成果24项。发表论文110篇，被他引476次，SCI收录4篇。获省部级科学技术奖二等奖10项。

1992—2011年，新品种及其配套技术和生产模式在全国累计推广超过19亿平方米，新增产值1013亿元，出口创汇44.3亿美元。近3年累计推广6.1亿平方米，产菇678万吨，新增产值360亿元，出口创汇10.4亿美元，面积、产量、产值、创汇均占全国的80%以上，把小品种做成了大产业，经济、社会与生态效益显著。

项目在科学发现、技术创新和产业发展上有重大贡献，对食用菌学科和双孢蘑菇产业科技水平的提高具重要引领作用；实现了我国双孢蘑菇产业从小到世界第一的跨越式发展，产量和出口量占世界的50%以上。院士专家评审认为在双孢蘑菇育种与配套技术上有重大创新，整体达到国际先进水平，部分国际领先。

超高产稳产多抗广适小麦新品种“济麦22”的选育与应用

主要完成单位：山东省农业科学院作物研究所

主要完成人：刘建军、赵振东、宋健民、李豪圣、吴建军、邱若瑞、刘爱峰、王法宏、肖永贵、程敦公

获奖情况：国家科学技术进步奖二等奖

成果简介：

该项目属于农业科学的作物遗传育种领域。

小麦是关系国计民生的重要粮食作物。提高产量潜力、培育高产品种是小麦育种永恒的主题。我国小麦高产育种面临3大“瓶颈”：倒伏、适应性差和早衰。对此，确立选育多穗型超高产品种的育种模式，以提高穗容量和生物学产量为基础，以提高抗倒性为突破口，综合提高品种抗性，实现多穗抗倒及抗逆广适；通过提高穗育性及延缓衰老达到增加穗粒数和粒重的目的，解决早衰的难题，最终实现超高产稳产多抗广适。

针对遗传基础狭窄的问题，利用阶梯杂交聚合优异基因，丰富遗传基础，创造优异亲本，培育突破性品种。将抗源亲本“临远7069”的抗病和抗逆性状转育到丰产广适亲本中，创制出植株繁茂、株型优良、综合抗性好、白粉和条锈病免疫、叶功能期长的优异亲本935024；通过4次阶梯聚合杂交，创制出高抗倒伏、穗育性好、产量潜力高的优异亲本935106；利用935024和935106杂交，杂种分离世代在不同生态类型区穿梭选拔、水旱轮选，高代品系多点鉴定以及将冠层温度作为耐热和产量潜力选择指标提高育成品种的适应性和抗逆性，建立了超高产多抗广适育种技术体系，育成超高产、抗倒、抗病、抗逆、广适小麦新品种“济麦22”，实现了我国小麦高产育种的新突破，2009年获国家植物新品种权。

“济麦22”具有3大突出特点：①产量潜力高、稳产性好。在山东省区域试验中平均亩产537.04千克，较对照增产10.85%；2006年审定推广以来，连续6年在不同生态类型区66个点次创造出亩产700千克以上的超高产典型，其中，2009年农业部组织专家在山东滕州市实打亩产达789.9千克，创我国一年两熟制下冬小麦高产纪录。②综合抗性强。抗白粉病、条锈病、吸浆虫；抗倒、抗寒、抗旱、耐热。③适应性广。通过国家及山东、江苏、安徽、天津和河南5省市审(认)定，在鲁、豫、冀、苏、皖、晋和津等7省市大面积种植，跨黄淮南片、北片和北部冬麦区，实现了超高产品种种植范围的重大突破。

研究了“济麦22”高产生理基础及栽培技术，制定了不同生产条件下的栽培技术规程，建立了育、繁、推一体化开发模式，加速了成果转化，促进了小麦种业的发展。

“济麦22”作为农业部主导品种，在黄淮麦区大面积推广，促进了小麦大面积均衡增产，累计推广1.17亿亩，新增效益88.37亿元。其中，2009年2200万亩，2010年3420万亩，均为全国第一大品种；2011年秋播4803.7万亩，占我国小麦主产区黄淮麦区的25%以上，山东省面积2914万亩，约占全省的45%，是继泰山1号之后30多年来我国年种植面积最大的小麦品种。

济麦22遗传基础丰富，综合性状优良，推动了我国小麦品种的更新换代，引领了黄淮麦区小麦育种发展方向，为我国小麦育种提供了宝贵的种质资源，促进了小麦遗传改良的发展。发表论文25篇，丰富了小麦育种理论。

缓控释肥技术创新平台建设

主要完成单位：山东金正大生态工程股份有限公司

主要完成人：

获奖情况：国家科学技术进步奖二等奖

成果简介：

自2004年始，金正大公司以缓控释肥的研究开发和产业化为技术创新目标，从企业战略层面实施缓控释肥技术创新平台工程，经过多年建设和持续完善，构建了贯穿缓控释肥产业技术创新链，以产学研结合为特色的全面开放式缓控释肥技术创新平台体系，这一体系充分体现了创新平台建设的全面系统性、创新突破性、持续有效性、带动引领性。

1. 全面系统性

（1）构建了覆盖“基础研究、产品开发、产业化研究、质量标准、应用技术、试验推广”各环节的缓控释肥产业技术创新链的全面开放式产学研合作创新模式。

（2）通过“技术、管理、人才、文化、市场”五位一体系统创新工程的实施构建了完善的创新平台，形成了持续创新能力。

（3）实现“全面开放性”与“系统性”的相互结合。

2. 创新突破性

（1）创新了三层次技术创新组织体系和三层次的决策管理机制。

（2）实施市场前置工程、实行“两统一分”和“五个实行”的管理模式，建立“研发项目积分制”“模拟市场化”考核机制和“多位一体”的激励机制，形成了“鼓励创新、全员参与、敢于创新、宽容失败”的创新文化。

（3）研制出新型作物缓控释肥12个系列，创新了作物专用控释肥和控释掺混（BB）肥的精准控释配方技术，创建了热塑性树脂、热固性树脂、硫和硫加树脂、热塑与热固树脂多层复合包膜四套生产工艺流程及设备，建成95万吨/年产业化装置，获授权发明专利97项，完成13项重大科技成果转化，制定国家标准1项、行业标准3项，获国家科技进步奖二等奖1项、山东省科技进步奖一等奖2项、山东省企业重大创新成果奖1项，国家重点新产品3项、中国专利优秀奖1项。

3. 持续有效性

通过实施该项目，构建了公司技术创新管理体系，形成了持续创新能力，加快了企业发展。

（1）建立了国家缓控释肥工程技术研究中心、国家工程实验室、国家地方联合工程研究中心、博士后科研工作、国家认可实验室等国家级技术创新平台，承担“十一五”“十二五”国家“科技支撑计划”、国家重大科技成果转化项目等国家、省级课题余项。公司被认定为国家创新型企业、国家火炬计划重点高新技术企业、中国专利山东明星企业、山东省产学研合作创新突出贡献企业，商标获中国驰名商标。

(2)公司于2010年9月8日在深交所上市,2011年产品实现销售收入76.26亿元,利润5.46亿元,上缴税金1.39亿元,与2004年相比实现销售收入增幅1056%,利润增幅1273%,税金增幅79%。缓控释肥市场占有率超过50%,产销量连续6年居全国第1位,产能居世界第1位。

4. 带动引领性

(1)经科技部批复,牵头组建了"缓控释肥产业技术创新战略联盟",影响、带动了30多家科研院校、70多家企业进行缓控释肥研发和建设,推动了我国缓控释肥技术进步和产业发展。

(2)承担《缓释肥料》国家标准制定,通过主持和参与国家及行业标准制定,实施技术质量标准输出,促进了行业健康、有序发展。

(3)专利技术成果先后在山东、安徽、辽宁、河南、贵州、云南等地转化,孵化5家公司,带动了产业从无到有、从小到大的快速发展。

(4)率先在全球范围内实现了大田作物的大规模推广应用,系列产品在30多种作物上的试验与示范表明,与对照常规肥料相比,氮素利用率提高50%以上,作物增产15%~25%,可节省氮肥30%~50%,减少化肥施用量,节能减排,为减少资源消耗和环境污染提供了技物支撑;生产的缓控释肥系列产品已在23个省(市)大面积推广,累计示范推广超过6925万亩,已获经济效益146.61亿元。

全国生态功能区划

主要完成单位:中国科学院生态环境研究中心、中国环境科学研究院

主要完成人:欧阳志云、傅伯杰、高吉喜、王效科、郑华、赵同谦、肖荣波、赵景柱、肖燚、徐卫华

获奖情况:国家科学技术进步奖二等奖

成果简介:

该项目为社会公益类项目,属"生态保护与环境治理"中的"生态保护"领域。

主要科技内容:全国生态功能区划将国家生态保护战略需求与国际生态学前沿结合,针对协调开发与保护的科学基础,围绕生态系统服务功能机制与评价方法、生态功能区划技术和全国生态功能区划,开展了系统研究,取得5个方面重要成果:①在国内率先开展生态系统服务功能评估研究,建立了我国森林、草原、湿地、荒漠、农田5类生态系统服务功能及其经济价值的评价指标体系和方法,并开展定量评价,阐明了我国陆地生态系统服务功能特征。②创立了生态功能区划的理论、程序与方法,制定了《生态功能区划暂行规程》,为开展全国及省市县生态功能区划提供了方法。③揭示了我国生态系统服务功能与生态敏感性空间分布规律,奠定了全国生态功能区划的基础,为制定区域差异化的生态保护措施与政策提供了科学依据。④编制完成了全国生态功能区划,确定了50个对保障国家生态安全具有重要意义的重要生态功能区,为国家生态保护与重大生态建设工程布局、产业合理布局和区域协调发展提供了科学基础。是国际上第一个完成的国家尺度生态功能区划。⑤揭示了典型生态系统服务功能形成机制。基于野外现场实验,研究了生态系统保持土壤、涵养水源、维持生物多样性等服务功

能的形成机制，为生态服务功能评价提供基础参数，并为阐明生态系统结构——过程与服务功能之间的关系作出了贡献。

主要经济技术指标：①编制《全国生态功能区划》，环境保护部与中国科学院联合颁布在全国实施（2008年第35号）。②制定《生态功能区划暂行规程》（环发〔2002〕117号），由国务院西部地区开发领导小组办公室、国家环境保护总局联合发布应用。③确定了对保障国家生态安全具有重要意义的50个重要生态功能区。④出版专著3部，论文79篇，论文总他引频次7478次，2篇论文被评为全国百篇国内最具影响优秀论文，部分成果成为“全球千年生态系统评估”的重要支撑。⑤开发《中国生态系统与生态功能区划》专题数据库，数据量1.56TB，累计访问31.2万人次，下载量1.3TB。

应用推广及效益情况：全国生态功能区划是我国生态环境保护领域的重大基础性工作，对指导全国生态环境保护与建设、自然资源开发和产业合理布局以及区域环境影响评价发挥了重要作用，具有巨大的环境效益和社会效益。①区划方案与生态评价方法直接应用于《全国主体功能区规划》和《省级主体功能区域划分技术规程》。②确定的重要生态功能区为国家“十一五”规划纲要中限制开发区和禁止开发区以及国家“十二五”规划纲要中重点生态功能区的确定提供了基础和依据。③基于《生态功能区划暂行规程》，全国31个省、自治区、直辖市先后编制完成了生态功能区划方案。④生态服务功能评价方法和生态功能区划方法在青藏高原环境保护、京津冀生态环境保护与建设等区域生态保护与建设规划中应用，400多个市县用于编制生态功能区划，并为北京和广州等城市空间发展战略等提供了技术支撑。

都市型现代农业高效用水原理与集成技术研究

主要完成单位：北京市水利科学研究所、中国农业大学、北京农业智能装备技术研究中心、中国水利水电科学研究院、北京市农林科学院、西安理工大学、武汉大学

主要完成人：刘洪禄、吴文勇、杨培岭、郑文刚、李久生、李其军、武菊英、郝仲勇、张建丰、王富庆

获奖情况：国家科学技术进步奖二等奖

成果简介：

该成果属于农田水利工程研究领域。

该项目在国家、省（市）等科技计划的支持下，历经15年，系统开展了都市型现代农业水肥调控机理、节水关键设备、技术集成应用等研究工作，在以下3方面取得创新。

1. 植物需水诊断方法与灌溉决策技术

开创性地研制了基于大型高精度杠杆称重式、水位可控式蒸渗仪和信息实时监控的智能化植物需水诊断平台，解决了同类装备尺度小、抗干扰能力弱、灵敏度低、功能单一等突出问题。

国内首次系统提出了定量表征设施农业、果园、绿化植物等都市灌溉型植物SPAC水分传输关系方法，揭示了常见都市灌溉型植物(26种设施栽培植物、6种果树和52种绿化植物)耗水规律及其与土壤水分环境的响应关系，明晰了都市灌溉型植物土壤水分—产量/品质—根冠发育交互作用机制，明确了适宜土壤水分上下限、设计耗水强度、计划湿润层、土壤湿润比等关键设计参数，构建了基于植物需水信息的优质高效灌溉决策方法；率先提出了节水型绿地建植模式，选育出7个抗旱观赏草新品种，填补了国内空白。

2. 灌溉水肥一体化调控原理、技术与产品

国内首次构建了喷灌条件下植物冠层截留水量损失估算模型，提出了土壤水氮淋失与喷灌均匀系数的定量表征方法和不同气候区均匀系数设计标准的取值范围；揭示了滴灌施肥时机、频率和浓度对层状土壤硝态氮扩散和肥料利用率的影响规律，提出了滴灌土壤水氮调控技术与方法。

研制了分形流道灌水器、自吸式局部灌溉系统、深层坑渗灌水器等4种新型灌水设备，具有抗堵塞能力强、灌水均匀度高等优点；开发了4种农业水肥智能监控设备，发明了多点土壤水分传感器和土壤湿度信息获取方法，产品性能指标达到或优于国外同类产品水平，价格降低40%~60%；构建了基于B/S模式的全国农田墒情信息网络平台；提出了面向设施农业、果园、绿地的高效灌水技术优化选型配套模式，解决了都市型现代农业水肥利用效率低下的问题。

3. 基于目标耗水量(ET)阈值的都市农业节水技术集成模式

系统地提出了基于目标耗水量(ET)的农业用水管理方法，建立了区域目标ET阈值、现状值与预测值的计算方法，定量筛选了工程节水和农艺节水措施及其优化配套模式，构建了设施农业水肥一体化高效节水技术集成模式、果园智能化精量灌溉技术集成模式和都市绿地“清水零消耗”生态节水技术集成模式，填补了多项国内空白，提高了都市型现代农业用水效率与效益。

获国家专利27项，其中发明专利15项，获植物新品种权7项，获软件著作权18项；发表论文228篇(SCI论文31篇、EI论文57篇)，出版专著8部；编写技术标准8项，获得省部级科技进步奖一等奖1项、二等奖4项。在北京、天津等12省(市、自治区)推广应用，实现节水8.4%~38.1%，增产8.3%~24.3%，培训1.26万人次。近3年推广面积441.38万亩，节支增收总额13.63亿元。2000—2011年，累计推广面积912.96万亩，累计节支增收总额22.76亿元。

果蔬食品的高品质干燥关键技术研究及应用

主要完成单位：江南大学、宁波海通食品科技有限公司、中华全国供销合作总社南京野生植物综合利用研究院、山东鲁花集团有限公司、江苏兴野食品有限公司

主要完成人：张慜、张卫明、孙金才、孙晓明、孙东风、范柳萍、陈龙海、崔政伟、罗镇江、赵伯涛

获奖情况：国家科学技术进步奖二等奖

成果简介：

该项目属于农产品贮藏与加工学科，涉及蔬菜、水果、食用菌的干燥加工技术领域。主要技术内容由真空油炸脱水、冻干及其联合干燥、热风及其联合干燥、特种脱水等4大类果蔬食品高品质干燥的关键系列创新技术组成。

目前，我国果蔬干制业已有年销售额达200亿元的产业规模，已成为我国最重要的出口农产加工品之一，并形成了食品工业配料、调味品和新鲜果蔬替代品，3个国内大市场。该项目是针对我国果蔬主流干制品出口创汇由于综合品质差导致量大利薄的实际而提出立项的，并确立了该项目果蔬食品干燥品质调控技术和产业化的总体研究思路为4个紧密结合：产学研紧密结合、与龙头企业由于出口带来的新技术需求紧密结合、加工关键过程与品质调控紧密结合、解决行业难题的应用研究与前瞻性基础研究紧密结合。

通过18个主要纵向课题和产学研大型横向联合研发的途径，建立了果蔬食品干燥过程品质调控新技术理论体系和技术平台；针对不同的出口需求，在17年中已应用该系列技术开发了4大类果蔬食品高品质脱水加工创新产品，较好地解决了传统果蔬食品干制品普遍存在的加工和后续保藏过程中品质变劣快、不稳定的国际性难题；开发的高效保质联合干燥新技术为高耗能的干燥行业做出了节能减排贡献；33项创新技术获得国家发明专利授权；申报了3项国际PCT专利；在国际SCI刊物上发表研究论文111篇，应邀在SCI刊物上发表食品干燥研究进展综述6篇；出版专著2部；经同行专家鉴定或验收，该项目所列4项核心技术成果达到了国际同类领先或先进水平；主持国家标准《脱水蔬菜》(20072077-Q-326)的制定；承担的联合国商品公共基金项目(CFC)项目通过了中期考核，为在国际CFC成员国中推广和应用果蔬真空油炸脱水品质调控新技术提供示范生产线。

该成果通过在宁波海通食品科技公司、山东鲁花集团公司、江苏兴野食品公司等10家行业或地方龙头企业的实际应用，建立了72条新型高品质果蔬食品干燥生产线，为企业构建了能自主开发新型高品质果蔬食品干制品的创新平台，显著提高了企业的市场竞争力，累计生产4大类果蔬高品质脱水新型产品近10万吨，配套种植果蔬基地面积近20万亩，近3年新增销售额或产值36.77亿元，新增利税6.22亿元，近5年新增销售额或产值50.28亿元，新增利税8.39亿元，其中7个企业生产的高品质果蔬脱水加工品外销，累计创汇3.25亿美元。项目的实施既扶持了当地农业龙头企业，又使农民增收，有效推动了当地农业产业化进程，依托该项目还培养了一批该领域的高级研究人才(博士后、博士和硕士)与龙头企业实践性技术人才，取得了很显著的经济和社会效益。

该成果的应用为实现我国果蔬食品高品质干燥技术的跨越式发展奠定了坚实的理论与技术基础，也为全球经济危机形势下竞争日益激烈的我国优势果蔬脱水产品扩大出口份额和拓展国内市场提供了有力的技术支持。

主要农作物遥感监测关键技术研究及业务化应用

主要完成单位：中国农业科学院农业资源与农业区划研究所、中国科学院遥感应用研究所、国家气象中心、山西省农业遥感中心、黑龙江省农业科学院遥感技术中心、四川省农业科学院遥感应用研究所、安徽省经济研究院

主要完成人：唐华俊、王长耀、周清波、毛留喜、刘海启、陈仲新、刘佳、张庆员、吴文斌、王利民

获奖情况：国家科学技术进步奖二等奖

成果简介：

及时掌握农作物种植面积、长势和产量信息对于科学指导农业生产、防灾减灾、确保国家粮食安全以及服务国内外农产品贸易具有重要意义。国内外农作物遥感监测的研究较多，但由于我国独特的复杂地形和种植条件，能够满足农业主管部门农作物遥感监测需求的关键技术亟待突破。从1998年开始，国内10多家农业遥感研究优势单位200余人经过10余年的联合攻关与应用，围绕“农作物空间信息获取—信息分析—信息应用与服务”的主线，创建了适合于国家及区域尺度农作物遥感监测的理论、方法和技术体系，建立了国内首个唯一稳定运行超过10年的国家农作物遥感监测系统（CHARMS），成为国际地球观测组织（GEO）向全球推广的农业遥感监测系统之一。项目取得省部级成果奖励一等奖2项（含北京市科技进步奖一等奖1项）、发明专利4项、软件著作权11项，制定行业标准13项，出版著作4部，发表论文153篇（含SCI论文23篇，EI论文59篇）。

1. 创建了多源多尺度农作物遥感监测技术体系。突破了我国独特复杂种植条件下农作物精细识别、农作物长势和土壤墒情多源遥感协同监测、产量多模型估测等技术瓶颈；大范围农作物种植面积遥感测量准确率达到95%以上，识别时间较人工目视解译提前20~30天；全国农作物长势和土壤墒情遥感监测从无到有，监测频率达到每月3次；区域农作物单产估测精度提升到95%以上；在国内首次实现全国尺度主要农作物种植面积本底遥感调查，总体精度高于美国农业部作物遥感制图的精度。

2. 首次创建了天（遥感）地（地面）网（无线传感网）一体化的农作物信息获取技术。完善了适用于我国农作物遥感监测的空间抽样理论和技术，在同等精度条件下，空间对地抽样效率平均提高30%；首创了天地网一体化农作物信息获取技术，解决了以往基于单一遥感信息的农作物监测数据时空不连续的关键难点，大范围农田信息获取成本较传统人工地面采集方式节约了90%以上；发展了多源遥感数据组网、空间尺度转换、海量农业遥感数据处理技术，大大提高了我国农情信息快速、高效、经济获取的能力。

3. 在国内率先研制了面向农作物遥感监测的光谱响应诊断技术，研发了全面覆盖农作物和农田环境参数的定量反演算法和模型。在国内率先开展了作物生化参数高光谱反演的研究，开辟了无损条件下获取田间农作物品质及养分等诊断信息的新途径；研发了作物物候期、叶面积指数、光合有效辐射等关键参数的遥感定量反演算法和模型，实现区域农作物和农田环境参数的遥感反演精度提高5%以

上，显著推动了我国农业定量遥感理论和技术的发展。

4. 建立了国内首个服务于农业主管部门的农作物遥感监测业务化运行系统。制定了国内外首个完整的农作物遥感监测技术规范与标准体系；2002年开始，该系统长期应用于农业部、国家发改委等对全国粮食生产形势的宏观分析和决策支撑，并先后在黑龙江、吉林、河南、山东、山西、四川和江西等31个省（市、区）进行推广应用，累计监测作物面积达到89亿亩，实现间接经济效益108亿元。

重要作物病原菌抗药性机制及监测与治理关键技术

主要完成单位：南京农业大学、江苏省农药研究所股份有限公司、全国农业技术推广服务中心、江苏省农业科学院、江苏省植物保护站

主要完成人：周明国、倪珏萍、邵振润、陈长军、陈怀谷、于淦军、王凤云、张洁夫、梁帝允、王建新

获奖情况：国家科学技术进步奖二等奖

成果简介：

20世纪70年代初发明的多菌灵等苯并咪唑类杀菌剂，在全球广泛用于多种作物病害防治。但不久就在许多国家暴发了抗药性病害，造成生产重大损失。我国局部地区也因抗药性相继发生了重大粮油作物病害再猖獗。随之盲目增加农药用量和混用，不仅加速了抗药性发展，而且造成药害、农药残留和环境污染。因此，抗药性成为保障粮食生产、食品和环境生态安全急需解决的重大问题。该项目针对我国重大作物病害抗药性预警及治理需求，历经20多年，系统研究了水稻恶苗病菌、油菜菌核病菌和小麦赤霉病菌对多菌灵的抗药性发展规律、抗药性机制及检测与高效治理关键技术，实现产业化和大面积推广应用。

1. 探明了抗药性病原群体发展规律。连续20多年系统监测了上述3种重要病原菌抗药性群体发展态势；探明对多菌灵的抗药性是单主效基因控制的质量性状，抗药性病菌发展成优势群体是局部地区多菌灵防治失败的原因；探明病原菌繁殖与变异的遗传基础、病害严重度和药剂选择压是影响抗药性群体发展的关键因子。

2. 揭示了-和2-微管蛋白基因点突变分别是上述3种病原菌对多菌灵的抗药性机制。发现并命名了与赤霉病菌抗药性有关的2-微管蛋白基因，揭示了国际上历经40年未能探明的赤霉病菌抗药性特殊机制及群体中存在基于主效基因不同点突变的多种抗药性基因型；发现2-基因抗药性点突变和多菌灵处理会增加镰刀菌毒素合成，污染小麦。

3. 发明和推广应用了3种抗药性监测技术、4种快速诊断和2种高通量分子检测技术。监测技术简便易行；诊断技术只需4小时即可鉴别抗药性基因型；检测技术可以检测十万分之一的抗药性基因频率，实现了抗药性病害流行的早期预警。

4. 发明、产业化和大面积推广应用了一系列抗药性高效治理新技术。其中研制的二硫氰基甲烷，用量不足多菌灵的1/25，无抗药性风险，累计应用4亿多亩，成为防治恶苗病效果最好的杀菌剂；国际上独创的氰基丙烯酸酯类杀菌剂氰烯菌酯结构新颖，避免了与现有药剂的交互抗性，成为用量不足多菌灵50%、对生态环境特别安全、并可减少毒素污染90%、防治赤霉病效果最好的无公害杀菌剂，近3年应用2400万亩次；集成的以减轻病害和药剂选择压力为核心的油菜菌核病抗药性综合治理技术，包括培育的抗病油菜新品种宁杂11、组装的栽培管理控病技术和研发的无交互抗性增效混剂福菌核和福菌脲，得到大面积应用。通过开展多学科、多部门的全程合作，以及连续20年开展全国及国际抗药性监测与治理技术培训和示范推广，加速了成果转化。

该成果获省部级科技进步和技术发明奖二等奖3项，授权发明专利10项和地方标准1项，研发并获国家登记的8个新产品/品种，累计应用5.1亿亩次，挽回粮油损失1645万吨，增加社会收益128亿元，其中近3年增收31.2亿元。发表论文92篇(SCI论文25篇)，被引用936次。出版病虫抗药性专辑和学术会议论文集5卷。多次被邀请在国际学术大会上做主题报告。为我国保持20年来没有发生重大抗药性病害流行，提高植物病害绿色防控和农药创制的科技水平作出了重要贡献。

水田杂草安全高效防控技术研究与应用

主要完成单位：湖南农业大学、湖南人文科技学院、中国水稻研究所、华南农业大学、湖南省农药检定所、湖南振农科技有限公司、湖南农大海特农化有限公司

主要完成人：柏连阳、周小毛、王义成、余柳青、刘承兰、金晨钟、曾爱平、袁哲明、刘祥英、李富根

获奖情况：国家科学技术进步奖二等奖

成果简介：

该项目突破了国内外长期认为异丙甲草胺、甲磺隆等高活性除草剂只能用于旱地除草的理论禁锢，攻克了芽前除草剂混用对水稻安全性评价、植物性安全剂研究与应用、微生物除草剂开发和水田杂草"一次性"防除等关键技术，解决了我国南方稻田杂草的安全高效防控问题，具体如下。

在阐明水田杂草发生规律和化学除草剂对水田杂草作用机理的基础上，率先发现了异丙甲草胺、甲磺隆等5种除草剂可用于水田杂草防除，其生物活性提高10倍以上。

建立了芽前水田除草剂对水稻安全性联合作用的科学评价体系，将水田除草剂混用对水稻安全性的联合作用分为解毒效应、增毒效应和相加效应3种类型，率先采用共害系数和健壮率进行量化评价。系统评价了4种磺酰脲类和6种酰胺类水田除草剂混用对水稻安全性联合作用类型和大小程度。

发明了高效除草组合配方，开发出水田杂草"一次性"高效控制技术。发明了以乙草胺、丁草胺、苄嘧磺隆、甲磺隆为活性成分的3种组合配方，可一次性防除移栽稻田杂草；建立了三元科学组合配方用

于抛秧稻田杂草防除；应用苄嘧磺隆、二氯喹啉酸、丙草胺和安全剂科学组合防除混合发生而又无法人工拔除的直播稻田（秧田）杂草。应用“一次性”控制技术对水田杂草总防效达97%。首次阐明在尿素存在的条件下，水田杂草吸收除草剂的初始速度大大提高，杂草各营养器官的除草剂积累量明显增加，形成了尿素与除草剂混用的轻简便技术，并开发出具有除草功能的丁农尿素颗粒。

发明了3种保护水稻免遭除草剂毒害的方法，可使水稻增产6.7%~10.3%，较国外生产的安全剂解草啶解毒效果更好，成本更低。发现了山椒酰胺等5个化合物具有解毒活性，并揭示了作用机理。利用微生物控制杂草，开发出高效安全微生物除草剂。从自然感病的稗草上分离、纯化、筛选获得产孢多、毒力高、具有除草潜力的真菌，并采用原生质体融合技术，使真菌除草毒素产量和产孢量分别提高53%和43%，开发的1%克草霉孢子粉剂对水田杂草的防治效果达80%。

创造性地提出了与直播、小苗抛栽、大苗移栽3种水稻栽培方式相适应，以化学除草剂与安全剂为核心内容的安全高效防控技术体系，该技术体系具有使用简便，除草效果优良，增产效应明显，环境友好等显著特点，已在湖南、湖北、广东、广西、江西等水稻产区推广应用34408万亩，为农民增收67.95亿元，为企业新增产值5.44亿元，获经济效益73.39亿元，取得了显著的社会、生态与经济效益。在项目的实施过程中，相继开发了18.2%苄·乙·甲可湿性粉剂等15个产品，并制定了相应的产品标准，获“一种保护水稻免遭乙草胺伤害的方法”等9项国家授权发明专利，在国内外学术刊物上发表论文77篇（其中SCI论文16篇），培养研究生45人，培训农民2.5万人次。该项目部分成果获湖南省技术发明一等奖1项，中国植物保护学会科学技术奖一等奖1项、化工部科技进步奖二等奖1项，湖南省科技进步奖二等奖3项。

苹果矮化砧木新品种选育与应用及砧木铁高效机理研究

主要完成单位：中国农业大学、山西省农业科学院果树研究所、吉林省农业科学院、西北农林科技大学

主要完成人：韩振海、杨廷桢、张冰冰、韩明玉、王忆、田建保、宋宏伟、张新忠、高敬东、李粤渤

获奖情况：国家科学技术进步奖二等奖

成果简介：

我国已是“世界第一果园”，果树栽培面积和产量名列世界第一。但我国长期采用的乔砧稀植易导致果园郁闭，果品单产较低、品质整体较差。目前，发达国家实现了矮化砧木“品种化”，广泛采用矮化砧木进行密植栽培。该成果完成单位从1973年起紧跟世界趋势，在国内最先开始从矮化砧木新品种培育、快繁技术、主要性状形成机理等方面深入研究，取得了系列成果。

该成果主要创新点为：①1973年起，配置多重杂交组合，育种获得早果、丰产、耐旱的‘SH1’等SH系及早果、丰产、抗寒、抗腐烂病的“GM-310”等GM系苹果矮化中间砧。这是我国育成的第一批苹果矮化

中间砧品种，也是我国首先大规模应用于苹果密植生产的矮化砧木品种。②1987年开始走“生物学路线”，从我国原生的苹果资源小金海棠中定向选育出我国第一个综合性状优良的矮化苹果无性系自根砧品种——“中砧1号”，且因其抗缺铁黄化病而扩大了苹果栽培的范围。③揭示了苹果铁高效吸收利用的分子机理。系统研究发现，铁高效苹果根系中存在“转移细胞”和“铁库”；在此基础上，克隆、鉴定铁素相关基因8个，明确了其在苹果铁素吸收利用中的作用，据此提出了“苹果吸收利用铁索的分子机理”；对木本植物而言，这既是明确铁吸收利用机理的首例，也是第一次将机理研究深入到分子水平。④对致矮机理的研究发现，细胞分裂素和生长素在砧木影响树体大小中起“阀门”作用；矮化自根砧根中细胞分裂素合成能力差，导致地上部器官细胞分裂素量减少、生长素含量下降而使树体矮化，矮化中间砧砧段韧皮部生长素运输能力弱，导致根生长索含量减少、细胞分裂素合成量降低而使树体矮化，进而揭示了矮化自根砧、中间砧致矮的激素调控机理。⑤创新性研发出我国自育矮化砧木的扦插快繁体系。研发建立母枝选择、生根素配方、湿度调控等核心技术构成的扦插快繁技术体系，使繁殖率从20%提高到80%，实现了无性系苗木繁殖的突破。⑥形成了我国苹果产区的矮化砧木适用方案，首次构建了我国苹果矮化砧木的育种平台。矮化自根砧“中砧1号”适用于我国大多数苹果产区，矮化中间砧SH系可用于华北、西北等产区，GM系可用于东北等苹果寒地产区；构建了含完整育种材料、科学育种技术、高效早期选择方法、稳定核心研究团队及完善的育种圃等在内的育种平台，使我国与发达国家同处于国际先进行列。鉴于上述创新和研究实力，成果第一完成人成为农业部“主要果树砧木收集、评价与筛选”行业公益专项重点项目首席专家。

该成果的大规模推广应用，既使示范园单产提高15%，果品品质明显提高；更使我国苹果矮化密植栽培比例从2%提高至12%，推广应用139.13万亩，产生直接经济效益107.69亿元。3个苹果砧木新品种除广泛应用于生产外，既是我国苹果砧木育种的基础材料，也成为国外类似研究的参比材料，从而提升了我国苹果育种的国际地位。该成果已获4项授权发明专利，1项技术获批北京市地方标准；先后获1994年北京市科技进步奖一等奖、2011年教育部科技进步奖一等奖。

超低甲醛释放农林剩余物人造板制造关键技术与应用

主要完成单位：北华大学、吉林辰龙生物质材料有限责任公司、吉林森林工业股份有限公司、湖北福汉木业有限公司、敦化市亚联机械制造有限公司、东北林业大学

主要完成人：时君友、顾继友、郭西强、李成元、朱丽滨、陈召应、张士成、郭立志、安秉华、南明寿

获奖情况：国家科学技术进步奖二等奖

成果简介：

该项目属于木材加工与人造板工艺技术学科领域。针对农林剩余物制造的环境友好型人造板存

在胶合性能差、甲醛释放量高和尺寸稳定性差等国际性技术难题,围绕胶黏剂、干燥技术、生产工艺及设备等关键技术进行系统研发,经10余年的产学研攻关,形成了完整的农林剩余物制造超低甲醛释放人造板关键技术体系,实现了大规模工业化生产。

1. 主要技术内容

(1)首创水性淀粉基氨基甲酸乙酯(API)制备技术。针对石油基API活性期短、初粘度大和成本高等技术难题,创造性的将淀粉部分酯化后替代聚酯、聚醚,在水中与聚乙烯醇、橡胶胶乳复合形成稳定的乳液,构建了淀粉基API,发明了淀粉基API制造方法及其应用,实现了可再生资源的高效利用。

(2)共缩聚胶黏剂合成及应用技术。针对脲醛树脂分子结构稳定性差和三聚氰胺共缩聚成分低的技术难题,创建性的将淀粉氧化变性后与尿素甲醛共缩聚,发明了高性能环保型脲醛树脂;创建了新型共缩聚树脂配方。发明了低成本MUF树脂制造方法及其在防潮刨花板中的应用,突破了此类胶黏剂固化速度慢、胶合强度低的关键技术。实现了工业化应用。

(3)首创了生物质基胶黏剂新型秸秆人造板工艺技术及E0产品标准体系。针对稻秸秆只能采用MDI胶黏剂,导致预压性差、易黏压板及成本过高等技术难题,发明了树皮粉改性酚醛树脂和淀粉基API新型秸秆人造板制造技术。实现了秸秆板在甲醛释放量达E0条件下,内结合强度高、吸水厚度膨胀率低的目标。首次建立了我国E0级刨花板标准体系,制定了吉林省地方标准。填补了国内空白。

(4)关键设备制造及新型木材干燥技术。针对薄型中纤板生产线难以国产化,发明了辊杆穿针、机架移动定位和压机的柔性入口机构等关键技术;研制了第一条双钢带连续平压纤维板生产线;实现了连续平压纤维板生产线批量生产。首次确定了外加压缩载荷与高频真空干燥中木材收缩率、尺寸变动率、应变及含水率之间内在联系,揭示了影响机理。

2. 授权发明专利、技术经济指标、应用推广及效益情况等

(1)获省科技进步奖一等奖1项、二等奖3项,发明专利12项,实用新型专利9项,SCI/EI收录学术论文11篇。

(2)环保型人造板各项物理力学性能优于国家标准,多层胶合板甲醛释放量小于0.3mg/L;稻秸秆人造板内结合强度大于1.0兆帕、甲醛释放量小于5mg/100g。

(3)项目整体技术及配套技术已在全国41家企业推广应用,产品获得美国CARB认证,近3年新增产值38亿,利税4.5亿元,直接经济效益显著。

(4)主要原料农林剩余物,再生资源替代石化产品,实现林区及农村社会、经济与生态效益同步提高与平衡发展。

与森林资源调查相结合的森林生物量测算技术

主要完成单位:中国林业科学研究院资源信息研究所、国家林业局中南林业调查规划设计院

主要完成人:唐守正、张会儒、曾伟生、李海奎、胥辉、雷渊才、贺东北、徐济德、王琫瑜、陈永富

获奖情况：国家科学技术进步奖二等奖

成果简介：

1. 主要技术创新内容。

(1)相容性生物量模型的构建和参数估计方法。基于度量误差模型理论，提出了非线性模型联合估计方法，首次解决了森林生物量各分量(总量、树干、树冠等等)模型之间的不相容问题。研建的11个树种(组)的两套(二元、多元)生物量模型是世界上第一组相容的(可加的)生物量模型。首次提出了用原函数加权估计消除异方差的方法，提出了生物量模型评价指标体系。

(2)规范平均密度和干物质率的估计方法。对于物质率法和密度法进行了比较研究，证明生物量样品的密度和干物质率的估计以"回归法"最好，给出了具体的估计公式。同时，证明在通过样品的密度和干物质率来计算全树的平均密度和干物质率的两种方法中，加权法优于直接回归法，给出了具体的计算公式。提出在生物量外业测定时，对于树干部分(木材、皮)，最好采用密度法。对于树冠部分(枝、叶)，则采用干物质率法。从而规范了树木生物量数据采集和分析方法。

(3)与森林资源清查体系相结合的大区域森林生物量估算：①在模型中首次引进了材积因子，提高了单木生物量模型的估计精度。②引入自适应树高曲线模型，实现了由通用性的二元生物量表向局部应用的一元生物量表的转换，可以直接利用森林资源清查资料计算样地森林生物量，减少调查成本。③提出了加权BEF法计算大区域森林生物量方法，由于建立了生物量和材积联合估计的非线性模型，保证了加权BEF(转换系数)无偏，从而设计了由点到面测算区域森林生物量的技术路线，实现了与我国现行森林资源清查体系相结合的森林生物量测算。

2. 技术经济指标。

研建11个树种(组)的两套相容性生物量模型，总量和树干及木材生物量相对误差在±5%以内；树皮、树冠、枝和叶的相对误差在±8%以内，因此，两套模型具有较高的精度和稳定性。

3. 应用推广情况。

本成果已在国家森林资源连续清查和广东、贵州省等部分省的森林资源监测工作中得到了推广应用。特别是在第七次全国森林资源连续清查中，利用本成果提出的技术路线和方法，首次进行了中国森林生物量和碳储量的估算，结果已由国务院新闻办公室对外发布，这是我国首次向世界公布中国森林生物量和碳储量数据。

4. 效益情况。

该成果为结合森林资源调查编制森林生物量表提供了一套可行的技术路线和方法，节约大区域生物量调查成本，并不产生直接的经济效益。

在生态效益方面，森林生物量是森林生态系统的最基本数量特征。生物量数据是研究许多林业问题和生态问题的基础。该成果为计量森林生态效益提供了强有力的手段。

在社会效益方面，利用该成果首次对中国森林生物量和碳储量的估算，在国际和国内产生了重要影响，为应对全球气候变化和国际谈判提供了基础数据支持。在广东、贵州省的应用，为两省的森林生物量和碳储量估测提供了坚实基础。这些应用丰富了我国森林资源监测的内容，体现了显著的社会效益。另外，该成果产出的科研论文也得到了广泛引用，推动了我国森林生物量估测模型研究的深入发展。

天然林保护与生态恢复技术

主要完成单位：中国林业科学研究院森林生态环境与保护研究所、中国科学院沈阳应用生态研究所、中国林业科学研究院资源信息研究所、四川省林业科学研究院、云南省林业科学院、东北林业大学、辽宁省森林经营研究所

主要完成人：刘世荣、臧润国、代力民、陆元昌、刘兴良、孟广涛、史作民、沈海龙、谭学仁、蔡道雄

获奖情况：国家科学技术进步奖二等奖

成果简介：

该项目依托于我国天然林资源保护工程，开展了我国典型天然林的动态干扰体系、重要珍稀濒危树种保育技术、退化天然林分类与评价技术、退化天然林生态恢复技术、天然林景观恢复与空间经营规划技术研究，建立了典型退化天然林的生态恢复示范模式，解决了我国天然林保护工程建设中多项关键技术，显著提高了典型退化天然林的生态恢复速度和质量、生物多样性和稳定性，改善了区域生态环境。

该项目集成了多个国家级项目的研究成果，项目的主要技术内容如下。

1. 天然林动态干扰与保育技术

在我国首次系统开展了林隙动态和生物多样性维持机制的研究，阐明了典型天然林树冠干扰特征和不同树种交替更新的森林循环途径，揭示了天然林不同生活史特性的多个物种长期共存机制，提出了天然林动态干扰与生物多样性维持的理论框架，为模拟自然的天然林动态采伐和抚育更新提供了基准技术参数。

提出了复杂热带天然林功能群的数量化辨识方法，揭示了不同干扰体系恢复演替过程中主要功能群的动态变化和适应规律，构建了以功能群为基础的潜在植被重现和景观恢复斑块优化配置系统，创新性地提出了基于植物功能群替代的生态恢复的新途径。

提出了典型天然林重要珍稀濒危树种的保育技术。

2. 典型退化天然林的生态恢复技术

以天然老龄林为基本参照，针对处于不同演替阶段的典型天然次生林的干扰因素和群落结构特征，提出了退化天然林的分类与退化程度评价指标与方法；筛选了加速生态恢复的驱动种、适宜功能群与多种乡土树种合理配置的群落构建技术；提出了天然次生林林隙调控更新和生态抚育技术、天然次生林封育改造与结构调整技术和天然林区严重退化地的植被重建技术和天然林区人工针叶纯林近自然化改造技术。

3. 天然林景观恢复与空间经营技术

构建了基于空间分析技术和多源生态数据融合的森林生态系统管理决策支持系统，创新性地将生态土地分类系统与现行森林调查体系有机结合，建立了一致性的天然林空间经营精准分类及数据信息实时更新的方法，并利用森林演替模型和景观模型评价和确定天然林采伐、保育和恢复的最优经营方案。创建了天然林景观恢复与空间经营规划系统，研发并注册了具有完全自主知识产权的森林空间规划和虚拟林相及规划方案落实两个软件。该系统把线性规划、天然林经营、均匀度理论、虚拟现实等技术有机结合，成功应用于我国东北和西南典型退化天然林景观恢复和空间经营规划。

该成果在我国9省区天然林保护工程区示范应用，推广面积218872公顷，产生了良好的生态、经济和社会效益，对我国天然林保护工程提供了强有力的科技支撑。获得国家发明专利4项，获得计算机软件著作权7项，完成国家行业标准6项，地方标准2项，发表学术论文120篇，其中SCI/EI论文21篇，完成专著12部，获黑龙江省、四川省和辽宁省科技奖励4项，培养硕士研究生18人，博士研究生25人，培训基层科技干部和技术人员3000人。

林木育苗新技术

主要完成单位：中国林业科学研究院林业研究所、国家林业局桉树研究开发中心、浙江宁波鄞州区林业技术管理服务站、河北省林业科学研究院

主要完成人：张建国、许洋、王军辉、张俊佩、裴东、许传森、谢耀坚、袁冬明、徐虎智、毛向红

获奖情况：国家科学技术进步奖二等奖

成果简介：

“林木育苗新技术”是中国林科院林业研究所主持承担的国家高新技术产业化项目“西部地区经济林良种壮苗技术研究 2000-26”，国家级星火计划项目“轻基质网袋容器育苗技术与装置 2005EA169015”，国家林业局重点项目“西部干旱区设施育苗技术研究 2002-03”和“西部干旱区设施育苗技术研究与试验示范 2003-027-L27”，基本建设国债项目“退耕还林高寒山区抗逆性植物材料繁育及示范，2003-2005”和“西南困难立地抗逆性优良乔灌木树种选择及快繁技术示范，2003-2009”等一系列重要研究成果的汇总。整个研究历时10年，涉及育苗和林业机械等多个科学技术领域。重点在网袋成型机系列设备的研发，网袋容器播种育苗技术，网袋容器桉树嫩枝规模化扦插育苗技术，楸树、马褂木、山杨埋根埋干催芽规模化扦插技术、难生根针叶树种嫩枝规模化扦插技术和核桃冬季室内规模化嫁接繁殖技术等方面开展了系统深入研究，取得了一系列重大进展和突破。

1. 主要技术内容

(1)网袋容器成型机生产线的研发及网袋容器播种育苗技术和扦插育苗技术。

(2)网袋容器桉树嫩枝规模化扦插育苗技术。

(3)难生根针叶树种嫩枝规模化扦插技术。

(4)楸树、马褂木、山杨埋根埋干催芽规模化扦插技术。

(5)核桃良种苗木室内规模化嫁接技术。

2. 主要技术经济指标

(1)提出网袋容器苗木类型新概念,开发出具有自主知识产权的网袋容器成型设备生产线。

(2)研发出基于农林废弃物加工基质的网袋播种育苗及扦插育苗规模化技术体系。

(3)开发出网袋容器桉树嫩枝规模化扦插育苗技术。

(4)开发出楸树、马褂木、山杨埋根埋干催芽规模化扦插技术。

(5)开发出云杉、祁连园柏等难生根针叶树种嫩枝规模化扦插育苗技术。

(6)开发出核桃良种冬季室内规模化嫁接新技术体系。

(7)认定鉴定成果10项,获得发明专利7项,实用新型专利2项。科学出版社出版研究专著2部,中国农业科学技术出版社出版专著1部,发表论文57篇。

3. 促进行业科技进步作用及应用推广情况

“林木育苗新技术”是我国近10年来林木育苗技术领域取得的最为重要进展之一,在我国林木育苗技术领域具有一定的革命性,在一定程度上整体提升了我国林木育苗技术水平。特别是网袋容器育苗技术的大规模应用,标志着我国林木育苗技术已达到国际先进水平。该项成果已在全国近30余个省区大规模推广应用,建立网袋容器苗和嫩枝扦插育苗生产线和基地300余处。2001—2011年期间,共繁殖优良品种苗木近20亿株,造林1000余万亩,新增利税30亿元以上,取得了巨大的社会、生态和经济效益。

木塑复合材料挤出成型制造技术及应用

主要完成单位:东北林业大学、中国林业科学研究院木材工业研究所、南京林业大学、中国资源综合利用协会、南京赛旺科技发展有限公司、湖北普辉塑料科技发展有限公司、青岛华盛高新科技发展有限公司

主要完成人:王清文、秦特夫、李大纲、刘嘉、李坚、王伟宏、宋永明、许民、郭垂根、谢延军

获奖情况:国家科学技术进步奖二等奖

成果简介:

木塑复合材料(简称木塑,缩写WPC)是以生物质纤维(木材加工剩余物、秸秆等)作为填充或增强材料,以热塑性塑料(包括废旧塑料)为基体,经熔融复合而制成的新型复合材料。WPC兼具木材和塑料的双重优点,既有类似木材的二次加工特性,又能像热塑性塑料一样方便地回收再利用,是综合性能突出而经济效益显著的生态环境材料。

WPC于20世纪90年代在北美洲开始进行规模化生产，我国在21世纪初引进WPC生产技术。但引进设备昂贵，投资回报率低；引进的工艺技术难以适应我国复杂多变的原材料，尤其不能满足产业界对高填充WPC的需求，产业发展亟待系统的科技支撑。在“863计划”“948计划”国家自然科学基金等项目的支持下，东北林大、中国林科院、南京林大等主要研究机构与企业密切配合，针对WPC产业链的共性和关键技术进行重点攻关，建立了以挤出成型技术为核心、适合我国国情、拥有自主知识产权的WPC制造先进技术体系，培养了百余名高层次WPC专业人才。

项目建立的WPC挤出成型技术体系，包括核心技术创新、三项关键技术创新和基础理论创新。核心技术：建立了WPC挤出成型工艺技术，由一步法工艺、二步法工艺、专用设备和模具技术、WPC基础配方和材性评价体系构成，其主要技术经济指标优于国内外同类技术。项目建立的WPC连续挤出成型技术创立了独特的挤出机配置方式，针对高填充WPC进行了螺杆和模具流道优化设计，针对不同塑料基体研发了WPC挤出成型配方，其中生物质纤维的用量提高15%~20%，能耗降低20%~30%。三项关键技术：①建立了WPC专用生物质纤维的制备和改性技术：以生物质材料基本特性研究成果为指导，发明了WPC专用的针状木质纤维制备方法，建立了生物质纤维的表面改性技术，使WPC的抗弯强度提高30%~50%。②建立了用于高性能WPC的废旧塑料共混接枝改性技术：发明了废旧塑料及其混合物的熔融共混与接枝共聚相结合的改性方法，成功解决了利用废旧塑料制备高性能WPC的技术难题。③建立了WPC的纤维增强增韧技术：采用高强度有机纤维作为增强材料，使WPC的抗弯强度和冲击韧性分别提高40%和60%以上。基础理论创新：在WPC的界面科学、流变学与结晶、蠕变与断裂、耐候性与老化、阻燃、生物质纤维材料塑性加工等方面取得了系列基础理论创新，建立了WPC理论体系，既是WPC技术体系的有机组成部分，也是WPC技术未来发展的科学基础。

通过对上述重点技术的原始创新与配套技术的系统集成，建立起拥有自主知识产权、总体技术国际先进、核心技术与关键技术国际领先的WPC制造技术体系，从而显著提升了我国的产业技术水平和国际竞争力，推动WPC产业技术实现跨越。

在中国资源综合利用协会木塑专委会的组织协调下，项目技术在典型木塑企业推广应用，产生显著的经济效益和良好社会效益，近3年直接效益产值逾6.2亿元，利税2.3亿元，远期效益预期年产值1000亿元，推动了我国木塑产业的快速发展，为生物质资源高效利用、林产工业结构调整和产业升级开辟了新途径。

竹木复合结构理论的创新与应用

主要完成单位：南京林业大学、新会中集木业有限公司、国际竹藤中心、南通新洋环保板业有限公司、湖南中集竹木业发展有限公司、嘉善新华昌木业有限公司、诸暨市光裕竹业有限公司

主要完成人：张齐生、陶仁中、孙丰文、刘金蕾、蒋身学、费本华、吴植泉、朱一辛、许斌、关明杰

获奖情况：国家科学技术进步奖二等奖

成果简介：

该项目属于林业工程木材加工与人造板工艺学领域。

在深入分析竹材和木材的材性、加工、经济和应用性能，并在大量的实验基础上，课题组在国内外率先提出“竹木复合结构是科学合理利用竹材资源的有效途径”的科学论断(1995年《林产工业》第6期)，构建了完整的竹木复合结构理论体系，从细观和宏观层面上阐释了不同使用条件下竹木复合结构的失效机制，并提出竹木复合结构的“等强度设计”准则，为各种高性价比的竹木复合结构产品设计和研发提供了坚实的理论基础。据此，课题组持续践行17载，针对完全依靠进口、资源几近枯竭的热带雨林中的少数几种硬木制作的集装箱底板、优质大径级原木加工制作的客货车车厢底板、芬兰进口的高强覆膜清水混凝土模板及各种珍贵木材加工而成的室内地板，开展了各种竹木复合结构的设计、产品试制及应用试验、产业化推广。各项工作从理论到实践均取得了重大的突破，产生了重大的经济和社会效益。研制开发的竹木复合集装箱底板经法、美、德、中等国际船级社认证，世界几十家集装箱制造厂、航运和租箱公司在全球范围内进行运行考核，一致公认性能达到和优于热带硬木底板，实现了集装箱工业中的一次革命性变革，解决了困扰集装箱界几十年的集装箱底板离不开热带雨林硬木的世界性难题，确保了集装箱工业的持续发展。研发的高强覆膜竹木复合混凝土模板，性能和平整度均可与芬兰“WISA”模板相媲美，在重大工程和桥梁施工中被广泛应用，成为混凝土模板中的生力军；开发的竹木复合车厢底板，大量应用于公路、铁路运输车辆，攻克了铁路车辆中“以竹代木”的最后一个技术难关；研制开发的竹木复合地板，既有竹地板的外观形态，又具有木地板的优良性能，作为竹地板家族中的一个新成员在室内装修中得到广泛应用。大量的应用实践证明：竹木复合结构产品不仅成本低于全竹结构，而且工艺简化、产品外形美观，加工精度提高，降低了生产成本，使产品既具有竹材、木材原有的特性，又克服了竹材和木材的某些不足，使人们从传统的“以竹代木”的观念升华至“以竹胜木”的新理念，为中国和世界竹材和速生林木材的工业化利用开辟新的途径。

至2011年底，经课题组直接推广，先后在南方竹产区建设多家工厂，近3年累计生产竹木复合集装箱底板66.5万立方米，竹木复合混凝土模板和各类车厢底板8.13万立方米，竹木复合地板850万立方米，累计实现销售收入42.86亿元、实现税利3.81亿元，可节约代用各种优质原木188万余立方米。从2012年起，由于各箱厂将全面采用竹木复合集装箱底板，因而使用量将大幅增长，预计每年达50万立方米以上。课题组先后获得授权发明专利9项、实用新型专利13项，培养硕博士研究生11名，发表论文52篇，专著2部，制定标准2项，在国内外产生广泛深远的影响。

柑橘良种无病毒三级繁育体系构建与应用

主要完成单位：西南大学、重庆市农业技术推广总站、广西壮族自治区柑桔研究所、全国农业技术推广服务中心

主要完成人：周常勇、熊伟、白先进、唐科志、吴正亮、李莉、赵小龙、李太盛、张才建、杨方云

获奖情况：国家科学技术进步奖二等奖

成果简介：

柑橘是世界第一大水果，我国作为第一大生产国，长期受困于种苗带毒率高、疫病监控和配套良法滞后等问题。为突破无毒化进程慢、育苗水平低、配套良法和预警滞后等技术瓶颈，展开系统研究，构建国际先进的适应大发展的柑橘良种无病毒三级繁育技术体系，实现疫病快速监测与预警，通过创新良种推广模式，推动我国柑橘产业结构优化，取得十分显著的社会、经济和生态效益。

1. 突破良繁技术“瓶颈”，构建适应大发展的良繁体系，保障用种安全。针对无毒种源供应滞后、良繁技术落后等“瓶颈”，建立柑橘茎尖嫁接脱毒技术，国际首创茎尖脱毒效果早期评价技术，使无毒化进程由3年缩短为1年，创建世界最大的无病毒原种库；在脱除病毒和消毒防土传病害等无毒化基础上，集成单系化、配方化、设施化等技术，创新容器苗繁育技术，在圃时间由3年缩短至1年半，投产和丰产期提早2~3年，被农业部确定为主推技术；针对黄龙病等虫传危险性病害，研究应用简易网室起垄育苗技术，防疫防涝，弥补疫区种苗缺口；建成国家柑橘苗木脱毒中心，以原种库为基础，构建国家级母本园和采穗圃、省级采穗圃、地方繁育场为主体的柑橘良种无病毒三级繁育体系，制定行业和地方标准规范6项，在强化检疫前提下，推动实施定期鉴定制度、订单育苗制度和苗木财政补贴政策。在检测效率、育苗质量、保障机制、推广模式等方面，较以往良繁体系有革新性进步，繁推速度具有三级放大效应，在全国快速形成1.14亿株的无病苗年繁育能力，保障大发展安全用苗需求。

2. 构建快速监测技术体系，支撑我国首个柑橘非疫区建设，指导疫病防控。针对检测时效性差、疫苗研制滞后技术瓶颈，国际率先建立微量快速柑橘病原核酸模板制备技术，国内首次系统建立全套15种我国柑橘病毒类和国内外检疫类病害的分子检测技术体系，研发8种检测试剂盒、芯片和疫苗，申请专利6项，大规模应用于无病毒母树的筛选和定期再鉴定，检测效率大幅提升，累计检测12.6万样次；明确我国柑橘病毒类病害的种类和分布，探明重要病原的起源、流行规律、致病机理和时空分布模型；创立黄龙病联防联控和村规民约防控模式，突破高通量实时快速监测瓶颈，建立溃疡病预警系统，支撑我国首个柑桔非疫区建设和指导大规模疫病防控，保障产业安全。

3. 结合良种推广，创新配套栽培技术，优化柑橘产业结构。促成国家在水果行业率先实施柑橘种苗财政补贴；推动传统密植栽培向现代稀植栽培模式变革；配套创新季节性干旱区非充分灌溉、冬季控水保果等关键技术，节本提质增效显著。通过良繁体系推广，补贴政策引导，填补我国晚熟柑橘规模化生产空白，产业结构得到优化。

获省部级科技进步奖一等奖1项、二等奖4项；农业部丰收奖一等奖、二等奖各1项。发表论文95篇。成果全国覆盖率85%，累计新增产值77.8亿元。该成果促成国家柑橘工程技术研究中心建立和国际柑橘苗木大会来渝召开，对柑橘产业结构优化和水果行业科技水平整体提升产生了重要推动和示范带动作用。

优质乳生产的奶牛营养调控与规范化饲养关键技术及应用

主要完成单位：中国农业科学院北京畜牧兽医研究所、浙江大学、河南农业大学、天津市畜牧兽医研究所、中国农业大学、北京三元食品股份有限公司、天津梦得集团有限公司

主要完成人：王加启、刘建新、卜登攀、高腾云、王文杰、周凌云、杨红建、陈历俊、李胜利、于静

获奖情况：国家科学技术进步奖二等奖

成果简介：

“一杯牛奶强壮一个民族”。但是牛奶质量低、优质牛奶不足，长期制约我国奶业健康发展和消费信心的瓶颈。由于饲料营养不合理、规范化饲养标准缺失，导致生鲜乳中乳脂肪和乳蛋白含量低、菌落总数居高不下，与发达国家相比严重落后。该项目为此开展了系统研究及应用，取得了以下突破性成果。

1. 揭示了乳脂肪和乳蛋白偏低的机理，创建了提高乳脂率和乳蛋白率的奶牛营养调控关键技术，突破了制约奶牛生产优质乳的技术瓶颈。揭示了在我国奶牛生产实际中，瘤胃乙酸不足、小肠限制性氨基酸不平衡、乳腺关键酶活性抑制是导致乳脂率和乳蛋白率偏低的内在机理；开发了以促进瘤胃乙酸生成为核心的粗饲料组合及饲用微生物调控技术、以日粮可代谢蛋白质优化和氨基酸过瘤胃保护为核心的蛋白质饲料高效利用技术，应用后提高瘤胃内纤维降解率18%、乙酸产量43%、微生物蛋白质合成量28%，提高饲料蛋白质利用率8%~15%，生鲜乳的乳脂率和乳蛋白率分别达到3.5%和3.1%以上，高于国家标准值3.1%和2.8%，达到2010年美国农业部公布的平均水平。

2. 实现了富含活性脂肪酸和活性蛋白的乳制品产业化。发明了以增加瘤胃trans-11油酸为核心提高牛奶共轭亚油酸（CLA）含量的营养调控方法及饲料，使牛奶CLA含量达到90mg/100mL，比普通牛奶提高9倍以上，在国际上首次开发上市了CLA系列乳制品。开发出以瘤胃微生物脂肪酶和脲酶为免疫物提高牛奶免疫球蛋白lgG和乳铁蛋白Lf的调控技术，使生鲜乳中IgG和Lf含量分别提高25%和13%，应用新型膜工艺在国内率先开发了活性蛋白乳制品。

3. 建立了优质乳生产的奶牛规范化饲养技术体系。揭示了奶牛围产期、泌乳高峰期、热应激期3个关键时期牛奶品质下降的机理，研发了以离子平衡和过瘤胃养分为核心的奶牛关键期营养调控技术，开发出氯化胆碱、酶制剂（I）和（ll）3个专用饲料添加剂。20种奶牛专用饲料产品，氯化胆碱饲料产品已出口至荷兰等欧洲国家；首创《良好农业规范奶牛控制点与符合性规范》（GAP）等国家、行业、地方标准11项，已成为优质乳规范化生产的技术指南。

4. 推广应用效果显著。已获省部级科技进步奖一等奖1项、二等奖6项，发明专利12项，软件著作权3项，标准11项；出版专著3部，发表论文108篇（SCI收录44篇）。仅据部分企业用户财务数据表明，近3年新增产值25.93亿元，新增经济效益2.14亿元。核心技术已作为全国奶牛科技人户工程和中

国奶业协会的主推技术得到应用，近3年累计推广199.67万头泌乳奶牛，生产优质生鲜乳1746.43万吨，牛奶体细胞数低于40万，细菌总数低于10万，乳脂率和乳蛋白率分别达到3.5%和3.1%以上，达到美国等奶业发达国家优质乳的标准；累计新增产值126.85亿元，新增经济效益20.63亿元，间接经济效益209.57亿元。

禽用浓缩灭活联苗的研究与应用

主要完成单位：河南农业大学、普莱柯生物工程股份有限公司、青岛易邦生物工程有限公司、辽宁益康生物股份有限公司

主要完成人：王泽霖、张许科、王川庆、孙进忠、赵军、陈陆、王新卫、王忠田、杜元钊、苗玉和

获奖情况：国家科学技术进步奖二等奖

成果简介：

20世纪80年代以来，鸡新城疫、支气管炎、禽流感、法氏囊病、减蛋综合征等新老禽病相继暴发，家禽业屡遭重挫，严重危及经济发展、食品安全和社会稳定。疫苗接种是防控禽病的主要措施，但因病种繁多，接种疫苗种类及次数愈来愈多。仅用单苗费时、费力、应激大，存在免疫漏洞，人们梦寐以求"一针防多病"的高效联合疫苗。经25年联合攻关，在浓缩灭活联苗研制及产业化等方面取得重大突破，获17项灭活联苗和1项浓缩抗原国家新兽药证书，8项（7个疫苗和1个抗原）填补国内空白，其中3项填补国际空白，3个国家重点新产品；2项专利；1项国标；省部级科技成果奖一等奖4项、二等奖1项、三等奖2项。

1. 创立免疫监测国家标准和"定监双免"防控措施，实现疫苗评价标准化，推动灭活疫苗的研发与应用。创制新城疫浓缩抗原，获国家新兽药证书；创建微量HI试验，制定鸡群临床保护、抗感染、野毒污染的"4-9-11"判定标准；新城疫免疫监测技术被纳入国家标准，实现疫苗质量评价标准化；率先制定"定期免疫监测""活苗+灭活苗双重免疫"的"定监双免"防控措施，有效指导全国新城疫防制工作，推动了我国灭活疫苗的研制与应用。

2. 创建重大禽病病毒种质资源库，为联苗研制奠定基础。创建重大禽病病毒种质资源库，其中H9亚型禽流感病毒S145N变异株子库为国内外独有，为我国联苗研制提供了战略储备。选育出HQ、SD、Jin13、HP、HL、YBF003及Z16等7个针对性强、保护性好的制苗用优良种毒。

3. 创新灭活联苗研发系列技术与装备，引领了行业科技进步。建立DF-1细胞系高效培养法氏囊病病毒技术，提高毒价10倍，首次用于法氏囊病灭活联苗制备；发明病毒液在线反向渗透、双向浓缩纯化装置，实现浓缩、纯化同步进行，比国际同类产品浓缩效率提高3倍，成本降低75%；首创先浓缩后灭活、先乳化后配比的"两先两后"制苗新工艺，克服了联苗中抗原间相互干扰。实现灭活联苗生产技术重大突破，强力推进了兽用疫苗产业结构优化升级。

4. 创制17种浓缩灭活联苗，在重大禽病防控中发挥巨大作用。创新支气管炎疫苗效力检验方法，突破了相关联苗研发瓶颈；制定了联苗制造与检验规程和质量标准，研制出防控5种重要禽病、9种组合的17种浓缩灭活联苗，均获得国家新兽药证书并实现产业化。据中国兽药监察所批签发统计，近3年共生产疫苗85.18亿羽份，2011年销量占全国同类产品市场份额的69.10%。促进了养禽业持续健康发展，保障了食品与公共卫生安全。

5. 探索了产学研结合新模式，经济社会效益显著。25年来以产业需求为导向、高校科技力量为支撑、企业科研投入为主体，筑成校企共同创新战略联盟，加快了产品创新、成果转化和人才培养。产品在21家知名企业规模化生产，成果转化率100%。经中国农科院测评，近3年获经济效益789.96亿元。获批国家工程研究中心、博士后流动站、一级博士授权学科各1个，培养相关博士后及研究生106名、技术人员5千余名，培育上市和拟上市公司3个。

猪鸡病原细菌耐药性研究及其在安全高效新兽药研制中的应用

主要完成单位：四川大学、重庆大学、天津瑞普生物技术股份有限公司、洛阳惠中兽药有限公司、中国农业大学、四川农业大学

主要完成人：王红宁、王建华、曹薇、张安云、杨鑫、李守军、刘兴金、高荣、李保明、邹立扣

获奖情况：国家科学技术进步奖二等奖

成果简介：

畜禽细菌性疾病严重危害公共卫生和食品安全，猪鸡细菌性疾病造成全国直接经济损失400亿元/年。项目针对病原菌耐药性导致细菌病难防控、用药量大、产品药残的关键技术难题，通过产学研12年合作攻关，取得了重大理论和方法创新成果，并得到大规模生产应用，取得了显著经济和社会效益。

1. 主要技术成果。(1)发现了新耐药基因，建立菌种库和耐药数据库，创立了细菌耐药基因分子检测新方法。克隆鉴定并在Genbank注册了6大类抗生素的48条耐药基因，发现了新耐药基因(qnrD，CTX-M-69，OKP13-16)，建立菌种库9348株，耐药数据库140200条。拥有国内最全的猪鸡病原菌耐药基因，为分子检测等研究奠定基础。建立了5种分子检测技术(多重PCR、核酸探针、RFLP、SSCP、基因芯片)，研制耐药性多重PCR检测试剂盒5个，耐药性检测时间从常规方法72小时缩短到4小时，能检测细菌耐药性的传播和变化，完成了中试示范。为病原细菌耐药性检测提供了新技术。(2)揭示了细菌耐药性变化规律。将耐药基因分子检测技术与常规药敏试验相结合，经了12年联合攻关，探明了我国猪鸡病原菌的感染和耐药性变化规律，为低耐药性动物专用抗生素(喹诺酮类和头孢类)等安全新兽药研制和猪鸡安全用药规范的制定提供了重要科学依据。(3)创新耐药性控制理论和技术用于安全高效新兽药研制和生产应用。改进了动物专用抗生素及其制剂的生产工艺和质量。以猪鸡病原细菌耐药

性检测为依据，创新应用新催化合成技术，解决了动物专用喹诺酮类和头孢类合成周期长、收率低，杂质高等关键技术难点（使反应时间由8小时缩短到1小时，收率提高6.8~25.9个百分点，杂质低于欧美标准）。应用触变胶体等技术研制出动物专用盐酸沙拉沙星溶液、硫酸头孢喹肟注射液、注射用头孢噻呋，填补了国内空白（获国家2类新兽药证书6个），实现了规模生产。

创制了抗生素替代品4种，增强免疫抗病力，减少抗生素使用。创制了猪用DNA分子免疫制剂和猪鸡转移因子口服液（该类唯一国家3类新兽药证书）；率先研制生产出氟尼辛葡甲胺、氟尼辛肽核酸寡聚体。抗生素用量减少30%~70%。

创制了安全无害、无耐药消毒剂，为净化养殖环境细菌提供新途径。阐明了微酸性电解水作用机理，开发了工艺及装置。与传统消毒剂相比，有安全高效、无残留无耐药的特点，降低消毒成本30%。

2. 授权专利情况。获国家发明专利12项，实用新型专利1项。

3. 技术经济指标。获国家2类新兽证书6个，3类2个。生产耐药基因检测试剂盒5个，抗生素替代品4种。主编参编专著6部，发表论文123篇，包括本专业权威SCI论文AAC（IF：4.672），JAC（IF：4.659）等35篇，被引用185次。成果应用使猪鸡抗生素用量减少30%~70%，细菌病降低50%，节省用药成本30%。阶段成果获省科技进步奖一等奖1项、二等奖2项。

4. 应用推广及效益。成果在24个省市90家企业推广，候选单位天津瑞普生物技术股份有限公司成功上市、洛阳惠中兽药有限公司获建科技部首个国家兽用药品工程技术研究中心。近3年创税收1.36亿元，直接经济效益35.42亿元。

《“天”生与“人”生：生殖与克隆》

主要完成单位：

主要完成人：杨焕明、李敏

获奖情况：国家科学技术进步奖二等奖

成果简介：

本书作者杨焕明院士一直从事基因组科学的研究，关注科普工作。他曾任国家自然科学基金委员会“中国人类基因组计划”秘书长，“中国人类基因组计划”人类基因组多样性委员会秘书长，联合国UNESCO国际生命伦理委员会委员，国际“人类基因组计划”中国协调人，国家“863计划”重大项目“功能基因组与蛋白质组”首席科学家。曾获国家杰出青年科学基金、国家自然科学奖、香港“求是”奖、香港何梁何利奖、日本科技新闻奖、第三世届科学院生物奖等。

该书的故事以一封给“克隆人”的信开始，是与关心“克隆人”的大众一起讨论“克隆人”对我们大家的可能影响；是用科学、生动、有趣的语言和大量图片诠释生命与生殖、克隆与“克隆人”诸多问题，重点涉猎“克隆人”的风险、伦理等问题讨论。

该书的故事以两封给两个命运截然不同的“克隆人”的分别回信结尾。该书是为我们大家写的，是为我们的孩子(包括可能的“克隆人”)写的，是给那些希望更多地了解基因的人写的；也作为与热心于生命伦理的行家们的讨论。

该书用少量的篇幅、精确的语言、明确的主题，向读者普及和解读生命科学中“生殖与克隆”分支最为核心的内容，为喜爱这一专题研究的生命科学工作者和爱好者提供重要的参考价值，引导其探索生命科学的奥秘，有很高的学术水平高和文化价值。

该书与同类科普图书相比，无论从知识性、科学性、独创性、趣味性、故事性方面，还是从作品结构、写作风格、可读性等方面都更胜一筹：语言更加科学、流畅、清晰、精彩，弥补了目前国内生命科学科普图书领域青黄不接、内容晦涩、版式呆板的不足，可以说是引领新时代科普读物的新潮流，是国内外同类书中是难得的一本，出版价值很高。

该书可积极培养广大中学生、大学生学习生命科学的兴趣，启迪众多想了解生命科学爱好者的学习思维以及为教师提供更多灵活、全面的参考资料。鲜明地体现了科学家对青少年普及科学知识的责任和使命。

该书质量上乘，印刷精美，出版至今已重印3次，发行量达30000册，创造了良好的经济效益；同时，该书得到了社会广大读者的广泛好评，成为近年来科普图书市场上不多见的“叫好又叫座”的作品。2008年被评为“三个一百”原创图书出版工程；2010年获得第二届中国出版政府奖，第一届“中国科普作家协会优秀科普作品奖”，第五届吴大猷科普著作佳作奖。一本书获得如此多的奖在中国的科普图书中是少有的。可以说，无论从作者写作的风格、内容和水平，还是读者的反映和媒体的评论，都是近年来科普图书中少有的佳作。

畜禽粪便沼气处理清洁发展机制方法学和技术开发与应用

主要完成单位：中国农业科学院农业环境与可持续发展研究所、中国农业大学、杭州能源环境工程有限公司山东民和牧业股份有限公司、中国社会科学院城市发展与环境研究所、清华大学、恩施土家族苗族自治州农业技术推广中心

主要完成人：董红敏、李玉娥、董泰丽、李倩、董仁杰、陈洪波、韦志洪、周行雨、朱志平、万运帆

获奖情况：国家科学技术进步奖二等奖

成果简介：

该项目结合国际控制温室气体(GHG)排放环境外交焦点问题和国内节能减排的重大需求，充分利用清洁发展机制(CDM)这一国际环境补偿机制，瞄准获得发达国家资金、完成我国节能减排任务的同时体现我国形象的重大机遇，针对我国畜禽粪便污染严重、温室气体排放量大、沼气处理减排潜力大，而适合我国特点的户用沼气温室气体减排核算与监测方法学处于空白、现有沼气处理工艺效能稳定性

差、温室气体减排量低、不能满足CDM要求的问题，以创新方法学机制、提高粪便资源利用技术水平、实现高减排和高收益为目标，通过多学科产学研协同攻关，取得了多项创新与突破。

1. 建立了全球第一个户用沼气CDM方法学，被联合国清洁发展机制方法学专家委员会批准为“农户/小规模农场的农业活动甲烷回收方法学（AMS -III.R）”，并成为定量核算和监测户用沼气温室气体减排效果的国际通用方法。方法学建立了适用条件、户用沼气CDM项目减排量核算的方法和系列计算公式、简单易行的CDM监测方法等，使我国和广大发展中国家开发户用沼气CDM项目并获得发达国家经济补偿成为可能。该方法学的建立解决了量大、分散的农村沼气减排贡献无法定量评价的难题，为控制农业温室气体排放提供了理论依据和方法。专家鉴定认为该方法学为原始创新，居国际领先水平。

2. 创建了“大型养殖场畜禽粪便沼气处理CDM工艺”，实现了畜禽粪便处理利用与温室气体减排结合工艺的新突破。为提高CDM项目污染去除率和GHG减排效果，围绕提高原料浓度实现高产气率、改进冬季增温保温技术保证高效稳定运行、开发沼液处理减少污染和温室气体排放等关键技术，提出了水解与机械相结合的高浓度粪便除砂技术、高浓度原料低能耗搅拌技术、冬季厌氧罐增温保温技术、沼液浓缩和利用技术，突破了高浓度原料高含砂、难搅拌和冬季产气低、沼液二次污染的技术瓶颈。该创新工艺实现了大型沼气CDM工程高浓度（TS8%~12%）、高COD去除率（80%~90%）、高容积产气率（$1.5m^3$沼气/m^3·d）常年持续稳定运行，比常规工艺产气率提高50%、温室气体减排量提高60%~70%。该工艺解决了传统工艺效率低、稳定性差、减排量低的问题，为保证CDM项目高效稳定运行和温室气体减排效果奠定了技术基础。专家鉴定表明该工艺技术居国际领先水平。

3. 在国内首次研究集成了适用于不同规模养殖场的畜禽粪便沼气处理CDM技术模式，建立了不同规模畜禽粪便沼气CDM项目开发可行性指标，提出了基线确立、减排效果监测评价的技术规程，为促进国际环境补偿机制的应用提供了工具。率先开展了不同规模CDM项目的示范，成果已在16个省的200多万个农村CDM沼气户、116个养殖场CDM项目、300个养殖场废弃物处理工程中应用，年减排GHG约732万吨CO_2当量、COD187万吨，并通过CDM机制兑现了环境项目的经济价值，实现经济效益21.7亿元，社会经济效益极为显著。

4. 成果被写入国务院发布的《中国应对气候变化国家方案》和《中国应对气候变化白皮书》，用于我国参加哥本哈根、德班等气候大会谈判对案中，为我国节能减排和气候变化谈判提供了科学依据，提升了我国的话语权。采用该方法学估算的我国户用沼气减排量4900万吨CO_2e的结果由温总理在哥本哈根气候大会上向全世界宣布，展示了农业减排成就。

5. 共获得专利11项，其中发明专利5项；出版专著2部，发表论文78篇，其中SCI/EI收录18篇；制定国家和行业标准3项；获得农业部中华农业科技奖一等奖1项。该项目推动了减少畜牧业污染和控制温室气体排放技术的进步。

海水池塘高效清洁养殖技术研究与应用

主要完成单位：中国海洋大学、淮海工学院、大连海洋大学、好当家集团有限公司

主要完成人：董双林、田相利、王芳、阎斌伦、姜志强、马甡、高勤峰、唐聚德、赵文、吴雄飞

获奖情况：国家科学技术进步奖二等奖

成果简介：

该项目属水产养殖领域。

自20世纪80年代起，我国海水池塘养殖业迅猛发展，但传统的高密度、单养的养殖模式不仅对饲料利用率低且对环境负面影响十分严重，因此，创建健康的海水池塘养殖模式、提高饲料利用率、减少养殖污染已成为国家亟待解决的重大问题。为此，1993—2008年的16年间，项目组围绕高效清洁生产主线完成了10项国家计划科研任务，在基础研究的基础上，系统地创建、优化了海水池塘对虾、刺参、牙鲆和梭子蟹的综合养殖结构，创建了无公害的水质调控技术和生态防病技术，实现了经济效益和环境效益双赢，为促进海水池塘养殖增长方式的转变和可持续发展提供了养殖模式和关键技术支撑。

该项目的技术难点和重点是科学地创建既增产、增收，又能实现资源节约、环境友好的养殖模式。该项目的主要创新点包括：①在方法学上，创建了陆基围隔实验系统，克服了水族箱实验失真、池塘试验的起始条件难均一等缺陷，引领水产养殖的现场研究从经验走向可重复、检验的科学方法。②依据3个策略（通过养殖生物间的营养关系实现养殖废物的资源化利用，通过养殖种类或系统间的生态功能互补作用调控水质，养殖水体时间、空间和饵料资源的充分利用）开创性地构建、优化出我国海水池塘主养动物的17个综合养殖模式：系统地创建和优化出9个对虾高效清洁养殖模式，其中对虾—青蛤—江蓠的1∶1.3∶8.3结构，使对虾产量提高18.5%，N利用率提高48%，还额外收获青蛤和江蓠产量，产出/投入比提高39%；创建出刺参—海蜇—对虾—扇贝综合养殖模式，仅刺参与扇贝、对虾混养就可使刺参生长速度提高49.3%，还额外获得可观的对虾产量，充分体现了既增产又强化环保的功能；创建、优化出3个梭子蟹综合养殖模式，其中虾蟹混养使总产量提高2.4倍，对投入N的利用率提高2.8倍；创建出牙鲆快速养成和清洁养殖模式，牙鲆—缢蛏—海蜇—对虾综合养殖模式的产出/投入比达到2.33，并显著减少了氮、磷排放。③新发现浮游动物越冬休眠卵携带并传播WSSV，发明了封闭围栏、切断对虾WSSV传播途径的无公害生态防病技术，使358公顷示范区对虾养殖成功率达99%。④系统地研究了滤食性鱼类、贝类和大型海藻调控水质技术，发明的对虾与滤食性鱼类网隔式混养方法可使对虾产量提高13.1%，同时获鱼产量1224kg/hm^2，并节约了优质饲料；发明的青蛤—江蓠原位修复池塘水质技术，使池塘水中TN含量减少43%，对投入N的利用率提高110%。⑤发明了多种环保型饲料、肥料，为清洁生产提供了保障性生产资料。

该项目的技术成果已在山东、江苏、辽宁、浙江部分地区规模化应用，近3年技术应用面积累计5.77万公顷，新增产值24.0亿元。

山东省科技厅组织专家对该项目的“优化结构模式”成果进行了鉴定，认为：该成果经济效益、环境效益显著，总体上达到同类研究国际领先水平。

该项目的技术成果已授权国家发明专利13项、实用新型专利11项；制定地方标准3项、企业标准2项，获农业部无公害农产品4项；发表论文257篇，其中SCI（EI）收录论文71篇；培养硕士生84名、博士生45名；部分成果已获省级一等奖1项、二等奖2项。

中华鳖良种选育及推广

主要完成单位：杭州金达龚老汉特种水产有限公司

主要完成人：龚金泉

获奖情况：国家科学技术进步奖二等奖

成果简介：

龟鳖养殖是我国改革开放后顺应市场需求发展起来的特种养殖业。目前我国龟鳖年总产量已超过20万吨，是世界上最大的养殖国和消费国，其中以中华鳖数量最大、品质最优。中华鳖原产我国长江、黄河流域，后逐步传布全国各地，浙江省年产量约为9.04万吨，占全国总产量的44.3%，位居全国第一。20世纪90年代初，随着国民经济快速发展，人们逐渐认识到中华鳖的美食营养及药用价值，消费需求快速增长，其价格也持续上涨。因大肆搜罗产蛋亲鳖，我国各大水域的中华鳖鳖种野生资源日趋匮乏，以及区域间频繁“倒种”“炒种”导致近亲繁殖日趋严重，中华鳖固有种群的优良性状严重退化，疾病频发、生长速度缓慢、成活率下降，造成严重经济损失，并日益成为制约我国中华鳖养殖持续发展的瓶颈。因此，大力开展中华鳖优质良种选育及其产业化应用推广，对于保护中华鳖种质资源、促进龟鳖养殖业健康发展和实现渔业增效农民增收均具有重要意义。

为保护中华鳖的种质资源，防止混杂和退化，推动中华鳖养殖业健康发展，1995年浙江省杭州市萧山区农民企业家龚金泉创立了杭州金达龚老汉特种水产有限公司，积极依托浙江省水产技术推广总站等科研院所，大力开展了中华鳖良种选育及其产业化推广应用。自1997年引进了源自日本福冈的纯种中华鳖原种和源自日本长崎的优良中华鳖种蛋以来，以良种选育与杂交优势利用技术为突破口，经过近10年来的不懈努力，采取高强度选择亲鳖、外塘生态养殖保种育种等有效措施，成功选育出了新一代“龚老汉”牌中华鳖良种，并建立了中华鳖良种选育方法，制定了良种选育技术流程及操作规程，创新发展了中华鳖生态养殖模式，显著提高了中华鳖良种研发水平和生产能力。

新一代“龚老汉”牌中华鳖良种具有成活率高、生长速度快、饲料系数低、抗病力强，体型体色优良、特别适合于外塘生态养殖等特点，被浙江省海洋与渔业局指定为“十一五”及“十二五”规划期间浙江省水产养殖业的主推品种。因在中华鳖良种选育、健康生态养殖等技术研究与推广方面成绩突出，龚金泉同志先后荣获全国农林水利产（行）业劳动奖章等荣誉称号，创立的杭州金达龚老汉特种水产有限公司2009年被农业部认定为中华鳖国家级水产良种场（浙江省唯一一家），并先后荣获全国农牧渔业丰收奖一等奖、浙江省科技进步奖二等奖等科技奖励；"龚老汉"牌中华鳖先后荣获浙江省著名商标和中国驰名商标及浙江省农业博览会、中国农业博览会金奖等。目前，公司已建成总养殖面积1392亩，其中亲鳖养殖面积500亩；年产"龚老汉"中华鳖良种种苗500余万只，成鳖50余万只，保存中华鳖亲本和后备亲本10万只，年产值超亿元，纯利润800余万元；通过提供中华鳖子代良种和免费技术指导，辐射全国10多个省市270多个养殖场（户），年养殖面积达2万余亩，年新增产量3000~4000吨，新增利润4.8亿多元，并带动了绍兴绿神、萧山跃腾等一批浙江省级中华鳖良种场和养殖户，从而推动了中华鳖良种良法的产业化，促进了农民增收渔业增效，取得了显著经济、社会和生态效益。

2013年

特等奖

两系法杂交水稻技术研究与应用

主要完成单位：湖南杂交水稻研究中心、湖北省农业科学院粮食作物研究所、江苏省农业科学院、安徽省农业科学院水稻研究所、华中农业大学、武汉大学、广东省农业科学院水稻研究所、湖南师范大学、江西农业大学、广西壮族自治区农业科学院水稻研究所、中国水稻研究所、袁隆平农业高科技股份有限公司、江西省农业科学院水稻研究所、华南农业大学、福建省农业科学院水稻研究所、贵州省水稻研究所北京金色农华种业科技有限公司、湖南省气象科学研究所

主要完成人：袁隆平、石明松、邓华凤、卢兴桂、邹江石、罗孝和、王守海、杨振玉、牟同敏、王丰、陈良碧、贺浩华、覃惜阴、刘爱民、尹建华、万邦惠、李成荃、孙宗修、彭惠普、程式华、潘熙淦、杨聚宝、游艾青、曾汉来、吕川根、武小金、邓国富、周广洽、黄宗洪、刘宜柏、冯云庆、姚克敏、汪扩军、王德正、朱英国、廖亦龙、梁满中、陈大洲、粟学俊、肖层林、尹华奇、廖伏明、袁潜华、李新奇、童哲、周承恕、郭名奇、阳庆华、徐小红、朱仁山

获奖情况：国家科学技术进步奖特等奖

成果简介：

在国家"863计划"、总理基金等项目支持下，针对三系法杂交水稻存在的配组不自由等问题，

利用光温敏不育水稻新材料，组织全国多单位多学科协作攻关，创建了两系法杂交水稻理论和应用技术体系，选育并推广了一大批高产优质两系杂交水稻组合，对农民增收、农业增效发挥了重要作用，为保障我国粮食安全作出了巨大贡献，取得了拥有我国自主知识产权国际首创的重大科技成果。

1. 创立了两系法应用基础理论与技术体系提出了杂交水稻育种战略，完善了水稻光温敏不育系育性转换的光温作用模式，阐明了不育性表达不稳定的遗传机制，探明了育性转换的光温敏感时期和敏感部位，创立了超级杂交稻育种理论体系，为两系法杂交水稻应用奠定了理论基础；研制了实用光温敏不育系选育与育性鉴定、两系法超级杂交水稻育种、长江流域两系法杂交早籼稻育种、两系法杂交粳稻育种、光温敏不育系核心种子和原种生产、两系法杂交水稻安全高产制种等关键技术体系，为实现两系法杂交水稻大面积应用提供了技术保障。

2. 解决了水稻杂种优势利用的3大难题。利用两系法育种不受细胞质和恢保关系制约、配组自由、能广泛利用遗传资源聚合优良性状的技术优势，解决了水稻杂种优势利用的3大难题：①建立了超级杂交水稻理想株型模式，采用形态改良和籼粳亚种间杂种优势利用等育种技术，选育出一批两系超级杂交稻组合，率先实现了我国亩产700千克、800千克的第一、第二期超级稻育种目标，并取得亩产900千克第三期目标的重大突破，解决了三系法选育超级杂交水稻周期长、效率低的难题；②充分利用各类优质稻种资源，选育出一批达到国家优质稻标准的两系高产组合，较好地解决了杂交水稻高产与优质难协调的难题；③利用各类早熟、高产稻种资源选育出一批超级杂交早稻组合，解决了长江中下游稻区杂交早稻长期存在的产量与生育期“早而不优、优而不早”难题。

3. 开辟了作物杂种优势。利用新领域水稻两系法杂种优势利用理论与技术的创立和应用，带动和促进了我国油菜、高粱、棉花、玉米、小麦等作物两系法杂种优势利用的研究与应用，开创了作物杂种优势利用新领域，特别是为难以实现三系法杂种优势利用的作物提供了新途径。

该项目研究共获省部级奖31项、专利9项、品种权38项、软件版权1项，制定技术标准5项、出版专著13部，发表论文549篇。在两系杂交水稻理论与技术体系指导下，除已获国家奖励的成果外，全国育成实用不育系168个、组合527个。据不完全统计，截至2012年，两系杂交水稻已累计种植4.99亿亩以上（不包括已获国家奖的品种），总产2358.2亿千克以上（按平均472.5千克/亩计），增产稻谷110.99亿千克；总产值5777.59亿元，增收271.93亿元（按稻谷价格2.45元/千克计）。目前，全国杂交水稻年度推广面积前3名的品种均为两系杂交水稻。两系法杂交水稻为实现我国2020年年增粮食1000亿斤目标提供了强有力保障。两系法杂交水稻是继我国三系法杂交水稻后又一世界领先的原创性重大科技成果，为保障我国和世界粮食安全提供了新方法和新途径。

一等奖

矮秆高产多抗广适小麦新品种矮抗58选育及应用

主要完成单位：河南科技学院、河南省农业科学院小麦研究所、河南金蕾种苗有限公司、江苏省农产品质量检验测试中心、安徽省农作物新品种引育中心

主要完成人：茹振铜、赵虹、李友勇、胡铁柱、邱军、牛立元、欧行奇、许学宏、刘明久、李淦、姚小凤、李笑慧、常萍、冯素伟、陈刚立

获奖情况：国家科学技术进步奖一等奖

成果简介：

黄淮麦区是我国最大的小麦产区，约占全国小麦面积的2/3。针对该区小麦倒伏危害、冻害、旱害等自然灾害频发，条锈病、白粉病、纹枯病为害严重，高产品种品质不优且稳定性差等生产发展所面临的主要问题，项目组协同攻关，在矮秆高产、多抗广适小麦新品种选育及应用等方面取得了新突破。

1. 育成矮秆高产、多抗广适、优质中筋小麦突破性品种矮抗58。制定增穗、壮秆、强根系，优化品质聚抗性的高产小麦育种策略，构建复交分离大群体（复交F1为1050株，F2为45000株），打破不良性状连锁，实现多亲优良性状聚合。创新抗倒性及根系性状选择方法，结合提早播种加重冻害和纹枯病、拔节期高肥重水和高密度胁迫增加倒伏程度、多病原接种筛选综合抗病性等自然选择和人工增压选择技术，育成了聚合多亲优良性状的小麦新品种“矮抗58”，2005年通过国家审定并获植物新品种权。

该品种的创新特点：①高产稳产，矮秆抗倒不早衰。50亩攻关田连续4年亩产超过715千克；2010年鹤壁市3万亩连片平均亩产611.6千克，创国内最大连片面积高产纪录。株高70厘米左右，茎秆质量好，抗倒能力强，生产应用至今未发生倒伏。水平根系和垂直根系均发达，后期叶功能好，成熟期耐湿害和高温危害，籽粒灌浆充分；②综合抗性好，适应性广。抗冻，耐旱，综合抗病性好，适合黄淮麦区多省种植；③优质中筋，品质稳定。具有1、7 +8、5+10高分子量麦谷蛋白优质亚基组合，蒸煮品质好，品质稳定。2011年农业部小麦质量现场鉴评88.0分，为面条小麦第一名。

“矮抗58”综合性状优良，遗传基础丰富，已被66个单位作为亲本重点利用，育成国审品种2个，省审品种1个，正在参加国家和省级区试、生产试验的新品系89个，促进了我国小麦遗传改良工作。

2. 解决了小麦高产大群体易倒伏、矮秆品种易早衰、高产品种品质不优且品质稳定性差、高产稳产性与广适性难以结合的技术难题。通过连续选择小叶多穗强秆类型；应用根系研究设施对地上植株性状和地下根系性状同步选择；利用非1BL/1RS品种为亲本，从后代中选择穗数多、品质优且稳定的类型；聚合抗冻、抗病、耐旱等多种优良性状，解决了上述技术难题。

3. 丰富和发展了小麦抗倒性评定与根系选择的理论和技术。设计建造了小麦数字化实验风洞，

研制出便携式抗倒伏强度电子测定仪（2012年获实用新型专利），创新小麦抗倒伏强度定量测定与评价方法。首次设计建造地下小麦根系观察走廊等根系研究设施，实现了根系性状与地上植株性状的同步直观选择。研究并提出小麦酸碱适应性鉴定方法，丰富了小麦土壤酸碱适应性选择理论。

矮抗58审定后得到快速推广。自2009年以来一直是黄淮麦区主导骨干品种，通过配套高产技术，实现了大面积均衡增产。截至2012年8月，累计收获1.43亿亩，增产小麦66.86亿千克，实现增产效益130多亿元（净效益93.42亿元）。至2012年秋播结束，累计推广1.86亿亩，并继续保持良好的应用势头。

二等奖

棉花种质创新及强优势杂交棉新品种选育与应用

主要完成单位：华中农业大学、河间市国欣农村技术服务总会、湖北惠民农业科技有限公司

主要完成人：张献龙、聂以春、朱龙付、郭小平、卢怀玉、刘立清、林忠旭、涂礼莉、杨国正、金双侠

获奖情况：国家科学技术进步奖二等奖

成果简介：

棉花种质资源狭窄导致品种同质性和产量长期徘徊不前是制约棉花生产可持续发展的核心问题。通过棉花种质创新，培育高产、多抗、优质性状协调发展的强优势组合对于促进棉花产业可持续发展具有重要意义。该成果主要内容如下。

1. 采用远缘杂交和聚合杂交，结合轮回选择，创制和筛选出一批具有重要应用价值的棉花新种质，丰富了棉花育种的遗传基础。

通过20多年的远缘杂交创制了784份分别以海岛棉、达尔文棉和毛棉等为供体的陆地棉远缘杂交高世代材料；筛选出225份早熟、高产、优质及多抗的棉花新品系，包括适用于长江流域早熟育种材料17份；衣分在45%以上的棉花新种质29份；纤维长度在31~35毫米、比强度在32~42cN/tex、马克隆值在4.5以下的优质材料129份；抗棉、红铃虫材料32份；高抗枯萎病棉花材料18份；抗旱耐高温等棉花新种质29份等。其中HD93-311、99-351、99-4102等被河南农科院等单位引种后，培育出系列新品种。通过轮回选择和聚合育种，丰富了棉花杂交育种亲本的遗传结构。通过分子标记系统评价，建立了棉花骨干亲本群，获得了B-11、4-5、华116等优良亲本。

2. 培育出“华杂棉1号”“华杂棉2号”“华惠103”“华杂棉4号”和“华杂棉H318”5个优质、高产、多抗棉花新杂交种并大面积应用于生产。

这些品种的突出特点是产量高，纤维品质优，抗病虫，在3大主体性状上相互协调。其中“华杂棉

H318”“华杂棉2号”和“华杂棉1号”的皮棉产量较区试对照种增产接近或超过10%；“华杂棉H318”“华杂棉4号”“华杂棉2号”和“华杂棉1号”的纤维品质均达到国家优质棉标准。特别是“华杂棉H318”在国家组织的区试中具有高产、优质、多抗、适应性广等突出特点，在2009年审定的5个品种中综合指数居第一位。建立了杂交种分子鉴定技术和高效制种技术，为棉花新品种的推广应用提供保障。

3. 研究了棉花重要农艺性状的遗传特点，创新了育种方法。

对棉花纤维品质、产量、综合抗性等性状的遗传特点进行了研究；在棉花细胞突变体筛选、体细胞杂交、转基因技术等创造棉花新材料方面形成了特色，建立了成熟的棉花分子育种技术体系。获得发明专利5项，发表相关研究论文114篇，其中SCI论文42篇，丰富了棉花种质创新与育种的新方法、新理论，为棉花高效育种提供了科学依据。

4. 研制出杂交棉配套栽培技术，推动了杂交棉生产方式的转变。

研制出“推迟播种，合理密植，集中施肥且氮肥后移”的促早熟简化高效栽培模式，扭转了杂交棉“稀植大株大肥”的低效栽培模式，保证了品种丰产、稳产和与小麦、油菜等作物的接茬，提升了农户植棉效益，推动了杂交棉生产方式的转变。

通过产、学、企合作，实现了农业科研成果的迅速转化和生产、科研、企业共赢。累计在湖北、河南、湖南、江西、安徽等省共推广应用1200多万亩，近3年推广应用747.7万亩。累计增收皮棉10636.55万千克，新增直接产值14.47亿元，推动了育种方法、技术和理论的创新，总体社会、经济和生态效益显著。

辽单系列玉米种质与育种技术创新及应用

主要完成单位：辽宁省农业科学院、中国农业科学院作物科学研究所、辽宁东亚种业有限公司

主要完成人：王延波、陶承光、李新海、朱迎春、姜明月、李哲、刘志新、吴宇锦、王国宏、张洋

获奖情况：国家科学技术进步奖二等奖

成果简介：

该项目属于农业领域玉米种植行业，涉及玉米遗传育种技术、优质专用品种、大田栽培技术3个学科。

项目立足解决我国北方春玉米区种质基础狭窄、育种方法滞后、新品种不足、推广应用缓慢等育种科研与生产问题，通过承担辽宁省攻关计划项目，系统开展玉米育种方法、种质改良、品种选育及高产关键技术研究与应用。

1. 研制辽单玉米群体创建与种质改良方法，丰富玉米育种理论与技术。围绕拓展玉米种质基础和提高育种效率，构建并改良玉米综合群体“辽综群体”；首次提出S1家系密植鉴定法改良玉米综合群体并证明该方法简单、易行、效果明显；首次构建“瑞德微群体”，并提出种质改良策略，兼具群体改良与

二环选系的双重效果；针对性地引进美国抗病优异种质，同步实施二环选系与回交聚合改良，创造新型种质；实现热带种质在我国寒温带的有效利用，确立也门热带种质×Reid- Lancaster杂种优势利用模式；提出低代系大群体高密度选择压力与抗病接种鉴定相结合法选育玉米自交系；率先鉴定种子发芽势，增强了自交系和杂交种拱土能力、适于单粒播种和机械作业。

2. 育成辽单玉米自交系和新品种，推动北方春玉米区品种更新换代。采用辽单玉米种质和创新育种方法进行自交系和杂交种选育。从经S1密植鉴定选择改良的第2、3、4、5轮辽综群体中选育出“辽轮10732”“辽1401”“辽1412”“辽1708”“辽7980”等自交系；从瑞德微群体中选育出“辽8478”“辽6082”“辽4584”等自交系；以美国抗病毒种质Nex307及8102、B103、B104为核心，采用二环选系、回交转育、聚合杂交等方法改良本地骨干自交系，选育出“辽68”“辽88”“辽26”“辽6088”等自交系；采用具有丰产性和优良农艺性状的国外种质，通过早代目标性状追踪、高密度胁迫和人工接种抗病鉴定法，选育出“辽3180”等自交系；采用低代系高密度选择压力与抗病接种鉴定相结合方法，选育出“辽3162”等自交系。

利用上述自交系相继培育出“辽单565”“辽单30”“辽单33”“辽613”“辽单120”“辽单527”等12个品种通过国家审定；“辽单28”“辽单39”“辽单539”“辽单566”等15个品种通过省级审定。这些品种已成为北方玉米产区及相似生态区的重要品种，在生产上发挥了重要作用。

3. 集成玉米高产关键技术，实现大面积应用。围绕辽单玉米品种耐密、抗倒等特点，研制出“玉米早熟矮秆耐密增产技术”和“三比空密疏密增产技术”，制定了辽宁省早熟密植生产技术地方标准，被农业部作为主推技术大面积推广，实现了辽单玉米品种的良种良法配套，创造出多个高产纪录；开展玉米高产栽培关键技术研究与集成示范。研究成果获辽宁省科技进步奖一等奖1项。2003年以来，辽单系列玉米品种在全国近20个省区累计推广13819.8万亩。其中，2010—2012年累计推广5658.19万亩，新增粮食27.2亿千克，新增经济效益33.65亿元。

《保护性耕作技术》

主要完成单位：

主要完成人：李洪文、李问盈、蒋和平、路战远、王相友、何进、程国彦、许英、张德健、王玉芬

获奖情况：国家科学技术进步奖二等奖

成果简介：

普及国家重点推广的农业技术，促进农业可持续发展和农村生态文明建设。保护性耕作要求不翻耕土壤，地表有作物秸秆或残茬覆盖。联合国粮农组织认为这项技术具有稳产高产、降低农民劳动强度和生产成本，减少农田风蚀、水蚀、秸秆焚烧和来自农田的温室气体排放等效应，是农业生产与生态保护“双赢”的先进农业技术。2002年，农业部开始重点推广此项技术，中央“一号文件”连续8年提出相关要求。创作组从1992年开始此项技术研究，取得一批创新性成果，3次获得国家科技进步奖二

等奖，为该图书创作提供了“技术源”；编印了20多种宣传、培训材料，出版专著6本，为该图书创作积累了经验。

面向农民，采用“话剧剧本+漫画”的创作手法，“图文并茂+大众化语言”的表达方式，半小时阅读量，求“精”不求“全”。两个“卡通”农民以农田为“舞台”，聊着农民最关心的产量、技术原理、实施手段等问题；“问答式”的“聊天”方式，符合农民“拉家常”习惯，使得农民感觉自己就是“书中人物”；除了少量关键概念，尽量不使用生涩难懂的科学名词，代之以大众化语言；精选农民最关注的50个问题，环环相扣，成为贯穿全书的主线；整本书仅需半小时左右的阅读时间，以最少的文字达到“科普”目的。

促进我国农业文化走出去，受到国际好评。该书已被翻译成蒙汉文对照版（正式出版）、英文版（非正式出版）；经授权，一些国家或国际组织正在将本书翻译成西班牙语、越南语、孟加拉语、泰语、非洲的斯瓦希里语等语言。联合国粮农组织、非洲保护性耕作网、国际热带农学会等国际组织已将该图书中文版、英文版上传至官网。3个国际组织已采用类似的表达方式，印刷宣传材料。第五届世界保护性农业大会邀请创作组携带本图书在大会展出。

应用广泛，为新型农民提供培训教材。该图书于2006年正式出版，共计18次印刷，发行42.2万册，挂图0.2万份。9省市区（兵团）采用该图书的内容、表达方式编印培训材料10万册以上，挂图5万份以上，是农业部和多个省市县农民培训、送科技下乡的主要图书之一。图书内容还被选用印刷成扑克牌，或被企业引用于产品说明书，或将图书作为礼品赠送机具购买人。

获得1项发明专利，1项实用新型专利。中国农学会、农业部保护性耕作专家组、中科院李振声院士（国家最高奖获得者）等对该书给予了较好评价。2011年，该图书获得农业部、中国农学会授予的“中华农业科技奖科普奖第一名”。

中国西北干旱气象灾害监测预警及减灾技术

主要完成单位：中国气象局兰州干旱气象研究所、甘肃省气象局、南京信息工程大学、国家气候中心、中国科学院寒区旱区环境与工程研究所、兰州大学、宁夏回族自治区气象局

主要完成人：张强、张书余、李耀辉、罗哲贤、张存杰、李栋梁、王润元、王劲松、陈添宇、肖国举

获奖情况：国家科学技术进步奖二等奖

成果简介：

该项目属于自然灾害监测、预报科学技术领域。

干旱是制约我国西北地区农业和生态文明建设的关键自然因素。在全球变化的背景下，极端干旱气候事件发生频率和强度呈显著增加趋势。西北干旱灾害造成的经济损失高达GDP的4%~6%，严重制约着社会经济发展和生态文明建设。项目由中国气象局兰州干旱气象研究所联合南京信息工程大

学、中科院寒旱所和国家气候中心等49个科研院所、高校和业务单位，在国家科技攻关计划等18个项目资助下，从1990—2010年，历经20多年，围绕西北干旱气象灾害形成机理、监测与预警及其对农业生产的影响和减灾技术，开展了系统深入的研究与成果应用推广，取得了系列创新性成果，促进了干旱防灾减灾技术进步。

项目主要有6个方面重要创新：①对西北干旱形成机理及重大干旱事件发生、发展的规律取得了新认识，尤其是发现了形成西北干旱环流模态的4种主要物理途径；②研制了西北干旱预测的新指标、干旱监测的新指数及监测农田蒸散的新设备，明显提高了干旱监测准确性；③提出了山地云物理气象学新理论，开发了水源涵养型国家重点生态功能区——祁连山的空中云水资源开发利用技术；④发现干旱半干旱区陆面水分输送和循环的新规律；⑤揭示了干旱气候变化对农业生态系统影响新特征；⑥开发了旱区覆膜保墒、集雨补灌、垄沟栽培、适宜播期等应对气候变化的减灾技术，为西北实施种植制度、农业布局及结构调整、农业气候资源高效利用提供了科技支撑。

项目成果显著提升了气象干旱及其衍生灾害的监测、预警水平和服务效益，使西北重大气象干旱事件预测准确率提高10%左右，准确预测了1997年、1999年、2000年、2007年和2010年西北东部严重干旱，为各级政府及有关部门提供了及时有效的气象服务。开发的人工增雨抗旱决策指挥系统，每年科学指挥人工增雨作业面积达24万平方公里左右，覆盖甘、宁和蒙部分地区，根据模型计算每年增加降水15亿立方米左右，直接经济效益15亿元左右；在祁连山区对空中云水资源的开发利用，使石羊河下游流量在2010年、2011年和2012年分别达到2.62亿立方米、2.79亿立方米和2.9亿立方米，提前8年完成了国务院重点生态治理工程约束性指标。大型称重式蒸渗计和人工增雨抗旱决策指挥系统分别推广应用到蒙、陕等7省（区）及新、滇等4省（区）为干旱监测以及抗旱减灾提供了重要技术手段。旱作农业减灾技术在西北旱区推广应用，有效保障了该地区粮食连年稳定增产。

项目取得软件著作权2项，核心期刊发表论文1238篇（SCI 57篇、EI41篇），他引7422次；《中国西北干旱气候动力学引论》《干旱气象学》等专著及研究生、本科生教材20部。主办或发起“The International Symposium on Arid Climate Changeand Sustainable Development”等多次国际会议展示成果，在国际上产生重要影响。培养国家级、省部级优秀人才12人，晋升高级职称303人，培养研究生248名，形成了在国际上有影响的干旱气象研究团队。成果及应用在科技进步、防灾减灾、经济发展、生态文明建设中发挥了重要作用。

滨海盐碱地棉花丰产栽培技术体系的创建与应用

主要完成单位：山东棉花研究中心、中国农业大学、山东农业大学、山东鲁壹棉业科技有限公司

主要完成人：董合忠、李维江、辛承松、段留生、孙学振、唐薇、张冬梅、李振怀、孔祥强、代建龙

获奖情况：国家科学技术进步奖二等奖

成果简介：

该项目属于农业科学技术领域。

发展滨海盐碱地植棉对提高棉花生产能力、缓解粮棉争地矛盾具有重大意义。但滨海盐碱地含盐量高，盐分的季节性与空间性变化大，棉花成苗难、产量低的问题突出。针对这一难题，按照"理论探索与技术创新并举、突破单项关键技术再集成建立技术体系"的总体思路，历经20年（1991—2010年）研究，创建滨海盐碱地棉花丰产栽培技术体系，并在相关理论和配套专利产品研究上取得重大突破，攻克了成苗难、产量低等难题。

创新了滨海盐碱地棉花栽培的相关理论。发现控制盐碱地根区局部盐分分布减轻棉花盐害、促进成苗的规律，并从渗透调节和盐离子区隔化的角度深入揭示了"控盐减害"的机理，提出根区盐分差异分布促进棉花成苗的新理论；制定出盐碱地棉田盐度等级划分新标准，阐明了滨海盐碱地棉花营养需求特征；将熟相概念引入到棉花栽培，从离子毒害、库源关系、信号传递和衰老相关基因表达等方面，揭示了滨海盐碱地棉花异常熟相形成的机理。

创建了滨海盐碱地棉花丰产栽培技术体系。创立沟畦覆膜种植、膜下温室护苗、预覆膜栽培、短季棉晚春播等诱导根区盐分差异分布、实现保苗增产的新技术，在含盐量0.7%以下的中、重度盐碱地可实现一播全苗；建立了依据盐度和地力水平确定施肥量，以控释肥深施、低盐根区集中施肥和叶面肥早施为主要内容的施肥技术，肥料投入减少10%~25%、利用率提高18%~26%；创建以协调库源关系和根冠关系为主线的熟相调控技术，促进了棉花正常成熟。集成以保苗技术为核心，分类施肥、熟相调控和轻简管理为关键内容的技术体系，连续6年被农业部定为全国主推技术，成为山东省地方标准，平均增产10%~30%，省工20%以上。

创制了滨海盐碱地植棉配套产品。研制出适于滨海盐碱地沟畦覆膜种植的棉种精播机，以及盐碱地残留地膜清理机、棉秆还田机、中耕除草施肥机等专利机械；育成适宜滨海盐碱地种植的系列棉花新品种，并通过国家或山东省审定；发明了增强棉花耐盐性的种子处理技术、专用叶面肥和有机肥等，实现了农机与农艺、品种与技术的有机结合。

取得显著的社会经济效益。建立以政府为主导，产、学、研、企和农民协会相结合的示范推广网络，自2005年开始整体应用，至2012年累计在山东、河北、天津和江苏等省市推广5643万亩，增产皮棉47569万千克、棉子72880万千克，通过节本增产，新增经济效益110.3亿元。

获授权专利17项，其中发明专利9项；育成鲁棉研32等棉花新品种4个；制定地方标准8个；出版《盐碱地棉花栽培学》等著作6部，发表学术论文170篇，其中SCI论文31篇，共被引用1645次。成果促进了棉花耐盐栽培理论与技术发展，为我国棉田向滨海盐碱地转移，提升棉花生产能力和缓解粮棉争地矛盾提供了理论与技术支撑。

主要农业入侵生物的预警与监控技术

主要完成单位：中国农业科学院植物保护研究所、中国科学院动物研究所、全国农业技术推广服务中心、环境保护部南京环境科学研究所、福建出入境检验检疫局检验检疫技术中心、中国农业大学、福建省农业科学院

主要完成人：万方浩、张润志、王福祥、徐海根、郭琼霞、李志红、赵健、冯洁、张绍红、周卫川

获奖情况：国家科学技术进步奖二等奖

成果简介：

外来有害生物入侵对我国农业经济发展、生态环境安全与人畜健康造成了严重威胁与巨大损失，入侵生物的科学预警、实时监测与有效防控成为国家面临的重大科技需求。该成果经10余年系统研究，研发了系列关键预警、监控与阻截技术，主要创新成果如下。

1. 确证了我国主要入侵生物及其危险等级，创新了入侵生物定量风险分析技术，极大提升了生物入侵早期预警的水平与能力。首次发现并鉴定了11种新入侵生物，确证了527种入侵生物及其分布危害区域，系统完成了我国入侵物种编目和安全性分析。

构建了以路径仿真模拟、生态位模型比较、时空动态格局分析为主的风险评估技术，率先对99种重要入侵生物进行了传入、适生、扩散与危害的定量风险分析，制订了63种高风险入侵生物的控制技术方案；根据风险分析所建议的扶桑绵粉蚧等9种入侵生物被列为全国农业检疫性有害生物；实现了生物入侵全过程的定量风险评估。

2. 发展了重要入侵生物的检测监测新技术，显著提高了对入侵生物的野外跟踪监控能力。创新了69种入侵生物（12种植物病害、40种昆虫及17种杂草）的特异性快速分子检测技术，研发了检测试剂盒13套；首次建立了实蝇和蓟马2类入侵昆虫（共195种）DNA条形码鉴定技术。攻克了入侵植物病菌难以鉴定到种以下水平、入侵昆虫幼体和残体无法准确鉴定的技术障碍，极大提高了检测效率与准确性。

创制了入侵生物野外数据采集仪与自动监测仪，研发了入侵昆虫诱芯新载体及诱捕技术，构建了入侵生物野外实时数据采集、远程传输和跟踪监控的技术体系。对82种重要入侵生物（实蝇、蓟马、苹果蠹蛾、扶桑绵粉蚧等）进行了系统监测，解决了重大入侵生物疫情难以及早发现的难题。

创建了集物种数据信息、安全性评价、DNA条形码识别与诊断、远程监控等系统为一体的入侵生物早期预警与监控技术平台，提升了应对生物入侵的全方位预警与监控的快速反应能力。

3. 集成创新了入侵生物的阻截防控技术，实现了对重大入侵生物的区域联防联控。创新了入侵昆虫诱集、优势天敌防控等技术，集成建立了有效阻截与扑灭的技术体系，制定了12种重大农业入侵生物的区域治理技术方案。在21个省市实施大范围的阻截扑灭与联防联控，年均实施逾1500万亩次，有效抑制了重大入侵生物的扩散与暴发，实现了整体防控。

出版专著20部，发表学术论文295篇(SCI 36篇)，制定国际/国家/行业标准34项，获授权专利10项，软件著作权10项；中国植物保护学会一等奖1项、省级二等奖1项、部级二等奖1项；国家采纳建议14项。该成果在21个省区应用，2010—2012年累计应用面积4545.5万亩次，增收节支/减少损失104亿元，为农业经济持续增长、农业食品安全及农产品出口贸易做出了直接贡献；构筑的生物入侵三道技术防线(预警、监控、阻截)，为延缓疫区扩张、保护未发生区提供了强有力的科技支撑，将持续产生巨大的经济效益、社会效益与生态效益。

旱作农业关键技术与集成应用

主要完成单位：中国农业科学院农业环境与可持续发展研究所、辽宁省农业科学院、中国科学院沈阳应用生态研究所、中国农业大学、西北农林科技大学、四川省农业科学院、山西省农业科学院

主要完成人：梅旭荣、张燕御、孙占祥、贾志宽、严昌荣、潘学标、刘永红、王庆锁、刘作新、同延安

获奖情况：国家科学技术进步奖二等奖

成果简介：

该项目属农业科学技术领域。旱作农业是指主要依靠和利用自然降水进行的农业生产。我国旱作农业区耕地面积广、贫困人口多、生态脆弱，在国家现代农业发展中的战略地位举足轻重。干旱加剧和农业用水负增长态势下，依靠科技大力发展现代旱作农业，是缓解水资源短缺、保障粮食安全、消除贫困和保护生态环境的重大国家需求。项目围绕持续提高旱作农业区降水保蓄率、利用率、水分利用效率和效益等重大关键技术难点，在主要类型旱作农业区开展了为期15年的联合攻关和集成应用，取得了重大创新和突破。

1. 首次探明了旱作区农田降水转化定量关系和作物耗水结构特征，揭示了土壤储水供水特性、作物水分适应性、水碳氮关系等对提高降水利用的作用机理，创建了以降水生产潜力开发为重点的旱作农业决策支持系统。长期定位试验发现，北方旱作农田平均降水利用率为56%，作物耗水蒸发蒸腾比为1∶1.15，土壤蒸发、土壤储水和降水有效性是影响降水利用的主要因素；增加土壤有机碳能显著提高土壤储水和供水能力，降低土壤蒸发；主要作物需水亏缺程度为冬小麦>春玉米>谷子，而水分亏缺产量响应为谷子>春玉米>冬小麦，品种间差异春玉米高于冬小麦和谷子；主要作物降水生产潜力开发度为34%~56%，适宜开发度为60%~80%，品种适宜性和基础地力是当前潜力开发的主要制约因素。

2. 重点突破了旱作农业“集、蓄、保、提”共性关键技术，创造性地研制出春玉米秋覆膜和秸秆还田秋施肥、冬小麦培肥聚墒丰产等“秋(夏)储冬保春用”核心技术，以及春玉米机械化集雨保墒和冬小麦

高留茬少耕全程覆盖等高效轻简技术，使旱作农田降水利用率最高达到74.9%，旱作春玉米和冬小麦水分利用效率最高分别达到1.83千克/(毫米·亩)和1.62千克/(毫米·亩)，均高于国外水平。

3. 系统集成了与降水特点相吻合的半湿润偏旱区稳粮增效循环农林牧综合、半干旱区增粮提效防蚀林粮复合、半干旱偏旱区防蚀稳产增益农牧结合、西南季节性干旱区增产增效集雨补灌等技术体系与模式，并在试验区普遍应用，平均降水利用率由项目实施前的57%提高到68%，作物水分利用效率由0.67千克/(毫米·亩)提高到1.35千克/(毫米·亩)，水土流失降低了40%以上，实现了粮食产量、农民收入和可持续发展水平的同步提高。

出版专著16部，发表论文被收录346篇，其中SCI/EI论文37篇，总引用次数2192次，他引2097次。获得专利4项，其中发明专利1项，审定作物新品种4个，取得软件著作权6项，参与制定行业标准2项，制定地方标准8项。培养博士、硕士221名。

该成果为《全国旱作节水农业发展建设规划(2008—2015年)》和《关于推进农田节水工作的意见》等规划编制和实施提供了科学依据和技术支撑。2009—2011年，关键技术和技术体系在旱作区的8个主要省(市、自治区)累计应用2.13亿亩，新增粮食99.5亿千克，新增产值200.3亿元，经济、社会和生态效益巨大。总体达到国际先进水平，部分达到国际领先水平。

长江中游东南部双季稻丰产高效关键技术与应用

主要完成单位：江西省农业科学院、江西农业大学、江西省农业技术推广总站、南昌县农业技术推广中心、进贤县农业技术推广中心

主要完成人：谢金水、石庆华、王海、刘光荣、潘晓华、周培建、彭春瑞、曾勇军、李祖章、李木英

获奖情况：国家科学技术进步奖二等奖

成果简介：

长江中游东南部是我国重要的双季稻区，其代表性省份江西是建国以来连续不间断向国家调出稻米的唯一省份，2012年稻谷产量居全国第三，人均稻谷产量居全国第二。该成果主要针对该区域存在积温偏少、双季稻季节紧、高低温灾害多等不利气候因素易造成双季稻前期早发难、中期成穗率低、后易早衰等问题，开展了双季稻前期促早发、中期控蘖、后期防早衰关键技术及双季稻超高产栽培生理与技术模式创新研究，为挖掘本区域双季稻产量潜力提供技术支撑，主要技术创新内容如下。

1. 创新了双季稻前期早发与精确定苗关键技术。以壮秧促早发为技术途径，自主研发出双季稻壮秧促早发的专用育秧肥，其安全性高，壮秧早发效果显著，基本消除了因植伤导致大田分蘖缺位现象，并阐明了其壮秧促早发机理；明确了短秧龄秧苗的早发效应及早晚稻适宜的移栽秧龄，发现了旱育条件下秧田潜伏芽分蘖成穗现象，并由此建立了首个双季稻盘旱育秧抛栽基本苗公式。

2. 突破了双季稻中期控蘖壮秆关键技术。首创了肥控、化控、水控"三控"结合控蘖增穗技术，自

主研发出水稻复合控蘖剂，抑制无效分蘖的效果达41.2%~43.8%，克服了单一赤霉素控蘖会增加倒伏风险及肥水控蘖效果滞后、受环境影响大的缺陷；明确了一次枝梗分化期大茎蘖数量多是壮秆的综合性指标，提出了不同熟期品种壮秆的肥料运筹技术，发明了一种适用于双季稻具有节肥壮秆效果的缓控释肥。

3. 揭示了双季稻后期早衰机理，研发出防早衰技术。从蛋白质组学角度系统揭示了后期养分胁迫导致不同器官早衰的机理；研发出了“前防后治”的系统防早衰技术，能显著减缓功能叶的衰老，并自主研发出水稻防早衰剂。

4. 首次揭示了双季超级稻具有前期早发度高、中后期物质生产及氮素吸收优势明显、根量较大且深层根系比例大、抽穗后LAI大、根系活力衰退慢、总库容量大、源库协调等高产特征。阐明了生长优势明显、后期生理活性强、群体生态条件优是其超高产栽培的生理生态机理；确立了双季超级稻产量18000kg/hm^{2}以上的群体指标，创建了双季稻“早蘖壮秆强源”“三高一保”等栽培技术模式；创造了在相同田块连续9年双季18750kg/hm^{2}以上的超高产典型。

获国家发明专利3项，制定了4项双季稻丰产高效栽培相关的江西省地方技术标准，发表论文153篇，出版专著5部，教材1部，培养研究生83名，获江西省科技进步奖一等奖2项、二等奖1项，主体技术经鉴定被评价为国际先进或国内领先水平。

该成果在江西累计应用推广8087.0万亩，新增粮食571.2万吨，新增经济效益96.2亿元；2010—2012年在湖南、安徽、福建等地推广1154.4万亩，新增粮食63.4万吨，新增经济效益15.6亿元；总计推广9241.4万亩，新增粮食634.6万吨，新增经济效益111.8亿元，应用平均增产1030kg/hm^2。

干旱内陆河流域考虑生态的水资源配置理论与调控技术及其应用

主要完成单位：中国农业大学、西北农林科技大学、甘肃省水利厅石羊河流域管理局、武威市水利技术综合服务中心、武威市农业技术推广中心、武汉立方科技有限公司、武汉大学

主要完成人：康绍忠、杜太生、粟晓玲、杨东、冯绍元、蔡焕杰、石培泽、彭治云、霍再林、刘树波

获奖情况：国家科学技术进步奖二等奖

成果简介：

旱区水资源科学配置与调控是世界难题。我国干旱内陆区面积占全国总面积的29%，水资源量仅占全国的3.8%，由于水资源过度开发利用，导致了地下水位下降、植被衰退、荒漠化和盐碱化等严峻的生态环境问题。项目组自2001年开始，从定位科学试验入手，由局部的农田水转化研究发展到流域水转化多过程耦合研究，由仅考虑经济的水资源配置发展到考虑生态的水资源科学配置，由仅考虑水分—产量关系的节水灌溉发展到综合考虑水分—产量—品质耦合关系的节水调质高效灌溉，由

单一环节用水调控发展到全流域多过程用水的系统调控，解决了干旱内陆河流域水资源科学配置与节水调控的关键技术难题，取得了系列成果。

该成果主要创新点为：①首次提出了定量评价气候变化与人类活动对流域地表径流与耗水影响的新方法，建立了融合ANN与数值方法的干旱区地表径流—地下水耦合模型；创建了多尺度多层分布式农田耗水观测系统，揭示了13种主要农作物和4种防风固沙植物的耗水规律，确定了变化环境下典型农作物的需水指标与控制阈值，作物水效率提高20.5%~30.8%；②创建了考虑生态的干旱内陆河流域水资源科学配置理论与调控方法，解决了流域生态配水效益无法量化的技术难题，构建了含有全模糊系数、模糊约束及模糊目标的节水型种植结构优化方法，开发了基于模糊多目标规划的流域水资源管理决策支持系统，使水资源综合效益提高58.05%；③系统提出了考虑水分—产量—品质耦合关系的节水调质高效灌溉理论与决策方法，开发了果树、温室蔬菜、膜下滴灌棉花等作物的节水调质高效灌溉综合技术体系，形成了9套主要作物节水调质高效生产技术标准，建立了干旱内陆河流域上、中、下游不同类型的区域高效节水集成模式，综合灌溉水生产率提高0.21千克/立方米；④研制了实现流域尺度作物—农田—渠系—水源多过程综合节水调控的12种系列新产品以及流域水资源管理网络系统，首次实现了流域尺度全部14240眼机井同时采用IC卡智能控制供水。

该成果创建了基于水资源转化与科学配置和节水调控综合研究实现干旱内陆河流域水资源可持续利用的成功范例，在典型生态脆弱区集成应用后，农业用水减少6.7%，综合灌溉水生产率提高17.4%，有效遏制了区域地下水位下降，实现了流域整体节水、粮食增产、农民增益和生态环境改善；成果被美、英等国著名科学家作为检验他们方法的依据，并被收入国际灌排委员会（ICID）和国际著名专家的著作介绍和推广，成果第一完成人因在干旱内陆河流域水资源调控方面的突出贡献获ICID国际农业节水技术奖，并被英国Lancaster大学授予荣誉科学博士学位，提升了我国在该领域的国际地位。成果已在甘、新、陕、晋、鄂等地推广应用2338.54万亩，节水17.40亿立方米，直接经济效益21.27亿元。获发明专利8项、实用新型专利4项、软件著作权7项、技术标准9项，全国百篇优秀博士论文2篇；发表论文205篇，SCI收录53篇、EI收录66篇，他引1732次。获教育部高校科技进步奖一等奖（2012年）、陕西省科学技术奖一等奖（2006年）。

农业废弃物成型燃料清洁生产技术与整套设备

主要完成单位：河南省科学院能源研究所有限公司、北京奥科瑞丰新能源股份有限公司、河南农业大学、大连理工大学

主要完成人：雷廷宙、石书田、张全国、何晓峰、沈胜强、李在峰、朱金陵、谢太华、王志伟、杨树华

获奖情况：国家科学技术进步奖二等奖

成果简介：

该项目属于能源科学技术领域生物质能源研究方向，主要目标是将农作物秸秆、农业加工剩余物等农业废弃物高效清洁转换为可替代煤炭的成型燃料。该技术有效解决了农业废弃物资源的收集、运输与储存问题，产品不仅可作为固体燃料直接燃烧利用，还可进一步转化为生物质燃气、液体燃料等能源产品，是全面实现农业废弃物规模化利用的重要环节。项目先后得到了国家“863计划”子课题“农业废弃物流化床气化过程预处理技术研究”、国家科技型中小企业创新基金“生物质颗粒燃料冷态致密成型技术及成套设备”、中国政府/世界银行/全球环境基金会赠款项目“低成本生物质颗粒燃料致密成型技术及成套设备的优化”、河南省重大公益性科研招标项目“农作物秸秆成型燃料及热解气化综合利用技术研究与示范”等项目立项资助。

该项目首次全面系统进行了农业废弃物的干燥、粉碎、成型特性和机理的研究；研发出多个具有国内领先水平的成熟高效、可单独使用的农业废弃物干燥设备、粉碎设备、成型设备等关键设备；在国内首次研究设计出一体化、自动化能源化预处理工艺及整套设备；首次研究建立了高效合理的大规模生物质成型燃料产业清洁发展模式及规范的生产体系；进行了成型燃料清洁生产分析，从能源消耗和环境排放出发，建立了成型燃料的生命周期能源消耗、环境排放分析模型；建立了成型燃料生产厂原料最佳收集模式，清洁生产模式、推广及产品应用模式，建成了我国最大规模的生物质成型燃料应用生产基地。

2009年12月通过河南省科技厅组织国内知名专家院士鉴定，项目总体技术达到国际先进水平。项目研发共获得授权国家发明专利5项，实用新型专利38项，外观专利1项；发表学术论文33篇，其中SCI收录6篇，EI收录9篇；鉴定科研成果11项，其中获河南省科技进步奖一等奖1项、二等奖4项。

该项目自2005年开始边研发边应用示范工作，取得了良好的推广经验与基础。2010—2012年的3年中，进一步扩大了规模化应用，取得了良好的推广效益。设备生产及成型燃料生产共完成销售收入10.85亿元，利税1.78亿元。其中，在设备生产方面，生产销售成型及配套设备637台套，实现设备销售收入1.73亿元，利税4705万元。在成型燃料产品生产方面，在北京、河南、安徽、河北、山东、浙江、江苏、吉林等地成立分公司，建成了大规模成型燃料生产基地，形成年产50万吨生产能力，累计生产成型燃料185万吨，实现销售收入9.12亿元，利税1.31亿元。农业废弃物成型燃料生产量已占全国农业废弃物成型燃料市场生产规模的37%左右，整体应用示范达到国内最大规模。

该项目的研究与示范有利于推进农业废弃物资源的规模化利用。经初步推广应用，已转化农业废弃物为成型燃料约185万吨，替代标煤约95万吨，实现二氧化碳减排200万吨，二氧化硫减排1.8万吨，为当地农民增收2.4亿元，取得良好的社会、经济和环境效益。该项目的应用对改善我国能源结构、减轻环境污染、促进新农村建设，实现节能减排、低碳经济的发展有重要作用。

秸秆成型燃料高效清洁生产与燃烧关键技术装备

主要完成单位：农业部规划设计研究院、合肥天焱绿色能源开发有限公司、北京盛昌绿能科技有限公司

主要完成人：赵立欣、田宜水、孟海波、姚宗路、孙丽英、刘勇、曹秀荣、霍丽丽、袁艳文、罗娟

获奖情况：国家科学技术进步奖二等奖

成果简介：

光合作用的产物一半在籽实，一半在秸秆。我国具有丰富的秸秆资源，年约2亿吨秸秆被废弃或焚烧，造成了极大地资源浪费和环境污染等问题。秸秆成型燃料技术，是解决秸秆焚烧问题的主要途径和发展方向之一，但关键技术亟待突破。

该项目课题组历经多年，围绕着"理论基础—成型技术—燃烧技术—标准体系"4个方面潜心研究，取得重大科技创新。

1. 揭示了秸秆成型与燃烧机理。创新建立秸秆资源调查与评价方法，科学区划了我国成型燃料产业发展重点区域，制定农业行业标准1项；研究重点区域主要秸秆的物理化学特性并构建数据库；开展秸秆压缩微观结构分析，建立压缩粘弹性模型，揭示了压缩成型机理；探明了高挥发分、高灰分、高碱金属秸秆成型燃料的燃烧过程，发现了秸秆中固有碱金属、硅化物与碱土金属化合物相互作用的抗结渣机理。该研究为我国秸秆成型燃料关键技术研发奠定了理论基础。

2. 创新研制了双区段过渡组合式与直—锥过渡组合孔颗粒机环模、分体嵌接式压块机环模、嵌入式孔型压辊，突破了成型设备关键部件易磨损的技术难题，环模、压辊寿命分别提高到1000小时和400小时以上，与国内先进水平比较提高了25%以上；集成研发了3种型号秸秆颗粒成型机和2种型号压块成型机，吨功耗分别为36.3、27.3 kWh/t；集成发明了基于强制喂料、连续喂料与调质喂料相结合、全程负压成型燃料生产工艺，建成了我国首条自动、连续、高效和环保秸秆成型燃料生产线，填补了国内空白，成套设备达到国际先进水平。

3. 创新发明了基于秸秆灰分含量及灰成分分析的抗结渣剂配方，添加抗结渣剂的成型燃料结渣强度位于弱结渣区，软化温度提高了280℃以上，成本低于20元/吨；创新研发了主动式清渣、多级配风旋转燃烧、智能非接触点火技术，集成开发出适合我国的秸秆成型燃料高效燃烧设备，实现了自动点火、自动控制等功能，有效避免了燃烧过程中的结渣问题，燃烧效率大于90%，主要污染物排放符合国家标准，居国际领先水平。

4. 构建了我国秸秆成型燃料标准体系。研究提出适合我国秸秆成型燃料产业的采样、样品制备、理化特性和成型设备等的试验方法，制定了12项农业行业标准，已被政府行业采纳，为我国秸秆成型燃料产业发展提供了技术质量保障。开展全生命周期分析，发现秸秆成型燃料能源转化效率较高，科学回答了有关争议，促进相关政策出台。

该项目获授权发明专利3项，实用新型专利22项；发布农业行业标准13项；发表论文57篇，其中EI收录24篇。近3年，累计新增产值11.47亿元，新增利税2.08亿元，直接和间接带动1.04万人就业，为农民增收2.81亿元；为10万户农村居民及公共机构等提供清洁能源，增收节支3.46亿元。

桃优异种质发掘、优质广适新品种培育与利用

主要完成单位：中国农业科学院郑州果树研究所

主要完成人：王力荣、王志强、朱更瑞、牛良、方伟超、鲁振华、曹珂、崔国朝、陈昌文、宗学普

获奖情况：国家科学技术进步奖二等奖

成果简介：

桃原产中国，栽培面积占世界的61%。该项目针对我国桃产业中存在的种质资源本底不清、优良品种匮乏等突出问题，开展了优异种质发掘、优质广适新品种培育及配套栽培技术研究与推广应用，历时30年，取得重要进展。

1. 建成了世界上资源最丰富的桃种质圃，厘清了我国桃遗传多样性本底，发掘出优异种质33份，用于生产与育种。1990年以来，新收集桃种质769份，保存份数达1130份，成为世界上桃种质资源类型最丰富的圃地；研制了桃种质资源与优异种质评价技术规程等农业行业标准，首次阐明了桃野生近缘种群体结构与形态的遗传多样性，创建了195个性状的1106张遗传多样性图谱和110张数量性状数值分布图，建立了647个品种的特征图谱和237份核心种质的分子身份证，开发出15个性状相关的分子标记53个，发掘出优质种质33份。

2. 建立了优质、广适桃新品种培育技术体系，利用发掘的优异种质，培育油桃、普通桃、观赏桃系列新品种19个，推动了我国桃品种的更新换代。系统探讨了果实有毛/无毛与品质、低需冷量与早期丰产性及广适性、树体乔化/矮化与树势树相的遗传相关性，建立了以一因多效为基础的亲本选择选配方案，利用有性杂交、胚挽救等技术手段，培育出优质、广适新品种19个，其中，5个品种获得国家植物新品种权，8个品种通过国家审定，涵盖了黄肉油桃（7个）、白肉油桃（5个）、普通桃（2个）、观赏桃（5个），形成类型丰富、熟期（花期）配套的品种系列。“中油桃4号”“曙光”“中油桃5号”和中农金辉依次位居我国油桃栽培面积前四位。

3. 建立了育成品种配套的高效标准化栽培技术体系，促进了品种的推广与应用，实现了油桃、观赏桃和设施栽培的规模化发展。根据育成品种的特点，提出了适宜发展的区域规划，破解了桃苗木繁育过程中根癌病多发等难题，集成创新了果实品质提升关键技术，创建了桃高效设施栽培技术模式，制定了产前、产中、产后6项技术标准，促进了新品种的推广与应用。

4. 育成品种获得了大范围、大面积推广，取得了显著的经济和社会效益。育成品种在辽宁、山东、安徽、四川、广西、新疆等20多个省种植，2012年栽培面积216.7万亩，占全国桃总面积近20%。其中，油桃195万亩，占全国油桃面积的72%；设施栽培24万亩，占全国设施桃面积的80%；观赏桃品种占新

推广份额的50%。育成品种实现年产值137亿元。

发表论文136篇，出版《中国桃遗传资源》一部，编著技术类图书15部，研制国家、农业行业等技术标准8部。

南方葡萄根域限制与避雨栽培关键技术研究与示范

主要完成单位：上海交通大学、湖南农业大学、上海市农业科学院

主要完成人：王世平、杨国顺、李世诚、石雪晖、吴江、陶建敏、蒋爱丽、白先进、单传伦、许文平

获奖情况：国家科学技术进步奖二等奖

成果简介：

该项目属于果树栽培技术领域。

葡萄喜干燥，故我国自古就有葡萄栽培"南不过长江"的定论，上海等江南省区自20世纪80年代就开始引种抗病性强的巨峰系葡萄，但在多雨、少日照和高地下水位条件下，病害重、喷药多、农残高、品质差、优质果产量低。项目组在农业部公益性行业科技、"863计划"、自然基金等国家和省市科研计划的支持下，围绕品种选育、规避高地下水位、弱光和多雨高湿障碍的栽种、整形修剪和肥水供给技术创制及低成本避雨设施开发，开展了联合攻关和集成示范，取得如下创新性成果。

1. 为了走出南方适栽优良品种少的困境，先后引进国内外优良品种242个，筛选、认定适栽新品种33、其中自主杂交选育8个，促进了品种的优化、换代和多元化，示范区优良品种覆盖率达90%。

2. 针对南方地下水位高、土壤黏重的缺陷，在我国率先开发出根域限制栽培技术，颠覆了"根深叶茂"的传统理论，解决了根域形式、根域容积和肥水供给的阈值参数及根域累积的盐类等有害物质洗脱等难题，建立了我国第一套葡萄数量化的、精确可控栽培技术。从光合产物运转和韧皮部质外体糖卸载、内源激素调控及氮碳吸收同化、花青素合成过程关键基因的表达等方面解析了根域限制提高果实品质及优质果产量的内在机制。

3. 针对多雨高湿、日照少的缺陷，开发推广了叶幕水平或波浪式分布的高干"T""H""V"形等树形，提高了树冠，改善了叶幕光照和湿度状况，品质提高，病害减轻，并配套了留1~2芽和2短4长的傻瓜式修剪技术，规范、易学好推广。

4. 在我国首次明确了设施葡萄矿质元素周年吸收谱、吸收总量和比例及各发育阶段灌溉供水的土壤水势临界值，确立了"按需定量"的肥水供给指标。

5. 开发出竹弓避雨棚、镀锌高碳钢丝棚和钢管拱架水泥桩立柱抗台风连栋避雨棚等专用设施，成本分别为钢管大棚的1/80、1/20和1/4，创造性地将简易避雨棚改造为超大面积连栋促成棚，并系统研究了避雨下叶幕内的微气候环境特征，建立了"先促成后避雨""三膜覆盖促成"及"小拱棚连栋促成避雨"等栽培模式，使欧亚种葡萄也"越过"长江在多雨南方"落户"，年用药减少10~15次，成熟提早1~2周，品质、安全性和经济效益大增，催化了南方葡萄的高速发展。

在成果的研发和集成示范中，制定栽培标准5项，授权专利、软件著作权9项，出版专著7部，发表论文425篇，SCI论文25篇，获省部级科技进步奖一等奖3项，其中教育部2项（2009-162、2011-140）、湖南省1项（20114103-J1-216），促进了南方葡萄栽培技术的进步和葡萄产业水平的跃升，2010年面积已达222.0万亩，约占全国总面积的1/4，年产值超过100亿元，成为显著增加农户收入的高效新产区，产品还远销北京、山东、沈阳等传统产区和越南等东南亚市场。近3年成果辐射面积达129.1万亩，占南方种植面积的58.2%，3年累计增加产值124.54亿元，增收90.04亿元，社会经济和生态效益显著。

杨梅枇杷果实贮藏物流核心技术研发及其集成应用

主要完成单位：浙江大学、浙江省农业厅经济作物管理局、四川省农业科学院园艺研究所、福建省农业科学院果树研究所、全国农业技术推广服务中心、宁波市林特科技推广中心、仙居县林业特产开发服务中心

主要完成人：陈昆松、徐昌杰、孙钧、孙崇德、李莉、张泽煌、江国良、郑金土、张波、王康强

获奖情况：国家科学技术进步奖二等奖

成果简介：

杨梅和枇杷是我国重要的亚热带常绿特色果树，其栽培面积分别与香蕉和芒果相近。杨梅和枇杷果实深受消费者喜爱，产地价格分别在10~15元/千克和8~10元/千克，贮藏物流后的价格可提高1倍多，经济效益高。但杨梅和枇杷果实均属最不耐贮藏物流的果品，加之贮藏物流技术缺乏，采收季节又都适逢高温高湿，通常损耗高达25%~50%，多局限于本地及周边销售，严重困扰产业发展。项目组历时20余年，创新了杨梅和枇杷贮藏物流的生物学理论，突破了其技术“瓶颈”，制定了技术标准并推广应用。主要成果如下。

1. 杨梅和枇杷果实贮藏物流生物学基础理论取得了创新，为贮藏物流技术研创提供了突破口。采用分子生理学技术手段，确定了杨梅为呼吸跃变型果实；利用深度测序和基因组分析技术，发现MrMYB1序列单碱基突变直接影响杨梅果实色泽。利用细胞组织生化检测并结合质构分析，明确了红肉枇杷果实质地生硬是组织木质化所致。采用代谢组学与转录调控等研究技术手段，确定了枇杷果实木质化关键基因EjCAD1，其表达受转录因子EjERF和EjMYB协同调控。

2. 研创了杨梅和枇杷果实贮藏物流系列技术，为集成应用提供了核心组件。在杨梅上，明确了适宜远距离物流的品种，设计制作了保障适宜采收成熟度的专用比色卡，发明了安全、绿色的果实乙醇熏蒸防腐技术，创新了增强空气流动的新型预冷工艺，研制了控制物流微环境湿度的新型吸湿剂，研发了使用蓄冷保鲜冰袋的物流微环境非制冷低温维持技术；在枇杷上，确定白肉枇杷果实适于0℃贮藏而红肉枇杷不适宜，发明了显著减轻红肉枇杷果实冷害木质化的LTC（先5℃锻炼6天再0℃贮藏的程序降温）技术，研创了1-甲基环丙烯（1-MCP）等防冷害辅助保鲜技术。同时，研创了物流过程实时远程跟踪

监测技术体系。

3. 集成技术推广应用覆盖6个主产省市，减损增效46.6亿元。基于核心技术集成制定了杨梅和枇杷果实贮藏物流技术标准，并创新了"1+N+N+1"成果转化模式，在浙江仙居和宁波、福建龙海和莆田、四川双流等核心区进行了重点推广应用，杨梅果实物流至北京后货架2天的腐烂率从25%~30%下降至10%~13%，枇杷果实贮藏物流40天后货架3天的腐烂率从30%~50%下降至15%~20%，且保持良好商品性，分别实现新增利润3000~7000元/吨和2500~4500元/吨。技术成果应用已覆盖浙江、四川、福建、江苏、云南和重庆等主产省市。近3年累计推广应用果实192万吨，取得经济效益46.6亿元。

研究成果先后在 *Journal of Experimental Botany* 等期刊发表论文18篇（其中SCI论文13篇）；获得授权国家发明专利4项；制定浙江省地方标准2项。

技术成果通过了教育部组织的成果鉴定，包括2位院士的专家组认为："该研究系统性强，成果创新性明显，总体研究达到国际先进水平，其中在杨梅果实采后基本生物学特性与冷链物流核心技术、枇杷果实木质化分子调控机制与控制技术等方面的研究居国际领先水平。"

紫胶资源高效培育与精加工技术体系创新集成

主要完成单位：中国林业科学研究院资源昆虫研究所、昆明西莱克生物科技有限公司

主要完成人：陈晓鸣、李昆、陈又清、陈智勇、张弘、石雷、陈航、甘瑾、冯颖、王绍云

获奖情况：国家科学技术进步奖二等奖

成果简介：

紫胶虫（Kerria spp. ）生活在寄主植物上分泌的紫胶是特殊且无可替代的重要生物化工材料，广泛应用于军工、电子、食品、医药等领域。针对我国紫胶质量差、产量低、高端产品缺乏等问题，项目历时20年，从资源收集保存、生态选育、高效培育和新产品研发等进行系统研究。主要成果如下。

1. 建立了世界上第一个紫胶虫种质资源库，阐明了紫胶虫的基本生物学特征和演化规律，为生态驯化和育种奠定了基础。从国内外收集和保存了9种紫胶虫10个品系和256种寄主植物，发表紫胶虫新属1个，新种8个，保存了世界上最丰富的紫胶虫种质资源，系统研究了紫胶虫的生物学、生态学特征，建立了紫胶虫种质资源评价指标体系，评鉴出具生产潜质的7种紫胶虫资源。采用支序系统分析、细胞学和DNA技术，分析了7种紫胶虫形态、染色体核型、核基因EF1α、线粒体基因Co1、核糖体基因28SrRNA和SSUrRNA等基因序列特征，揭示了紫胶虫从热带向南亚热带演化的重要规律，为热带紫胶虫驯化和良种选育提供了科学依据。研究居国际领先水平。

2. 通过梯次生态驯化技术，成功选育出4种优质紫胶虫，为我国多虫种、多区域紫胶生产奠定了基础。经20余年驯化，成功筛选出紫胶蚧Kerria lacca，信德紫胶虫K.sindca. 中华紫胶虫K.chinensis和榕树紫胶虫K.fici等4种优质紫胶虫适应于我国南亚热带、干热河谷和北热带，紫胶虫生产种从1种增加

到5种，解决了我国紫胶生产虫种单一、分布狭窄、质量差等问题。成果居国际领先水平。

3. 创建了紫胶优质高效培育技术体系，通过示范推广，极大地提升了我国紫胶产量和质量。利用驯化出的4种紫胶虫和筛选出的优良寄主，结合气候资源配置，应用多虫种紫胶生产配置等9项关键技术，建立了多虫种、多区域紫胶生产基地，产区扩大了150%，年产量从立项之初不足150吨提高到3000多吨，居于世界第3位，并生产出高质量紫胶，满足高端市场需求。成果居国际先进水平。

4. 创新紫胶精加工技术和工艺，实现高端产品产业化，使我国紫胶加工技术步入国际领先行列。取得13项加工关键技术，17项专利，研制出优质紫胶产品，满足军工、电子等行业需求，扭转了优质紫胶依赖进口局面，对国防安全具有重要意义。研制出食品级精制漂白胶和水果保鲜剂，使国产紫胶水果保鲜剂从无到有，占国内市场一半以上，打破了国外垄断。创新紫胶综合利用技术，提高了紫胶色素、紫胶蜡等副产品产量和质量，极大地降低了污染，提高了综合效益。成果居国际领先水平。

项目获发明专利14项，实用新型专利3项，寄主植物良种1个。发表论文148篇（其中SCI 10篇，EI 4篇），出版专著2部，制（修）订国家和行业标准8项。在云南、四川、广西等省区进行紫胶生产示范和推广，10多万农户和30多家企业参与紫胶生产，近3年产值达16.9亿元，经济、生态和社会效益显著。

农林剩余物多途径热解气化联产炭材料关键技术开发

主要完成单位：中国林业科学研究院林产化学工业研究所、华北电力大学、福建农林大学、合肥天焱绿色能源开发有限公司、福建元力活性炭股份有限公司

主要完成人：蒋剑春、应浩、张锴、黄彪、邓先伦、刘勇、卢元健、许玉、孙康、孙云娟

获奖情况：国家科学技术进步奖二等奖

成果简介：

该项目针对农林剩余物热解气化过程存在的原料适应性窄、系统操作弹性小、运行稳定性和可控性差、燃气品质低、技术单一、气化固体产物未高值化利用等问题，开展热解气化反应过程的基础理论、控制机制、反应器新型结构等研究，突破内循环锥形流化床气化、大容量固定床气化、富氧催化气化、联产高附加值炭材料等技术瓶颈，取得了多项创新性成果。

1. 发明内循环锥形流化床气化技术及装备。研究揭示了粉粒状原料的流态化特性及规律，建立了工程化放大数学模型，开发出最佳锥角为200的内循环锥形流化床反应器和锥体气体分布器，提高了系统的操作弹性（25%~100%负荷），有效防止炉内局部过热及结渣，实现自动连续排渣，保证系统连续稳定运行。

2. 创制大容量固定床气化技术及装备。研究了适用于枝桠、秸秆等块状原料气化工艺，分别开发出具有双料仓式连续加料、新型缩口结构、适用高含水率原料的上吸式气化炉和螺旋星型双级组合密封、矩型混合进气、空气定量引射干馏气可控回流的下吸式气化炉，单机发电规模达800千瓦、供热规

模6270MJ/h。

3. 开发富氧气化和催化裂解制备高品质燃气技术。研究生物质富氧气化新工艺，使燃气热值提高到9MJ/Nm³以上；发现了催化剂的微孔结构与焦油裂解的变化规律，创制出催化活性高、强度好、价廉的焦油高效裂解复合催化剂及焦油高温裂解技术，焦油转化率提高到99%以上，焦油含量低至10mg/Nm³。

4. 创新农林剩余物热解气化联产炭材料技术。研究了木质原料热解过程固体炭的微结构变化趋势，首次发现微晶结构演变规律和石墨化转折点温度；创制了热能自给型连续炭化新技术，生产周期由140小时缩短至36小时，产品质量超过国家标准优级品指标；开发出成型炭、高性能活性炭和炭陶等生产新工艺。

该项目创新集成农林剩余物多途径热解气化联产炭材料关键技术，成功地实现了生物质气化发电、供热和供气的产业化应用，成果拥有自主知识产权，总体技术达到国际先进水平；首次开发了锥形流化床热解气化联产活性炭、气化固体炭产品高值化利用等技术，并建成了世界最大规模的气化供热联产活性炭生产线，技术水平处于国际领先。

从2000年起，共建成不同规模、分布式利用的农林剩余物多途径热解气化工业化装置计190台套，国内市场占有率达30%以上，并出口到英国、意大利、日本和马来西亚等10多个国家。近3年，新增销售额10.2亿元，新增利润1.44亿元，新增税收0.71亿元；利用农林生物质约180万吨，替代燃煤100余万吨，减排CO_2近250万吨和SO_2约3万吨，增加就业岗位6000个以上。发表论文98篇，其中SCI、EI收录55篇；获得授权发明专利11项、实用新型专利22项；制定标准2项；培养硕士生24名，博士生9名。该技术成果的推广应用取得了显著的经济、社会和生态效益，提高了技术和装备的国际市场竞争力，有力地推动和促进了生物质产业的技术进步和产业化进程。

森林资源综合监测技术体系

主要完成单位：中国林业科学研究院资源信息研究所、北京林业大学、东北林业大学、国家林业局调查规划设计院、中国科学院地理科学与资源研究所、中国科学院遥感应用研究所、内蒙古自治区林业科学研究院

主要完成人：鞠洪波、张怀清、唐小明、彭道黎、陆元昌、邱雪颖、庄大方、陈永富、武红敢、张煜星

获奖情况：国家科学技术进步奖二等奖

成果简介：

森林资源与生态环境监测是国家赋予林业的一项重要使命，监测结果是制定林业可持续发展战略的重要依据，监测的准确性和时效性直接影响国家方针政策的制定和科学决策。为了适用新形势下林

业发展以及参与全球生态系统评价的国家重大需求，针对现有我国林业监测体系相互独立，兼容性差，监测周期长，监测技术相对落后，监测精度不高，监测信息集成与服务技术短缺，信息共享服务困难等突出问题，开展科技攻关，首次构建了森林资源综合监测指标与技术体系，突破了森林资源信息一体化采集、综合分析处理、集成管理服务等关键技术，自主研发了森林资源综合监测系列软件，实现了森林、湿地、森林灾害、林业生态工程的综合监测、高效管理和集成服务。

1. 首次提出了资源—工程—灾害一体化综合监测指标体系，创建了现代林业信息技术及传统地面调查相结合的天—空—地一体化、点—线—面多尺度的综合监测技术体系。

2. 创建了森林资源综合监测数据一体化采集技术，突破了基于多源、多分辨率遥感数据的森林、湿地、森林灾害、林业生态工程信息快速提取技术、时空动态分析技术、智能预测模拟技术、预警预报技术和综合评价技术。

3. 突破了森林资源综合监测高效集成与综合服务技术，自主研发了基于3S技术的森林资源综合监测集成平台与系列软件系统，实现了林业资源监测数据、技术和系统的一体化集成、高效管理和综合服务。

项目获授权专利5项（其中发明专利2项，实用新型专利3项）；获得软件著作权登记24项；出版专著10部；发表论文233篇（其中SCI收录5篇，EI收录14篇）；制定行业标准2项；认定科技成果12项；培养硕士57人，博士25人；培训技术骨干1200余人。

技术经济指标：森林资源信息提取精度达到90%，湿地分类精度达到92.28%，预测精度达到88%，林业有害生物灾害识别准确率达到85%，森林火灾面积监测精度达到92%，林业工程实施面积、空间分布、植被类型监测精度在平原区达到93%，山区达到85%，达到了国外内同类技术领先水平。

技术成果已全面应用于全国森林、湿地、灾害、工程监测业务工作，在国家监测体系中发挥重要作用。软件成果在全国10多个省（市）、40多个县（市）开展了推广应用，推广面积达200多万平方公里，推广自主产权的各类软件约1500多套。成果应用降低劳动强度50%以上，节约成本35%以上，产生间接经济效益9.04亿元以上，对于全面提升我国林业资源监测与信息化水平，促进林业可持续发展，维护以森林植被为主体的国土生态安全产生重大效益，对于推动林业监测科学研究与创新，促进相关学科发展发挥了重大作用。

柠檬果综合利用关键技术、产品研发及产业化

主要完成单位：重庆长龙实业（集团）有限公司

主要完成人：刘群

获奖情况：国家科学技术进步奖二等奖

成果简介：

柠檬等柑橘种植是国家在长江三峡库区重点布局的农业工程之一，肩负带动移民增收、发展库区

产业和保护生态环境的3大任务，也是西部大开发退耕还林和特色产业发展两大农业工程中结合度最高的重点工程。重庆市万州区常年种植柠檬5万余亩，是全国3大柠檬主产地之一，但由于缺乏深加工产业带动，长期以来以鲜销为主，市场容量小、综合效益低，增产不增收的问题突出。重庆长龙实业（集团）有限公司及其子公司重庆加多宝饮料有限公司（原名重庆中澳美浓生物技术有限公司）董事长、农民企业家刘群，在国家星火计划支持下，围绕延长柠檬产业链和加工增值，持续多年开展柠檬全果综合利用技术创新开发和产业化推广应用。

项目主要技术创新点：①创建了耐酸酵母菌、阶梯降酸、单糖作为补充糖源等柠檬汁发酵关键技术，建立了柠檬果酒的优质高效发酵工艺，研发了柠檬果酒、果醋等产品，建立了生产工艺和生产线。针对柠檬汁含酸量高，常规果酒酵母的活性受到抑制而无法正常发酵等问题，成功筛选了耐酸性强、升香能力强、产酒量高的复合酵母菌，实现了柠檬汁、渣的耐酸发酵；针对酸碱中和降酸导致天然有机酸损失、破坏柠檬果酒天然风味的问题，建立了用纯化水阶梯降酸法调节pH值，在降酸同时保留了柠檬有机酸和特殊风味；针对常规果酒发酵中使用双糖蔗糖作补充糖源起酵慢的问题，建立了柠檬汁、渣与单糖葡萄糖混合发酵的新工艺，使果酒生产周期缩短3~5天，生产成本降低30%以上；②针对以往柠檬苦素提取效率低的技术难题，发明了酶法—树脂吸附法联合提取柠檬苦素工艺，与常规提取工艺相比得率提高30%，减少了有机溶剂污染和提高了产品安全性；③针对果皮、果渣及发酵醪液等柠檬加工副产物的资源化利用问题，采用酶解、真空浓缩、苦味分子包埋等技术，开发了蜜炼柠檬茶、柠檬发酵饮料等系列新产品。

项目通过在关键技术创新基础上，成功开发出柠檬果汁饮料、柠檬果酒、柠檬果醋、蜜炼柠檬茶、柠檬苦素等5大系列8款新产品，建立了生产工艺和生产线，实现了柠檬皮、肉、汁、籽等全果综合利用的产业化。项目获得6项授权国家发明专利，4项产品标准获得省级质量技术监督管理部门备案，获得了“丹尼威”“妙可”“中澳美浓”“妙可妙乐”等7项商标注册。其中年加工鲜柠檬3万余吨，柠檬系列产品上市以来销售收入超过3.9亿元，新增利润3500余万元，新增税金5900余万元，使重庆长龙实业（集团）有限公司成长为“农业产业化国家重点龙头企业”。项目通过“公司+农户”模式，带动万州13000户农民发展柠檬规范化种植基地4万亩，增加了农民增产增收，对长江三峡库区社会经济和生态稳定发挥了重要作用。同时显著促进了柠檬产业链延长增值，促进了我国柠檬加工业的科技进步。

苹果贮藏保鲜与综合加工关键技术研究及应用

主要完成单位：中华全国供销合作总社济南果品研究院、中国农业大学、烟台北方安德利果汁股份有限公司、陕西海升果业发展股份有限公司、烟台泉源食品有限公司、烟台安德利果胶股份有限公司

主要完成人：胡小松、吴茂玉、廖小军、陈芳、倪元颖、冯建华、朱风涛、吴继红、曲昆生、高亮

获奖情况：国家科学技术进步奖二等奖

成果简介：

我国是苹果生产大国，产量占世界的48%，占我国水果总产量的16%。但由于原料品种混杂、残次果多，工艺、技术落后，造成苹果浓缩汁褐变、二次浑浊及农残、棒曲霉素、耐热菌超标，产品质量难保证，严重制约出口；贮藏保鲜技术落后，损失率高，副产物综合利用率低，成为提高产业效益亟待解决的关键问题。针对上述问题，从国家“六五”攻关计划开始，项目对苹果浓缩汁加工、综合利用、贮藏保鲜等开展原始创新和集成创新研究，取得了多项突破如下。

1. 构建了适合我国苹果浓缩汁加工的技术体系：①明确了二次沉淀发生机制和褐变规律，提出了表儿茶素、儿茶素等酚类是二次沉淀和褐变的主要前体，多酚自聚合及多酚—蛋白质聚合是形成二次沉淀的主要途径。由此创建了“先氧化聚合，后定向脱除”的新工艺，解决了影响我国苹果浓缩汁品质的二次沉淀和褐变问题；②确定了脂环酸芽孢杆菌是苹果浓缩汁中的主要耐热菌，提出了膜技术控制耐热菌新工艺；明确了膜污染的主要成分，发明了膜通量快速恢复技术；③开发出新型专用吸附树脂，创建了“原料臭氧水快速清洗，树脂定向吸附”新工艺，率先解决了农残、棒曲霉素超标等难题；④筛选出我国苹果主产区20个主栽品种，分析了有机酸、多酚、蛋白质等7类特征指标，确定了澳洲青苹、国光、金帅、王林是适宜制汁品种；应用特征指纹技术建立了代表我国苹果汁品质特征的数学模型，为产品质量评价与鉴伪提供依据。

2. 建立了苹果加工副产物综合利用技术体系：①创建了皮渣快速节能干燥技术和果胶微波提取技术，发明了果胶快速分级和分子修饰技术，开发了高品质果胶；②自主开发了闪蒸提香技术和高倍天然苹果香精，实现果汁芳香物的高效回收；③建立了羧甲基纤维素钠等高效制备技术，为全果利用提供新途径。

3. 系统研究了苹果虎皮病发病机理和保鲜技术：①明确了α-法尼烯的氧化产物是诱导虎皮病发生的原因，采摘后高浓度CO_2预处理能有效抑制虎皮病发生；②发现了“富士”系苹果对贮藏中CO_2高度敏感，自主开发了CO_2高透性保鲜膜，构建了“低温+自发气调袋+保鲜剂”的简易气调贮藏模式；制定了苹果采收、贮藏系列标准，为苹果产业技术标准体系的构建奠定基础。

苹果浓缩汁质量安全控制技术已在全国26家工厂的37条生产线实现应用，依托果胶提取技术建成了亚洲最大的果胶生产线。贮藏保鲜新技术、新产品、新标准已在20多个省市得到推广应用。产生经济效益179.1亿元，转化苹果1961.5万吨，带动251万果农增收137.3亿元，经济、社会和生态效益显著，全面提升了我国苹果产业的技术水平和国际竞争力。

该项目已获授权发明专利8项；制、修订国家标准6项，地方标准2项，企业标准4项；鉴定成果18项；发表论文33篇（SCI/EI收录12篇）；培养研究生24人（博士5人，硕士19人），企业技术骨干527人，技术培训3万余人。

该项目部分成果获2009年中国商业联合会科技进步奖一等奖。2005年、2010年分别作为农业领域标志性成果参加国家“十五”“十一五”重大科技成就展。

北京鸭新品种培育与养殖技术研究应用

主要完成单位：中国农业科学院北京畜牧兽医研究所、北京金星鸭业有限公司、西北农林科技大学

主要完成人：侯水生、胡胜强、刘小林、黄苇、郝金平、谢明、李国臣、樊红平、闫磊、张慧林

获奖情况：国家科学技术进步奖二等奖

成果简介：

我国肉鸭年出栏量接近40亿只，约占家禽总量30%，年总产值超过1200亿元，是农民致富的重要产业。但发达国家培育的瘦肉型北京鸭品种已经垄断了我国咸水鸭、板鸭、卤鸭等市场，并对我国种鸭业构成严重威胁。

为保证我国肉鸭产业健康发展，培育了极具市场竞争力的瘦肉型、烤鸭专用型2个北京鸭新品种。其烤鸭型新品种占北京烤鸭市场90%，一枝独秀；瘦肉型新品种的生长速度、饲料报酬、瘦肉率等指标达到或优于目前控制我国市场的外国品种，彻底打破了国外品种的垄断。主要创新点与效益如下。

1. 北京鸭育种技术创新。创建了利用多元回归模型准确估测北京鸭胸肌率等活体不可度量性状的技术与北京鸭体重、饲料效率、胸肉率、繁殖率、皮脂率等性状的选种技术；首次将“剩余饲料采食量RFI”用于北京鸭育种；创立了超声波活体快速测定北京鸭胸肉厚度，估测北京鸭胸肉重与胸肉率的数学模型[Y=M+a(x1*x2*x3)]，育种效率提高5倍以上，申请国家发明专利1项（申请号201210032532.4）。

研究发现北京鸭肝脏调控能量与蛋白质代谢的基因与蛋白质表达差异；获得了20个可用于选择北京鸭生长、脂肪沉积、繁殖性状的候选基因；发现5对微卫星标记可用于鸭的亲子鉴定，误差小于10~3；将分子标记技术用于确定北京鸭各品系的遗传距离、杂交配套组合，提高了杂交优势。“一种肌肉发育调控基因及其编码的蛋白质和应用”申请了国家发明专利（申请号201210238148X）。

2. 北京鸭遗传资源创新与新品种培育。持续30年定向培育，形成了23个特点鲜明的北京鸭专门化品系；培育了极具市场竞争力的高瘦肉率与高饲料效率的Z型北京鸭（农(10)新品种证第4号）和烤鸭专用型南口1号北京鸭（农[10]新品种证第3号）2个新品种，均获国家新品种证书。与原始北京鸭比较，2个新品种的饲养期均缩短了21天，而体重分别增加466克和836克；料重比分别降低35.4%~40.5%和29.1%~34.7%。

3. 肉鸭营养与养殖技术创新。持续研究13年，获得了不同生理阶段肉鸭、种鸭的能量、蛋白质、钙磷、6种必需氨基酸、8种维生素等的需要量数据、理想氨基酸模型；制定了我国第一部科学性与实用性兼备的《肉鸭饲养标准NY/T 2122-2012》；创建了肉鸭高效网上饲养技术，转变了饲养方式，节约饲料、水、耕地和人力；为提高填鸭品质与效率，发明了“填鸭机”，获国家发明专利（专利号ZL200910079573.7）。

北京鸭新品种于2012年转让给国内2家大型企业，转让收益超过4000万元，并建立了“产、学、研”

联合育种模式，促进了北京鸭育种、养殖技术进步；近3年推广种鸭313.6万只，出栏肉鸭1978万只，直接效益1.88亿元，新增利润1.06亿元；累计出栏肉鸭4.75亿只，节料166.7万吨，价值41.1亿元。5334个农户每户增收11.5万元，合计6.13亿元。

高致病性猪蓝耳病病因确诊及防控关键技术研究与应用

主要完成单位：中国动物疫病预防控制中心、中国兽医药品监察所、北京世纪元亨动物防疫技术有限公司

主要完成人：田克恭、遇秀玲、徐百万、张仲秋、蒋桃珍、孙明、周智、倪建强、曹振、王传彬

获奖情况：国家科学技术进步奖二等奖

成果简介：

我国是世界第一生猪养殖和消费大国，生猪年出栏超6亿头，猪肉在肉类消费量中所占比重超60%，在CPI指数中所占比重约为10%。2006年春夏之交，我国南方部分省份猪群突然暴发一种高度致死性疫病，疫情来势猛，传播快，范围广，临床缺乏有效的防治措施，给我国养猪业造成重大的经济损失和社会影响，仅2006年至2007年上半年，22个发病省份上报的直接经济损失就达12亿元。疫情流行初期，由于病因不明，临床以高热为特征，一度被称为猪“高热病”。因此，尽快查清病因，研制诊断方法和高效疫苗成为猪“高热病”防控亟待解决的关键问题。该项目在率先确诊病因的基础上，研制了系列防控技术，取得主要成果如下。

1. 国际上首次确诊猪“高热病”病因。通过流行病学调查、多种病原分离鉴定、动物回归实验和分子生物学分析，在排除细菌、寄生虫和其他病毒性病原的基础上，确认高致病性猪蓝耳病病毒（高致病性猪繁殖与呼吸综合征病毒，HP-PRRSV）为本次疫情的原发病因。据此，农业部将该病定名为“高致病性猪蓝耳病”，并将其列为一类动物疫病。这一结论得到世界动物卫生组织（OIE）和联合国粮农组织（FAO）的认可。

2. 率先研制出4种诊断和鉴别诊断试剂盒。研制出HP -PRRSV RT-PCR试剂盒、猪繁殖与呼吸综合征病毒（ PRRSV）和HP-PRRSV双重实时荧光RT-PCR试剂盒、以及通用型PRRSV RT-PCR试剂盒和实时荧光RT-PCR试剂盒解决了疫情诊断和鉴别诊断的关键问题。

3. 率先研制出灭活疫苗和弱毒活疫苗。第一时间研制出高致病性猪蓝耳病灭活疫苗（NVDC-JXA1株），满足了紧急防控的需要。研制出弱毒活疫苗（JXA1-R株），对该病的稳定控制发挥了关键作用。研制出鉴别弱毒活疫苗的实时荧光RT-PCR试剂盒，实现了临床上对疫苗株（JXA1-R株）的跟踪监测。

4. 经济效益和社会效益显著。自2007年以来，研制的诊断试剂盒在全国31个省（自治区、直辖市）使用份额超过20万头份，灭活疫苗和弱毒活疫苗分别转让给19家和9家兽用生物制品企业，获得

转让费1.28亿元，先后于2008年和2010年纳入国家重大动物疫病强制免疫计划。5年来，两种疫苗累计在全国31个省（自治区、直辖市）和越南、老挝等东南亚国家推广应用50.3亿头份，销售额55.6亿元（其中出口额3554万元），上缴增值税3.3亿元，产生了巨大的经济效益和社会效益。

该项目成果获得国家知识产权局和世界知识产权组织颁发的中国专利金奖1项；获得北京市发明专利奖一等奖1项，北京技术市场金桥奖项目一等奖1项；获得2个新兽药注册证书，28个农业部生产文号，8项国家授权发明专利和1项美国授权发明专利；发表SCI收录论文12篇，其中发表于*PLoS ONE*关于病因确诊的论文相继被*Science*等学术刊物他引125次。项目完成单位被OIE认定为PRRS参考实验室，项目成果入选“十一五”国家重大科技成就展。

巴美肉羊新品种培育及关键技术研究与示范

主要完成单位：内蒙古自治区农牧业科学院、巴彦淖尔市家畜改良工作站、内蒙古农业大学、内蒙古自治区家畜改良工作站、乌拉特中旗农牧业局

主要完成人：荣威恒、赵存发、李金泉、刘永斌、康凤祥、李虎山、高雪峰、吴明宏、王文义、王贵印

获奖情况：国家科学技术进步奖二等奖

成果简介：

专用肉羊品种缺乏是制约我国肉羊业发展的主要瓶颈之一，虽然我国羊品种资源丰富，但没有专用肉羊品种。为了加快肉羊业发展，先后从国外引进10多个肉羊品种，可是具有我国自主知识产权肉羊品种没有形成。

该项目针对我国专用肉羊品种缺乏、地方品种羊生产性能较低等问题，开展蒙古羊杂交细毛羊的改良阶段，以德国肉用美利奴为父本，细杂羊为母本级进杂交，两代以上横交固定和选育提高，最终形成了遗传性能稳定、体形外貌一致、生产性能较高、适应性强的“巴美肉羊”新品种。在选育过程中，研究并形成了用传统育种方法和现代生物技术相结合的选育技术模式，创新并集成了繁殖调控技术，制定了1项标准和1项技术规程。农业部和内蒙古农牧业厅已经把“巴美肉羊”确定为全国主推品种，该项成果显著增强了我国肉羊供种能力，加速了低产羊改良速度，整体上提高北方地区肉羊的生产性能。建立产、学、研为基础的科技研发—科技成果转化模式，弥补了我国在专用肉羊品种领域的不足。

主要技术内容如下。

1. 开展了常规育种与现代育种相结合的育种技术体系。
2. 集成了繁殖调控技术模式，实现了两年三产，带羔母羊配种的技术体系。
3. 建立核心群扩繁技术体系，研究分子标记在“巴美肉羊”选育中的应用。

4. 开展了“巴美肉羊”肉品质分析及杂交效果的筛选研究。

授权专利、发表论文、专著、标准如下。

1. 发表论文15篇,出版《肉羊养殖技术百问百答》1部(中国农业出版社,2012)。

2. 制定地方标准《巴美肉羊新品种》1项,制定巴美肉羊养殖技术规程1部。

技术经济指标如下。

1.“巴美肉羊”成年公羊平均体重121.2千克、母羊平均体重80.5千克;育成公羊平均体重71.20千克、母羊平均体重50.80千克;羔羊初生重公母平均4.70千克和4.32千克,群体最高年繁殖率达到225%。

2. 通过分子标记早期选种和MOET技术相结合,使育种进程加快3~5年。

3. 建立了繁殖调控技术模式,平均年繁殖率从151.7%提高到现在最高达到225%;改进输精方法,情期受胎率达到95%。

4. 通过建立MOET核心群扩繁技术,核心群种羊扩繁速度提高5~6倍。

应用推广及效益情况如下。

1. 项目累计培育巴美肉羊种羊65814只,共新增产值328736.96万元,新增利润61875.44万元。

2. 在8个省区推广巴美肉羊33330只,以2500元/只计算,进口种羊纯繁后成年羊按5000元/只,为肉羊养殖户节约引种资金8332万元,生产杂交肉羔羊279.86万只,每只羔羊平均800元算,总产值22.38亿元。每只杂交羔羊增重4千克,每千克50元计算,为养殖户增收5.59亿元,经济和社会效益明显。

南阳牛种质创新与夏南牛新品种培育及其产业化

主要完成单位:河南省畜禽改良站、河南农业大学、西北农林科技大学、河南省南阳市黄牛研究所、河南省农业科学院畜牧兽医研究所、中国农业科学院北京畜牧兽医研究所、河南省纯种肉牛繁育中心

主要完成人:白跃宇、高腾云、陈宏、祁兴磊、李鹏飞、王冠立、徐照学、孙宝忠、谭旭信、张春晖

获奖情况:国家科学技术进步奖二等奖

成果简介:

千百年来,我国地方黄牛以役用为主,虽肉质好、抗逆性强,但产肉率低;引进品种虽生长快、产肉率高,但抗逆性差,均不能满足我国现阶段肉牛产业化发展的紧迫需求,培育新品种(系)势在必行。经21年联合攻关,培育出夏南牛肉用新品种和南阳牛肉用新品系,研制并集成了产业化配套技术。获国家新品种证书1项、国家商标注册权2项,省部级一等奖7项、二等奖6项,授权发明专利14项、实用新型专利8项,国家标准4项、行业标准2项,在国际上首次发现黄牛产肉性状分子标记23个、研发出分子

标记检测试剂盒22个，发表论文232篇，出版著作8部。

1. 创建“群选群育”联合育种体系，育成我国第一个专用肉牛新品种——夏南牛。

创建省县乡三级家畜改良站主导的联合育种体系，开展大规模“群选群育”和开放式核心群相结合的育种工作，采取各阶段同步进行、交叉互补的育种策略，建立综合选种体系和计算机育种管理系统。研究确定了南阳牛(62.5%)和夏洛来(37.5%)优良基因的理想聚合比例，育成生长快、肉质优、抗逆性强的夏南牛，平均日增重1.65千克，屠宰率60.13%，眼肌面积、嫩度超过国外品种均值，肉用性能总体达国际先进水平，填补我国肉牛品种空白，成为“十一五”以来唯一全国主推肉牛品种。

2. 建立“分子标记一两系选育”技术，育成我国第一个地方黄牛品系——南阳牛肉用新品系。

首创Mini胶板两步法快速染色PCR-SSCP新技术，对南阳牛53个候选基因进行鉴定，在国际上首次发现23个产肉性状分子标记，研发出22个分子标记检测试剂盒，创立我国黄牛产肉性状分子育种技术体系，结合超数排卵——胚胎移植(MOET)核心群繁育体系，在国内率先探索两系选育法，育成了体长和胸粗2个支系，经选配形成肉用性能突出的新品系，其日增重、优质肉切块率、大理石评分等均达到国外牛平均水平。实现了从分子育种理论到实践的新突破。

3. 创建发掘地方黄牛优异基因的三元轮回杂交体系，建立了不同生态区肉牛杂交制种和生产模式。

利用南阳牛肉用新品系优异基因，首次创建了一种新型三元轮回杂交体系，筛出分别适宜于平原、丘陵、山区应用的杂交制种和生产模式，攻克了国内以往肉牛杂交制种方式中因地方黄牛基因比例下降导致杂种牛适应性降低的技术难题，实现了杂交育种和商品生产的同步进行。该体系杂种优势率高，可持续性强。其三元轮回杂交牛耐粗饲、生长快，18月龄体重比三元杂交牛高3.72%。

4. 研发与新品种(系)相配套的饲养及产品加工体系，完善了肉牛产业链。

研制秸秆高效处理及秸秆养牛技术，优化牛肉分割工艺，构建优质牛肉生产体系，制定了6项技术标准；发明了6种牛肉制品发酵剂，其中3种获国家发明专利，6种菌株均已提交国家菌种中心保藏。应用上述发酵剂，开发出11种发酵和风干牛肉制品，其风味改善、安全性提高，生产周期缩短15%~40%。

新品种(系)及配套技术已在全国22个省和河南的65个县(市)推广，培育出一批肉牛养殖及产品加工龙头企业，产生了巨大效益。据中国农科院测算，在项目计算期内年均效益119082.4万元，累计新增收益95.3亿元。

冷却肉品质控制关键技术及装备创新与应用

主要完成单位：南京农业大学、江苏雨润肉类产业集团有限公司、江苏省食品集团有限公司

主要完成人：周光宏、祝义亮、徐幸莲、彭增起、李春保、徐宝才、张楠、章建浩、高峰、黄明

获奖情况：国家科学技术进步奖二等奖

成果简介：

肉类产业是我国第一大食品产业，占食品工业总产值的12%，我国的肉类生产消费以生鲜肉为主，约占70%。生鲜肉包括热鲜肉、冷却肉和冷冻肉3种形式。冷却肉是指牲畜宰后经过充分冷却，并在后续的加工、贮运和销售过程中始终保持在-1℃~7℃的生鲜肉，其优点是有效抑制微生物生长，减少营养流失，品质得到保持和改善，在发达国家已完全替代热鲜肉成为生鲜肉的主要生产消费形式，也是我国的发展方向。我国冷却肉生产起步于20世纪90年代，当时生产工艺和技术落后，关键装备依赖进口，品质难以控制，异质肉发生率高，冷却干耗大，货架期短，每年因异质肉和冷却干耗造成的损失高达350亿元。针对以上问题，该项目历时近20年，系统开展了冷却肉品质控制关键技术及装备的研发与应用，取得了重要创新性进展。

1. 揭示了冷却肉品质形成和变化规律，确定了品质控制关键点。系统研究了冷却肉嫩度、保水性、色泽及腐败微生物的变化规律，国际上首次发现低压电刺激加速宰后能量代谢酶的去磷酸化；明确了微摩尔钙激活酶和细胞凋亡酶与肌肉嫩化的关系；发现了宰后pH值的快速下降和磷脂酶A2活性的提高，使细胞膜功能弱化，导致冷却肉汁液流失；明确了高铁肌红蛋白还原酶是稳定冷却肉色泽的关键因子；明确了屠宰加工与冷却肉贮藏过程中腐败微生物的菌群结构和变化规律；结合食用品质分析和危害控制关键点分析，确定了冷却肉品质控制关键点，形成了冷却肉品质控制关键技术理论基础。

2. 研发出冷却肉品质控制关键工艺和技术，有效解决了异质肉发生率高、冷却干耗大、货架期短等重大技术难题。发明了高效间歇式雾化喷淋冷却工艺技术，使胴体冷却干耗从常规的2.5%下降到0.9%；研发了乳酸喷淋减菌工艺，结合多栅栏减菌技术，使胴体表面初始总菌数从1x105cfu/cm^{2}以上降低到1×104cfu/cm^{2}以下；研发了热缩真空包装方法、高氧气调包装方法、冷链不间断技术，使冷却猪肉和牛肉货架期分别延长至24天和45天；通过异质肉综合控制技术，使PSE肉发生率由20%下降到10%以下。通过宰后低压电刺激使牛肉嫩度显著提高，研发出我国第一个肉品质量分级技术。

3. 研制出可以替代进口的冷却肉加工关键装备，推进了我国冷却肉加工装备的国产化进程。首创了用于我国冷却肉加工的高效雾化喷淋装置，实现了雾化喷淋的气雾喷淋压力、流量、喷淋角等参数的智能化控制。研制出托腹三点式电击晕机、冷凝式蒸汽烫毛隧道机和隧道式连续猪胴体打毛机等关键屠宰装备，性能指标达到国际先进水平。研制出连续式盒装气调保鲜包装机、时间温度指示卡和冷链不间断装置，有效控制了腐败微生物的生长，延长了货架期；研发出牛肉品质智能分级仪，填补了国内空白。

该项目获发明专利7项，其他知识产权13项，获省部级科技进步奖特等奖1项、一等奖2项，制定标准16项，发表SCI论文31篇，技术和装备在30多家企业得到转化应用，近三年实现累计新增销售额198.19亿元，新增利税8.96亿元。经同行专家评定，技术总体上达到国际先进水平。我国冷却肉占生鲜肉的市场比例从项目实施时的不足1%上升到2011年的10%以上，部分大城市达到30%~40%，该项目的实施为我国生鲜肉生产消费由热鲜肉向冷却肉的转变升级提供了重要技术支撑，为推动我国肉类产业发展作出了重要贡献。

干酪制造与副产物综合利用技术集成创新与产业化应用

主要完成单位：中国农业大学、天津科技大学、甘肃农业大学、北京三元食品股份有限公司、上海光明奶酪黄油有限公司、内蒙古伊利实业集团股份有限公司、甘肃华羚生物科技有限公司

主要完成人：任发政、郭本恒、陈历俊、王昌禄、韩北忠、甘伯中、云战友、郭慧媛、冷小京、毛学英

获奖情况：国家科学技术进步奖二等奖

成果简介：

近年来我国奶业高速发展，但80%的产品是液态乳，产品高度同质化，造成市场恶性竞争，行业效益低下，产业结构亟待调整。开发适合我国的干酪，并将副产物乳清加工为高附加值的功能基料是解决上述问题的根本途径。因此，国家在中长期发展规划中将干酪列为重点支持与发展产业。但是我国相关技术十分缺乏，并且国外技术壁垒严重，产品品质得不到根本解决，制约了干酪产业发展。因此，急需构建我国的干酪加工理论、攻克加工关键技术难题。

该项目受科技部"十一五"科技支撑计划课题资助，重点解决了一直困扰我国干酪产业发展的凝乳网络形成的基础理论，打破了关键酶与装备被国外垄断的局面，攻克了干酪成熟、可控熔化等技术难题11项，自主研发了新工艺与新装备8套，建立产品加工基地5个；发表论文129篇（SCI/EI收录33篇），制定国家标准1项、企业标准19项。获授权发明专利19项，获省部级科技一等奖1项、二等奖2项。项目创建了我国完整的干酪加工技术与产业体系，整体技术达到国际先进水平，主要创新点如下。

1. 创新构建了干酪品质控制基础理论体系。项目揭示了凝乳过程中钙离子、二硫键与酪蛋白网络形成的关系，首次发现Ca^{2+}过量会显著降低干酪的拉伸性，打破了国际上一直以来普遍采用增加Ca^{2+}加速凝乳而降低拉伸性的误区；阐明了干酪盐渍过程中离子与水分的扩散规律，首次发现阳离子阻碍盐分扩散，降低了酪蛋白结合水的能力，利用这一理论指导生产，显著提高了干酪感官品质。

2. 集成创新了干酪生产的关键技术。项目创新地利用谷胱甘肽提高了TG酶的活性，使干酪得率提高了12%；首创了干酪腌渍新技术，避免了盐分分布不均的缺陷，干酪熔化品质提高了3倍；采用热应激定向修饰技术，促进了微生物胞内酶的释放，使干酪成熟期缩短20%，特征风味增强2.6倍；发明了二次升温与缓慢冷却技术，提高了产品的涂抹性和耐加工性能。通过以上技术集成攻克了干酪得率低、熔化性与乳化性差、成熟期长的技术难题，产品品质达到国际先进水平。

3. 实现了干酪凝乳酶与关键设备的国产化。项目分离了高产凝乳酶菌株，创新地利用固体发酵技术，实现了高酶活菌株的工业化生产，凝乳酶活力达国际先进水平，同时自主研发了干酪加工的核心设备，价格分别为进口产品的1/10和1/3，打破了关键酶与装备被国外垄断的局面。

4. 实现了干酪副产物乳清蛋白的综合利用。项目在攻克了乳清脱盐技术难题的基础上，创新了

可控酶解诱导乳清蛋白成胶与成膜技术，改善了产品味苦和易吸湿的缺陷，开发了多种新型乳清食品基料和乳清蛋白膜，实现了副产物综合利用，提高了产业的整体经济效益。

项目在全国6个省区的7家单位进行了推广应用，开发了适合我国消费者的新产品19种，2010年以来共生产原干酪15189吨，再制干酪18354吨，乳清产品9012吨，产品品质达到国际先进水平，市场占有率超过80%，创造产值14.31亿元，利税4.96亿元，缓解了产品长期依赖进口的困境，推进了企业技术进步与产业结构调整，对促进我国乳制品工业的产业升级与可持续发展发挥了重要作用。

建鲤健康养殖的系统营养技术及其在淡水鱼上的应用

主要完成单位：四川农业大学、四川省畜牧科学研究院、通威股份有限公司、四川省畜科饲料有限公司、中国水产科学研究院淡水渔业研究中心、四川省德施普生物科技有限公司

主要完成人：周小秋、邝声耀、戈贤平、王尚文、冯琳、刘扬、唐凌、高启平、姜维丹、唐旭

获奖情况：国家科学技术进步奖二等奖

成果简介：

鱼产品对保证人体健康、改善肉类膳食结构有重要作用，但我国淡水养鱼存在发病率和死亡率高、用药量大和经济损失严重等问题，极大地威胁了鱼产品安全和产业健康可持续发展。鱼消化力和抗病力弱、养殖水体氮磷污染严重是引发问题的根本原因，而增强鱼肠道和机体健康、保证养殖水体质量是解决问题的关键。该项目针对国内外缺乏保证淡水鱼健康养殖的营养调控理论和技术的问题，以我国大宗淡水养殖鱼类——建鲤为研究模型，紧紧围绕营养与“肠道健康、机体健康和养殖水体质量”的关系开展了15年系统深入的研究，在淡水鱼健康营养理论、营养和饲料技术上取得了突破性成果，并大力推广应用。

主要技术成果如下。

1. 揭示了主要营养物质增强鱼肠道健康、机体健康和降低养殖水体氮、磷污染的营养作用及机理。突破国内外仅以鱼生产性能为营养目标的模式，首次系统探明27种营养物质通过提高鱼消化吸收能力和优化肠道菌群结构增强肠道健康，提高抗氧化力和免疫力增强机体健康，降低氮、磷排出保证养殖水体质量的营养作用及机制，为淡水鱼健康营养理论和技术体系的构建提供理论依据。

2. 创建了保证淡水鱼“肠道健康、机体健康和养殖水体质量”的营养技术体系。突破国内外仅以鱼生产性能为营养技术目标的模式，率先以肠道健康、机体健康和养殖水体质量为营养技术目标，研究确定了建鲤27种营养物质需要量参数，构建了营养技术体系，为淡水鱼饲料配制和产品研制提供营养技术支撑。

3. 构建了保证淡水鱼“肠道健康、机体健康和养殖水体质量”的饲料关键技术体系。率先以肠道

健康、机体健康和养殖水体质量为饲料技术目标，研究提出淡水鱼植物蛋白高效利用的关键技术3项，增强消化吸收能力的饲料关键技术3项，降低肠道矿物质消化负担的关键技术2项，构建了健康饲料关键技术体系，为淡水鱼饲料产品研制提供饲料技术支撑。

4. 研制了保证淡水鱼"肠道健康、机体健康和养殖水体质量"的系列饲料产品及其配套技术。集成该项目的健康营养理论、系统营养技术和饲料关键技术成果，研制保证淡水鱼健康养殖的酶解植物蛋白产品1个，有机矿物元素产品3个，专用预混料产品9个，专用全价料产品20个及配套技术6项。

取得授权发明专利10项，实用新型专利5项；发表论文172篇(其中SCI收录论文44篇，总影响因子96.046)。获国家重点新产品证书1个，国家标准2项；饲料产品33个；产品使用后鱼成活率提高80%以上，用药成本降低70%以上，增重和饲料利用率提高12%以上，氮、磷排出降低15%以上；淡水鱼产品获有机食品认证，无公害农产品证书5个；阶段成果获省科技进步奖一等奖1项、二等奖1项。打造了"通威饲料"和"通威鱼"品牌，成果在全国10多个省市86家饲料企业推广，获经济效益101.39亿元(近3年39.77亿元)，增加间接经济效益306.16亿元，创造了重大的社会、经济和生态效益。

2014年

二等奖

优质强筋高产小麦新品种"郑麦366"的选育及应用

主要完成单位：河南省农业科学院、河南金粒麦业有限公司、新乡市新良粮油加工有限公司

主要完成人：雷振声、吴政卿、田云峰、杨会民、王美芳、赵献林、谷铁城、邓士政、吴长城、何盛莲

获奖情况：国家科学技术进步奖二等奖

成果简介：

黄淮麦区约占我国小麦种植面积的2/3。针对该麦区缺乏优质强筋、高产多抗小麦品种的问题，制定"优质是核心，高产是基础，多抗是保障"的育种策略，育成"郑麦366"，于2005年通过国家审定，并获植物新品种权。自2010年起一直被农业部推介为全国小麦主导品种，种植面积已连续5年超过1000万亩，是我国当前第一大优质强筋小麦品种。在该品种选育与应用方面取得以下突破。

1. 育成优质强筋、高产稳产、多抗广适的面包面条兼用小麦新品种"郑麦366"。①品质优且稳定。含有5+10、Glu-B3d、pinb-D1b等多个优质基因，不含1BL/1RS易位，缺失Wx-B1基因。多年多点

品质检测，各项指标均达到国家强筋小麦标准。面包体积高达930立方厘米，烘焙评分达94分，优于美麦DNS；淀粉糊化特性好，面条评分高达88分，与澳洲白麦相当。②高产稳产。多年多点大面积生产示范，平均亩产万亩方均在550千克以上，千亩方均在650千克以上，百亩方曾创造688.7千克优质强筋小麦高产记录。③综合抗性好。矮秆抗倒，高抗条锈、中抗白粉，白皮耐穗发芽，成熟较早，适应性广。综合性能指标达国内大面积种植同类品种领先水平。

2. 改进和完善传统选择方法，融入现代生物技术手段，创建一套优质小麦育种体系。在选育过程中，系谱选择与混合选择混用；针对品质选择，早代进行蛋白质含量、沉降值等指标的筛选，中、高代进行粉质仪、面筋仪等指标的测定及烘焙、蒸煮品质的分析；采用生化、分子标记对5 +10亚基基因等进行鉴定和辅助选择；研发出低分子量麦谷蛋白亚基Glu-D3位点的7个功能标记和9个Glu-B3等位基因的特异标记。针对产量选择，注重在较大群体基础上增加穗粒数；创造逆境鉴定抗逆性和广适性。实现了优质小麦育种技术的集成创新，有效解决了优质与高产、抗逆、广适等难以结合的技术难题。

3. 制定优质高产高效生产技术规程，研制专用粉生产配方及工艺，实现配套技术集成创新。采用“科研单位+企业+合作社”推广模式，实现优质麦生产、收购、储藏、销售、面粉加工及食品生产的有效衔接，提高了订单率和优质麦国产化率，扩大了推广应用规模。截至2013年8月，累计收获7062万亩，增产小麦23.38亿千克，实现增产效益39.27亿元，粮食、食品加工企业节本增收，效益显著。至2013年秋播，累计种植8938万亩，并继续保持良好的应用势头。

该项目创新形成的优质小麦育种体系，丰富了小麦育种技术和理论：育成的“郑麦366”遗传基础丰富，为小麦遗传育种提供了优异的种质资源：研制出的配套技术，确保了生产原粮的安全性和品质一致性；产业化推广模式实现了从农田到餐桌的有效衔接，带动了粮食和食品加工业的发展：“郑麦366”的应用缓解了对国外优质麦的依赖，并可减少食品添加剂的使用，为保障我国粮食和食品安全已经做出重要贡献并将继续发挥重要作用。

甘蓝雄性不育系育种技术体系的建立与新品种选育

主要完成单位：中国农业科学院蔬菜花卉研究所

主要完成人：方智远、刘玉梅、杨丽梅、王晓武、庄木、张扬勇、孙培田、张合龙、高富欣、刘伟

获奖情况：国际科学技术进步奖二等奖

成果简介：

甘蓝是主要蔬菜作物。21世纪以前，甘蓝杂交种90%以上是用自交不亲和系配制的，该途径存在易出现假杂种、亲本繁殖需人工授粉成本高等缺陷。为克服甘蓝自交不亲和系杂交制种中的上述弊端，确立了寻找新型雄性不育源、建立雄性不育育种技术体系为主攻方向，培育优质、抗病、抗逆甘蓝新品种满足市场需求，历经30余年取得以下重要创新性成果如下。

1. 国内外首次发现甘蓝显性核基因雄性不育源并建立不育系育种技术体系。历经多年从30多万

种株中发现了甘蓝新型雄性不育源79-399-3，研究阐明其不育性为显性核单基因控制。创制出低温诱导可出现携带不育基因的微量花粉的材料，从其自交后代中鉴定出纯合不育株，进而创建了通过回交、自交、测交结合分子标记辅助选择选育显性核基因雄性不育系的育种技术体系。育成DGMs01-216等5个不育株率达到100%、不育度达到或接近100%、配合力优良、熟性不同的甘蓝显性不育系，属国内外首创（发明专利ZL 96 1 20785.X）。

2. 率先建立用自交亲和系转育获得优良CM-SR3胞质雄性不育系的选育技术。历经10余年从GMSR1、CMSR2、CMSR3等三代不育源中筛选出优良胞质不育材料CMSR3625、CMSR3629，建立用87-534等自交亲和系转育的技术，并获得5个优良胞质雄性不育系，苗期低温不黄化、结荚正常、不育性稳定。亲本可蜜蜂授粉繁殖，成本仅为自交不亲和系繁种的1/10（发明专利ZL 2005 1 0011406.0）。

3. 创制出一批用于雄性不育系转育的优异甘蓝骨干自交系。率先育成中甘87-534等8份花期自交亲和指数达到4的自交亲和系，96-100等4份抗枯萎病两个生理小种的抗源，88-62等4份成熟后7~10天不裂球的极耐裂球自交系，为优良雄性不育系的转育奠定了种质基础（发明专利ZL2011 1 0211317.6）。

4. 利用上述1、2、3的专利技术培育出6个突破性甘蓝新品种，并实现甘蓝雄性不育系规模化制种。"中甘21""中甘192""中甘17""中甘18""中甘96""中甘101"等6个新品种早、中、晚熟配套，全国区试中比对照品种增产5.8%~22.6%，其品质、产量或春甘蓝的早熟性等方面优于国内外同类品种，均通过国家审（鉴）定。规模化制种杂种杂交率100%，比自交不亲和系制种提高8%~10%，实现了甘蓝杂交制种由自交不亲和系到雄性不育系的重大变革。

6个甘蓝新品种在25个省（区、市）累计推广968.6万亩，新增社会经济效益约28.3亿元。2011—2013年推广551.9万亩，在北方春甘蓝和高原夏甘蓝主产区占栽培面积的60%~80%，新增社会经济效益15.8亿元，并出口印、俄、日等国。

获发明专利3项，新品种权2项，审（鉴）定新品种6个，论文58篇（SCI 14篇），育种技术和材料已被兄弟单位应用。该成果是甘蓝育种技术的一次重大突破，开创了甘蓝杂交制种新途径，丰富了蔬菜雄性不育遗传育种理论与实践，对提升蔬菜育种水平、保障蔬菜供应、抵御国外蔬菜品种冲击发挥了重要作用。

西瓜优异抗病种质创制与京欣系列新品种选育及推广

主要完成单位：北京市农林科学院、北京京研益农科技发展中心、北京农学院

主要完成人：许勇、宫国义、张海英、郭绍贵、贾长才、李海真、丁海凤、任毅、孙宏贺、王绍辉

获奖情况：国家科学技术进步奖二等奖

成果简介：

早春保护地西瓜生产对满足人民需求、调整农业结构与增加农民收入具有重要的作用。该项目针

对我国西瓜育种血缘基础狭窄、技术滞后与突破性品种选育难等问题，以提高早熟优质西瓜品种的抗病、耐裂、丰产性为育种目标，通过育种技术创新与优异抗病种质创制，选育出优势性状突出、综合性状优良的西瓜新品种，通过良种产业化带动我国保护地西瓜品种的更新换代。

1. 创新了西瓜分子标记辅助育种技术体系。率先开展了第一代西瓜分子标记技术研究，首次绘制了全球第一张西瓜全基因组序列图谱与变异图谱。在此基础上鉴定出西瓜抗枯萎病、病毒病与白粉病以及果实糖积累和转运、瓤色、苦味等重要农艺性状关键基因或连锁标记，建立了更为精准的西瓜抗病第二代分子标记辅助育种以及高通量的标记检测技术体系。建立了1373个西瓜品种资源的核酸指纹库以及西瓜品种真实性与纯度检测技术体系。上述技术是对传统育种技术的有效辅助与补充，确立了我国在西瓜分子育种技术上的领先地位。

2. 解决了我国西瓜育种优异性状来源少与血缘基础狭窄的难题。首次系统引进和评价了2000余份国外西瓜资源，全部进入北京农作物资源库共享平台，使我国成为全球第三大西瓜资源库。筛选获得100余份抗枯萎病、病毒病、白粉病及耐旱种质，部分结合分子标记辅助选择技术，定向回交转育创制出一批抗病早熟优质育种材料及骨干亲本，部分被同行共享与利用，有效地拓展了我国西瓜育种优异性状来源，解决了我国西瓜育种血缘基础狭窄的难题。

3. 选育出优势突出、综合性状领先的“京欣”系列西瓜品种。利用创制的抗病优质材料配制组合，选育出品质与早熟性突出的“京欣2号”，其枯萎病抗性与耐裂性比对照“京欣1号”全面提高，增产9.75%。2012—2013年被农业部确定为唯一西瓜主导品种。“京欣3号”嫁接后皮薄口感品质突出，连续8年获全国西甜瓜擂台赛中型西瓜综合组奖，是观光采摘主导品种。“京欣4号”抗病性与耐裂性大幅度提高，商品性突出，增产13.5%，是西瓜规模化生产基地成长最快的品种。

4.“京欣”系列西瓜带动了我国保护地西瓜品种的更新换代。通过与“京研”种业企业合作，累计销售“京欣”系列西瓜良种22.5万千克，创产值1.12亿元，名列全国蔬菜种苗企业前茅。累计推广984.72万亩，新增效益69.4亿元，2011—2013年3年推广“京欣”系列西瓜品种557万亩，新增效益39.4亿元。“京欣”系列西瓜品种在华北、华东等保护地西瓜主产区占有率60%以上。

项目实施以来，培育出国家或北京市审定品种3个，获植物新品种权1项、发明专利2项，发表论文53篇，其中SCI论文9篇，西瓜基因组论文在《自然·遗传学》(IF 35.5)上发表，被国内外同行公认为西瓜基础研究突破性成果。“京欣”类型成为全国保护地西瓜的主流与标杆品种，有力地阻击了跨国公司对我国瓜菜种业的冲击，经济与社会效益显著。该项目不仅提升了我国西瓜育种技术水平与材料创新能力，而且也支撑了我国西瓜产业的可持续发展，对保障我国农产品的有效供给和农民增收作出重要贡献。

小麦种质资源重要育种性状的评价与创新利用

主要完成单位：中国农业科学院作物科学研究所、河北省农林科学院粮油作物研究所、

江苏省农业科学院、西北农林科技大学、山东农业大学、中国科学院遗传与发育生物学研究所、四川农业大学

主要完成人： 李立会、李杏普、蔡士宾、吉万全、李斯深、安调过、郑有良、王洪刚、余懋群、李秀全

获奖情况： 国家科学技术进步奖二等奖

成果简介：

该项目针对我国小麦种质资源缺乏高效精准评价技术体系、目标性状明确的优异种质以及种质资源研究与育种需求相对脱节的问题，以“九五”以来国家科技攻关（支撑）项目为依托，围绕不同生态区重要育种性状，建立稳定的研究团队，在小麦种质资源深入研究与有效利用等方面取得了实质性突破。

1. 研制重要性状鉴定新技术12项，突破了复杂性状鉴定结果重复性差的技术“瓶颈”，为获得目标性状明确的优异种质奠定了技术基础。针对多基因控制的复杂性状鉴定结果重复性差的难题，研发了赤霉病、纹枯病、穗发芽、盐害以及高、低分子量麦谷蛋白等复杂性状鉴定新技术6项，并在小麦主产区7个试验点建立了完善的重要性状高效精准评价技术体系；为解决黑麦R基因组和长穗偃麦草E基因组在小麦改良中依赖细胞学检测，技术难度大且费工费时的难题，开发出基于分子标记的快速、准确检测技术6项。利用这些新技术，系统评价了12859份种质资源，鉴定出具有2个以上重要育种性状的优异种质687份，复杂性状的鉴定结果可以在7个环境下重复验证，证明了该项目建立的高效精准评价技术体系的科学性与可靠性。

2. 创制新种质112份，发掘新基因67个，为向育种提供目标性状明确的优异种质、满足育种需求奠定了物质基础和战略储备。针对育种需求，通过品种间杂交，创制新种质84份；通过远缘杂交，将来自小麦族6个属、10个种中的优异基因转入普通小麦，创制新种质28份；发掘高产、优质、抗病虫、抗逆、资源高效等新基因67个，并建立了紧密连锁分子标记：从圆锥小麦中发掘出抗麦长管蚜新基因RA-1，填补了我国缺乏抗性基因的空白；根据不同生态区育种要求以及新种质在7个环境下的表现，提出不同新种质、新基因的有效利用途径，为基因布局育种、控制生物和非生物灾害提供了理论依据、技术支撑和物质基础。

3. 创建种质资源高效利用技术体系，育成新品种38个，累计种植面积1.64亿亩，开辟了作物种质资源与育种紧密结合、协调发展的新模式。针对种质资源研究与育种需求相对脱节的问题，创建了“鉴定新技术研发→精准评价→创制新种质→遗传分析→新基因→分子标记→田间展示→育种家自主选择→无偿提供→相互反馈相关信息”的种质资源高效利用技术体系，提升了种质资源解决育种与生产重大需求的研究水平，解决了公益性种质资源研究与市场化育种之间有机联系的难题。利用该项目17份优异种质培育新品种38个（该团队自育新品种9个），累计种植面积1.64亿亩，取得社会经济效益90.2亿元。其中，利用小麦—易变山羊草创新种质，培育出我国第一个抗禾谷孢囊线虫新品种“科成麦2号”；利用新种质“宁麦资25”，育成全国推广面积最大的弱筋品种“扬麦13”：利用新种质“泰农2413”培育的高产优质抗倒新品种“泰农18”，已成为山东省第二大品种，该省农业厅组织连续3年3点实打亩

产均超过738千克。

该项目获国家发明专利10项，植物新品种权6项；制定行业标准1项；发表论文128篇，其中SCI论文99篇；出版专著1部；获省部级科技一等奖励2项。

豫综5号和黄金群玉米种质创制与应用

主要完成单位：河南农业大学、新疆农业科学院粮食作物研究所、四川农业大学、濮阳市农业科学院、漯河市农业科学院、上海科研食品合作公司、甘肃省敦煌种业股份有限公司

主要完成人：陈彦惠、李玉玲、库丽霞、吴连成、汤继华、梁晓玲、黄玉碧、董永彬、陈恭、王建现

获奖情况：国家科学技术进步奖二等奖

成果简介：

针对玉米种质资源狭窄、育种方法单一、品种同质化严重等制约我国玉米生产发展的核心问题，发掘利用地方特异种质，引进消化国外优异种质，建立杂种优势利用新模式，创建玉米育种核心种质和杂交育种与种质创新紧密结合的新技术，培育和推广高产优质多抗玉米新品种，对促进我国玉米产业的可持续发展和保障国家粮食安全均具有十分重要的意义。该项目取得以下主要成果。

1. 创制了豫综5号和黄金群两个优异玉米新种质，建立了杂优利用新模式。用美国Reid和Lancaster两大优势群的16个自交系构建豫综5号群体，用我国两大地方种质唐四平头12个自交系和金皇后构建黄金群，经过4~5轮的轮回选择，促进了优异基因聚合，获得了平均每轮产量6.3%和3.8%的遗传进展，一般配合力效应值分别从-11.6和-8.6增长到9.8和6.9，抗7种主要病虫害。创制的种质具有高产优质、广适多抗、宽基础、富变异、强优势的特点。配合力测定和育种应用证明，豫综5号和黄金群构成了一对杂优新模式，形成了具有中国特色自主创新的核心种质，丰富了我国玉米种质基础和杂优利用模式。

2. 创建了开放式"S1+半姊妹复合轮回选择"与分子评价的群体改良育种综合技术体系，解决了群体改良研究与应用的3个技术难题。首次提出S1法结合半姊妹复合选择技术，将群体改良与选系过程融为一体，3个季节完成1轮群体改良时获得S3选系；建立的杂优群内开放的遗传扩增技术，有效提高了改良群体的遗传变异：创建了基于优化的SSR分子标记与9个混合样品池的群体遗传分析技术，提高了群体遗传多样性研究评价的效率和准确性。集成的"四位一体"与分子评价的综合群体改良育种技术体系，解决了农艺性状与配合力难以同步改良、轮回选择与选系过程难以结合和群体遗传变异下降快3个技术难题。

3. 创制了一批高产优质多抗的优异种质，对玉米生产及遗传研究发挥了重要作用。从创新种质中选育出18个自交系，培育出通过7省区审定的15个品种。审定品种在区试和生试中比对照平均增

产8.3%，高淀粉品种（75.1%~77.6%）5个，高蛋白品种（11.3%~12.2%）2个，耐旱品种（指数1.4）和高抗品种（接种鉴定7种病虫害均达高抗或抗）2个，用选自豫综5号的紧凑型自交系豫82为材料，揭示了玉米叶夹角形成的分子机制，研制了一套株型分子标记辅助选择育种技术，获得国家发明专利。应用该项目建立的群体改良技术，育成了我国首批审定的爆裂玉米品种豫爆2号，产量和品质在所有参试品种中均居首位。

该项目经过32年群体改良的持续研究，创造了聚合地方特异种质和外来优异种质的一对群体和新的杂优模式，创建了一套种质创新与杂交育种紧密结合的育种新技术，为我国玉米或其他作物采用群体改良的方法创造优异种质、拓宽育种遗传基础提供了新方法和新途径，实现了玉米育种源头的材料创新。获得省部级奖4项，专利和品种权10项，发表论文85篇，育成的品种在我国黄淮海、西南、西北三大玉米产区7省推广应用，累计8444.1万亩，新增玉米36.4亿千克，获社会经济效益72.8亿元，为保障国家粮食安全作出了重要贡献。

优质草菇周年高效栽培关键技术及产业化应用

主要完成单位：江苏江南生物科技有限公司

主要完成人：姜建新

获奖情况：国家科学技术进步奖二等奖

成果简介：

草菇是世界上第三大栽培食用菌，我国最早栽培、产量居世界之首，被欧美国家称为“中国蘑菇”（Chinese Mushroom），市场潜力巨大，但存在生产季节性强、效率低、保鲜期短等突出问题。农民企业家姜建新，历时20年坚持开展草菇周年高效工厂化栽培技术创新，在菌种选育、菇房研制、原料处理、环境控制和标准化栽培、冷冻干燥加工等方面取得关键性技术突破。

主要技术创新点如下。

1. 独创草菇菌种“原生态位”筛选方法，选育了高产、抗逆、抗杂菌的江南V01、江南V02草菇菌株，第一潮菇产量达到280~300g/kg料，生物转化率高达28%~30%（一般栽培生物转化率8%~15%）；建立了“半熟料+熟料培养”等菌种扩繁和提纯复壮关键技术，获得食用菌菌种生产经营许可证，母种经10年以上产业化繁殖应用，一直保持优异性状，满足了草菇周年高效生产的需要。

2. 研制出新型节能高产草菇设施栽培房，发明了菇房无烟环保加温装置。菇房结构简单，温湿度等易调控，建设和运行成本降低20%，空间利用率（栽培面积/占地面积）达4.2，产能提高40%以上，可满足草菇周年全天候栽培的设施需求。

3. 创建了草菇周年高产高效工厂化栽培技术和产业化模式。提出了草菇栽培各阶段室温、料温、湿度、氧气、二氧化碳浓度等环境因子参数和最优组合和调控措施。发明了高效踩料等原料处理新装置、新技术，比传统操作效率提高了2倍以上，缩短了发酵时间，使草菇生产周期由25天缩短到15天。

创建了草菇周年工厂化栽培技术体系，并制定了标准化技术规程，发布为江苏省地方标准，具有高产优质、生产周期短、省工省力、节能环保等优势。生产的产品达到农业部无公害食品标准。

4. 研制出草菇冷冻干燥加工新工艺，冻干草菇蛋白质含量达27%，复水快、保持鲜菇风味，解决了草菇保鲜难、货架期短的难题。创建了草菇菌渣栽培生产其他食用菌、生物肥等循环利用模式，延长了草菇生产产业链，实现了秸秆、废棉等农副资源的高效利用。

项目获得国家发明专利3项、实用新型专利6项，编制地方标准1项，出版实用性科技图书1部。创建的江苏江南生物科技有限公司，草菇年产能力2275吨，2010—2012年实现产值1.12亿元，新增利润3362万元，成为省级农业产业化龙头企业和高新技术企业、全国食用菌领域唯一的院士工作站。通过创建草菇科技超市、组织现场培训、发放技术资料等方式，带动种植户超过1.5万个，实现了“公司+农户”的草菇产业化模式。成果在江苏、上海等省市应用，面积超过1067万平方米，年产草菇超过2.67万吨，产值达5.5亿元。项目促进了我国食用菌产业的发展，增加了农民收入，使秸秆、废棉等变废为宝、减少污染。姜建新荣获科技部、农业部“星火计划先进个人”等称号。

辣椒天然产物高值化提取分离关键技术与产业化

主要完成单位：晨光生物科技集团股份有限公司、中华全国供销合总社南京野生植物综合利用研究所、天津科技大学、北京工商大学、新疆晨光天然色素有限公司、营口晨光植物提取设备有限公司

主要完成人：卢国庆、张卫明、张泽生、曹雁平、连运河、赵伯涛、陈运霞、李凤飞、韩文杰、高伟

获奖情况：国家科学技术进步奖二等奖

成果简介：

辣椒红、辣椒素是重要的天然功能提取物，广泛应用于食品、医药等领域，在相关国际贸易中占有较大比重，自20世纪50年代美国率先在辣椒中提取了辣椒红色素，辣椒天然产物提取成为辣椒加工产业发展的主要方向。美国、西班牙、印度先后引领并主导了辣椒提取产业的发展。我国是辣椒资源大国，但传统上以初级加工及辣椒干出口为主，对辣椒提取物需求却依赖进口。我国自20世纪80年代开始进行辣椒提取加工，采用间歇工艺，生产各环节独立，周期长、提取率低、溶剂和能耗大，质量安全难以保障，辣椒红年产量不足世界总量的2%。针对以上难题，项目历经10余年研究攻关、集成创新，开发出连续同步提取分离、一体化原料处理、质量控制等关键技术与装备，并实现了产业化应用。

1. 揭示辣椒天然产物提取分离特性，开发连续同步提取分离技术与装备。研究揭示了辣椒红、辣椒素及其他成分在溶剂中的溶解和分配规律，设计复合溶剂提取体系，开发出辣椒红、辣椒素同步连续逆流梯度提取技术及多级连续离心萃取分离技术；开发出辣椒碱结晶纯化深加工技术并集成创新了系

列配套装备，建成了世界首条连续化、规模化辣椒提取分离生产线。单套设备日投辣椒颗粒由项目实施前的2吨提高到200吨，辣椒红、辣椒素提取率分别由82%、35%提高到99%、95%；日分离提取浓缩物由0.2吨提高到20吨，辣椒红中辣椒素含量由500mg/kg降至5mg/kg以下，溶剂消耗降低99.2%，能耗降低76.7%。

2. 开发密闭型一体化原料预处理技术与装备，突破辣椒提取规模化生产的制约瓶颈。创新辣椒粉制粒技术，突破了以辣椒粉为原料带来的后续提取速率慢、溶剂用量大和固液分离难的连续化生产技术瓶颈。创新开发出集除杂、输送、破碎、筛分、干燥、磨粉、制粒、除尘于一体的技术与装备，建成业内首条规模化密闭型原料预处理生产线，并实现了清洁化生产。单套设备日处理干辣椒270吨，是原世界第一印度Synthite公司的6倍。

3. 阐明污染来源及迁移富集规律，建立质量安全控制技术与标准体系。建立了辣椒提取物中痕量有害物质（苏丹红、罗丹明B、农残等）前处理技术和检测方法，首次阐明了痕量有害物质的污染来源及其迁移富集规律，创新复合溶剂和超临界脱除有害物质技术。建立了辣椒从种植、采收、储运到加工全过程质量与安全保障体系，并制定了原料、产品和检测方法国家标准。辣椒提取物品质引领国际高端产品市场。

项目获授权专利28项，鉴定成果8项，国家标准6项。获河北省科技进步奖一等奖1项，中国商业联合会科技进步奖特等奖1项、中国轻工业联合会科技进步奖一等奖1项，中国专利优秀奖1项，技术与装备推广吉林、山东等国内外30多家企业应用，近3年新增销售收入46.1亿元，利税10.6亿元，我国自主生产的辣椒红市场占有率由不足2%增至80%以上（晨光生物占50%），辣椒素市场占有率达50%（晨光生物占40%），实现由依赖进口到掌握国际市场话语权的根本性转变。

干旱内陆河流域生态恢复的水调控机理、关键技术及应用

主要完成单位：中国科学院寒区旱区环境与工程研究所、甘肃省水利科学研究院、新疆维吾尔自治区水文水资源局、新疆师范大学、中国水利水电科学研究生院、内蒙古自治区阿拉善盟林业治沙研究所

主要完成人：冯起、邓铭江、海米提·依米提、李元红、赵文智、田永祯、司建华、龙爱华、杜虎林、陈仁升

获奖情况：国家科学技术进步奖二等奖

成果简介：

该成果是完成单位（自2000年1月至2011年1月）承担国家科技支撑计划项目、中科院知识创新工程项目、水利部项目及国家自然科学基金项目等所取得的理论与技术集成成果，是有关内陆河流域生态恢复的水调控理论基础、应用技术及示范推广成效的综合展示。项目成果属环境科学领域，属于多

学科交叉综合研究。

创新性理论成果包括：集50多年的系统观测和分析研究，阐明了干旱内陆河流域水资源形成特征、系统组成及转化规律，揭示了内陆河流域山地—平原—荒漠组成的不同景观水文循环规律和与之相联的生态系统特征，奠定了流域水资源调控的理论基础：通过对水、土、气、生等要素的长期观测，系统研究了山区水文、绿洲生态水文、荒漠生态水文，拓展了水文学研究领域，精确量化了不同生态系统的生态需水量，奠定了内陆河流域山地—绿洲—荒漠系统的生态水文学理论基础；首次对干旱内陆河流域上、中、下游土壤—植被—大气系统水热传输过程进行综合观测，建立了土壤—植被—大气模拟模型，创建了干旱内陆河流域水热耦合基础理论。

创新性技术成果包括：在生态保护领域，创新集成了水源涵养林保育、人工绿洲防护体系建设与天然绿洲生态恢复等配套技术，首次建立了内陆河流域山地—平原—荒漠系统生态恢复的水调控模式；在农业节水领域，通过多年的示范项目实践，在节水技术组装、灌区水调控、绿洲水管理等技术上有重大突破，创新提出了技术性调控、结构性调控、管理性调控为一体的生态型绿洲水调控发展模式；在水管理领域：基于水资源评价、用水定额指标确定和三生需水预测，构建了内陆河流域初始水权分配、适时水权运作、水权市场交易和水权管理保障的四水权综合管理体系。

该项目研发的绿洲防护体系、水管理模式与生态恢复措施等成果，已被评价为相关领域的最新研究进展和我国内陆河流域生态建设的成功范式；成果在甘肃、内蒙古、新疆、陕西、宁夏等地大面积推广和应用，累计经济效益34.2亿元，取得了显著的生态、经济和社会效益，有力促进了当地生态建设和社会经济发展。成果获省部级一等奖3项，二等奖7项，获授权发明专利2项，实用新型专利11项，出版专著11部，发表论文482篇，其中SCI收录99篇，引用率达4372次，得到同行的较高评价。

2007年、2012年分别向国家提出《关于对甘肃河西走廊生态环境与发展的一些认识》和《关于大敦煌区疏勒河、党河流域生态治理和区域可持续发展的建议》的政策咨询报告，获总理批示。完成的“黑河水资源问题的研究”成果，被水利部采纳并应用于黑河流域分水方案，为节水型社会的建设和流域分水任务的完成提供了技术支撑。项目实施期间，培养博士60名、硕士85名，形成了一支干旱内陆河流域生态、水文问题研究的创新队伍和以国家、部门重点实验室及野外站为主的科研平台。

农村污水生态处理技术体系与集成示范

主要完成单位：同济大学、上海市政工程设计研究总院（集团）有限公司

主要完成人：徐祖信、李怀正、张晨、王晟、叶建锋、金伟、谭学军、尹海龙、杜晓丽、徐大勇

获奖情况：国家科学技术进步奖二等奖

成果简介：

该项目属环保领域农村污染控制技术应用研究。长期以来，我国农村污水基本得不到处理，水环境污染日益严重，分散污水生态处理技术研究不够。针对农村污水特点，该项目历经10余年，研发了

简便、经济、高效的农村污水生态处理技术体系，实现了规模化推广应用。

技术创新点一：攻克了高负荷潜流人工湿地无动力脱氮技术，首次解决了湿地堵塞修复的难题，创新了池塘—湿地耦合污水、污泥一体化生态处理技术。获授权发明专利6项、实用新型专利1项，发表论文43篇。

1. 攻克了高负荷潜流人工湿地脱氮技术。建立了基质层生化需氧量和硝化需氧量关系，建立了无动力复氧量和基质介质、湿地构造的关系，创新变浸润水位自动运行方式，有效调控了湿地好氧、缺氧、厌氧反应环境，攻克了占地小、负荷高潜流人工湿地无动力脱氮难题。

2. 首创了高负荷潜流人工湿地堵塞的生物修复和物理修复技术。明确了湿地堵塞物组分和堵塞机理，筛选、驯化赤子爱胜蚓取食堵塞物中的蛋白质和多糖疏通基质，实施多块湿地交替进水实现堵塞自修复过程。首次研制可替换模块化基质，解决了堵塞快速修复难题。

3. 创新了池塘—湿地耦合污水、污泥一体化生态处理技术，优化了流场、污泥浓度、曝气量和污泥处置土地的配置，获得最经济间歇曝气周期，污泥处置湿地面积仅为池塘1/2，多块分隔、轮流进泥，挂载高炉渣基质除磷，种植水葫芦除臭，开辟了污水、污泥、水葫芦因地制宜处理新途径。

技术创新点二：创新集成了农村污水处理组合工艺，实现农村污水低成本除磷脱氮和水肥资源化利用，适宜各种农村污水排放情况的处理需求。针对高标准出水要求、化粪池出水处理和水肥利用等情况，项目优化集成了"化学强化絮凝—人工湿地""复合厌氧—人工湿地""化学强化混凝—土壤渗滤"组合工艺。获授权发明专利1项，实用新型1项，发表论文7篇。

技术创新点三：系统建立了我国农村生活污水生态处理技术体系，部分研究成果填补了国内空白。项目研发了12个单项技术和3个组合工艺，编制了上海市和国家层面的农村污水处理相关技术指南和技术规程，推进了农村污染控制技术的进步，指导和规范了我国农村污水生态处理。为科技部拍摄了全国党员干部现代远程教育专题教材1部，发表论文4篇。

建设了多项技术的国内"首个"工程，还在上海、浙江、江苏、江西、安徽建设示范或应用项目255个，各项出水指标均达标排放，建设费用和运行费用均可节省1/2以上，实现了因地制宜建设、管理维护简便、运行高效经济的目标。与国内外同类技术比较，在微动力处置技术中，只有该项目技术能去除总氮，这是其他技术不具备的技术优势；在中等规模工程应用时，该项目技术建设成本和运行费用更低，管理运行维护更为简便。通过政府实施，推动了我国农村污水处理工作，产生了较大的社会经济效益。

防治农作物病毒病及媒介昆虫新农药研制与应用

主要完成单位：贵州大学、全国农业技术推广服务中心、江苏安邦电化有限公司、广西田园生化股份有限公司、广西壮族自治区治保总站、云南省植保植检站、贵州省质保植检站

主要完成人：宋宝安、郭荣、季玉祥、李卫国、金林红、陈卓、王凯学、吕建平、金星、郑和斌

获奖情况:国家科学技术进步奖二等奖

成果简介:

该项目属于植物保护领域的有害生物防治课题。针对农作物病毒病及其媒介昆虫为害严重以及防控药剂和防控技术严重缺乏的世界性难题,深入开展了防治农作物病毒病及媒介昆虫新农药研制与应用,得到国家“973计划”和国家科技支撑计划等项目资助,主要创新成果如下。

1. 首次在绵羊体天然氨基膦酸分子中引入氟原子及杂环结构单元,实现了生物活性和成药性的优化,仿生合成了一系列,α-氨基膦酸酯类化合物,从中创制出我国唯一具有自主知识产权的全新结构抗植物病毒仿生新农药——毒氟磷,填补了国内空白。探明毒氟磷的作用机制是通过作用于半胱氨酸合成酶,从而激发水杨酸信号通路而发挥抗植物病毒效应;毒氟磷具有高效抗植物病毒活性、低毒及环境友好等特点,对南方水稻黑条矮缩病、番茄病毒病的防效达50%~80%,其急性经口毒性LD_{50}>5000mg/kg·bw,亚慢性和慢性毒性均为低毒,无致畸、致癌和致突变风险;对蜂、蚕、鸟和水生生物安全。研发了无溶剂催化合成新工艺,实现工业化清洁生产。提升了我国农药工业的自主创新能力。

2. 首次研发出乙酰肼光气水相法合成吡蚜酮关键中间体噁二唑酮的新工艺。用甲醇钠替代碳酸钾作为缚酸剂,以廉价甲醇作为三嗪合成溶剂,以工业废料甲醇盐酸替代工业盐酸作为酸解剂,研发出合成吡蚜酮新工艺,缩合收率提高12个百分点,原药纯度提高至98%,生产成本降低了30%,实现了清洁生产和节能减排,建成了国内产能最大的吡蚜酮原粉生产装置(年产1000吨);2002年首家在水稻上取得新农药登记,目前市场份额已超过50%,销售量居全国同类产品第一位。为替代高毒、高抗、高残留农药提供了有效的药剂品种。

3. 首次研发了以毒氟磷防治作物病毒病及吡蚜酮防治媒介昆虫为核心的应用技术,该技术具有内吸传导和施用灵活等特点。创新提出了抗病毒药剂与媒介昆虫防治药剂联用的全程免疫控害新策略,成功构建了以毒氟磷免疫激活防病、毒氟磷与吡蚜酮种子处理、秧田重点保护和分蘖期协同作用的成套控害新技术:创新“产—学—研—推—用”协作研究模式,通过试验示范和应用推广,解决了农作物病毒病防控重大难题,防治效果>70%,亩增产>100千克,减少农药用量20%以上,增收节支效果突出,提升了我国水稻病毒病及其媒介昆虫全程免疫防控技术水平。

应用推广及效益:2011—2013年在全国累计应用4755万亩次,挽回粮食损失9.78亿千克,蔬菜24.01亿千克,直接经济效益48.45亿元;带动相关企业实现销售收入4.25亿元,新增利税1.26亿元,经济、社会和生态效益显著。

获国家授权发明专利11项;制定行业标准和地方标准4项;获国家新农药登记7个,获国家重点新产品2个;获何梁何利基金科技创新奖和贵州省科技进步奖一等奖各1项;发表SCI收录论文47篇,被他人正面引用494次,出版专著3部;新增国家重点学科和国家创新人才计划—重点领域创新团队2个;培养长江学者特聘教授1名、省级优秀人才4名及博士和硕士74名。

新型天然蒽醌化合物农用杀菌剂的创制及其应用

主要完成单位: 湖北省农业科学院、中国农业大学、全国农业技术推广中心、农业部农药检定所、内蒙古清源保生物科技有限公司

主要完成人: 喻大昭、倪汉文、赵清、顾宝根、梁桂梅、张帅、王少南、杨立军、杨小军、张宏军

获奖情况: 国家科学技术进步奖二等奖

成果简介:

大量使用化学农药造成环境和农产品污染,影响农产品出口,同时导致有害生物抗药性,从而使其更加猖獗危害。生物农药的开发应用是解决上述问题的有效途径之一。植物源农药是生物农药开发的一个重要方向。我国植物种类繁多、资源丰富,植物源农药开发具有很好的物质基础。

在国家和湖北省相关项目的支持下,该课题组自2000年开始植物源杀菌剂的研究。

1. 以粮食、经济、蔬菜作物的白粉病、霜霉病、稻瘟病、纹枯病、菌核病、枯萎病、黄萎病、立枯病、炭疽病、赤星病、灰霉病、烟草花叶病毒病为靶标,采用活性跟踪法,从34科63种植物中分离纯化得到大量具有杀菌活性的次生物,首次确认了15种天然蒽醌化合物对植物病原菌具有活性,其中大黄素甲醚等12种物质活性优异,为杀菌物质库增加了新类别。

2. 发现天然蒽醌化合物分子结构中羟基的存在是其具有活性的前提,甲氧基的位置与活性高低关系密切,从而揭示了这类化合物结构与活性的关系,并发现了蒽醌化合物之间具有协同增效杀菌作用。

3. 探明了蒽醌化合物对病原菌的作用机理是提高作物抗菌硫堇蛋白表达量而使作物主动抗病,抑制病菌分生孢子萌发、附着胞和吸器的形成;确定了黄瓜白粉和霜霉菌对蒽醌化合物的敏感基线,明确了病原菌对其产生抗性的风险极低。

4. 创新了从大黄等蓼科植物中提取天然蒽醌化合物的三级连续超声萃取、浓缩工艺,从大黄素甲醚含量在0.1%以下的植物原料中制成含量达8.5%的原药;添加无机助溶剂克服蒽醌化合物不溶于水的问题,这种创新的制剂加工工艺攻克了制剂水剂化的工艺难题,保障制剂高活性的同时,避免使用有机溶剂,达到环境友好的效果。

首次自主创制了以大黄素甲醚为标记物的蒽醌化合物新型系列杀菌剂,8.5%大黄素甲醚原药和0.5%大黄素甲醚水剂2008年获农业部新农药临时登记证,2013年获正式登记证,同年,0.1%大黄素甲醚水剂获临时登记证。该项目获国家发明专利3项,申请PCT国际发明1项;发表论文46篇,其中SCI收录6篇。2008年湖北省科技厅组织的专家鉴定该项目的技术成果达到国际先进水平,获湖北省技术发明奖一等奖。

开发出的新型天然蒽醌化合物杀菌剂具有质量稳定、高效、广谱、持效长、低毒、低残留、环境友好、病原菌产生抗药性风险低等特点,防病效果优于常用化学杀菌剂,被列入国家星火计划项目推广产品,

获欧盟ECOCERT有机认证，是国内外植物源杀菌剂的标杆。自2008年以来，内蒙古清源保生物科技有限公司累计生产1770余吨，其中出口500余吨，近3年生产1500吨，出口380吨，创直接经济效益1.5亿元；国内累计使用面积2116万亩，增收节支43亿元。

天然蒽醌化合物杀菌剂的应用对我国农产品的安全生产和出口起到了积极促进作用；生产原料可在沙漠、平瘠土地种植，推动贫困地区农村产业结构调整，带动植物源农药原材料种植业发展，为农民致富提供了新途径；项目研究内容全面、系统，创新集成了植物源农药开发的技术体系，极大地推动了我国植物源农药开发与应用的技术进步。

重要植物病原物分子检测技术、种类鉴定及其在口岸检疫中应用

主要完成单位：浙江省农业科学院、宁波检验检疫科学技术研究院、宁波大学

主要完成人：陈剑平、陈炯、陈先锋、顾建峰、段维军、郑红英、闻伟刚、程晔、崔俊霞、张慧丽

获奖情况：国家科学技术进步奖二等奖

成果简介：

由于缺乏先进的植物病原检测鉴定技术，我国植物病原种类尚未被系统研究。外来植物病原入侵对我国农业生产造成巨大威胁，其检测和防控是世界性难题。因此，建立先进的植物病原检测和鉴定方法，对于认识植物病原种类和分布，防止外来植物病原入侵，维护国家生物安全和促进现代农业健康持续发展具有重要意义。针对上述背景，该项目开展了重要植物病原分子检测技术、种类鉴定和口岸检疫处理技术研究，取得下列主要创新成果。

1. 创建了重要植物病原分子检测和鉴定方法，提升了我国植物病原检测和鉴定能力。创建了基于科属特异性简并引物的马铃薯Y病毒科、马铃薯X病毒属、麝香石竹潜隐病毒属和葱X病毒属成员RT-PCR检测和基因组全序列扩增技术：建立了16种检疫性病毒和8种检疫性真菌的PCR检测方法：完善了伞滑刃属线虫ITS-RFLP鉴定方法，建立了伞滑刃属线虫分组鉴定体系、单条线虫DNA提取以及松材线虫R和M型区分新方法。建立了安全、高效、成本低廉的检疫性线虫处理技术，实现了对检疫性线虫的立体化防控。

2. 鉴定、命名了一批重要植物病原新种，解决了植物病原鉴定中的疑难问题。首次研究了葱X病毒属和分类标准，完善了上述4个属基因组结构、多聚蛋白裂解位点和保守性活性位点等序列特征。从全国18个省44种作物中鉴定了上述4个属病毒45种，其中新种9种（占国际病毒分类委员会同期鉴定的同属新种14%），中国新纪录种11种，更正命名6种。测定了26种病毒基因组全序列，其中19种为首次测定，20种被美国国家生物技术信息中心认定为相关病毒的参考序列，占同期认定的同属病毒参考序列总数23%。从口岸截获鉴定线虫新种25种，更正命名2种。其中伞滑刃属线虫新种16种，占全球鉴定的该属新种的一半以上。

3. 截获了一大批重要检疫性植物病原，保障了国家生物安全。从口岸首次截获检疫性病毒1种、

线虫7种、真菌5种;截获检疫性病毒151种次,线虫82种次,真菌94种次。国家质检总局根据检疫结果发布警示通报7次,执行境外谈判和预检7次。先后承担全国检验检疫系统培训12次,累计1226人次。建立的技术在全国广泛应用,近3年63个应用单位共截获检疫性植物病原53种1466批次,节约取样费、试剂费、货柜和船舶滞港费累计2.38亿元。

该项目发表论文107篇,其中SCI收录48篇,已被引用668次,其中他引517次,出版专著2部,获授权国家发明专利10项,制定国家标准8项、行业标准9项,获得省科学技术奖一等奖1项。该项目的意义不仅在于建立的植物病原检测技术具有重要实用价值,已成为我国植物病理学研究和外来植物病原检验检疫或早期预警的核心技术和国家标准,改变了我国植保和检验检疫领域缺少自主检测技术的被动局面,而且已被国内外研究机构和我国检验检疫机构广泛应用,截获了大量外来检疫性植物病原,避免了这些外来病原一旦传入,有可能对我国农林业生产和生态安全造成难以估量损失的风险,从而为维护国家生物安全做出了重要贡献。同时发现鉴定了一大批植物病毒、线虫新种,明确了其基因组特征,丰富了植物病原学理论,对国际植物病原学发展起到了引领作用,并得到国际组织和同行高度评价,处于国际领先水平。

青藏高原青稞与牧草害虫绿色防控技术研发及应用

主要完成单位:西藏自治区农牧科学院、西藏自治区农牧科学院农业研究所、中国农业科学院植物保护研究所、青海省农牧厅、青海省农业技术推广总站、西藏大学农牧学院

主要完成人:王保海、王文峰、张礼生、巩爱岐、陈红印、覃荣、王翠玲、李新苗、李晓忠、扎罗

获奖情况:国家科学技术进步奖二等奖

成果简介:

围绕建设我国青藏高原生态屏障和国家高原特色农产品基地的重大战略需求,针对20世纪80年代青稞与牧草害虫猖獗为害、粮食产量连续10年徘徊不前、农药不当使用等严峻形势,21年来,以青稞和牧草主要害虫为治理对象,查清了昆虫的种类、分布、分化与适应特点,探明了主要害虫成灾机理,创建了青稞与牧草害虫绿色防控技术体系,并进行大面积推广应用。实现了青藏高原21年农产品的稳定增产,进一步保护了祖国江河源、水塔源的环境,提升了藏民族的科技水平,促进了藏区的和谐发展。

在理论上解决了3个重要的科学问题。①依据青藏高原昆虫组成的特殊性,提出了昆虫区系的新理论。针对青藏高原昆虫家底不清的状况,进行了全面考察与研究,鉴定出昆虫与蜘蛛10133种,发现新种119种、青藏高原新记录3864种。首次划分了青藏高原青稞与牧草昆虫水平分布的3大区域、垂直分布的3大地带,提出了3大分化类群和3大分化趋势,丰富了青藏高原昆虫区系及生物地理学理论。②揭示了主要害虫的成灾机理。从种群、群落、系统3个结构层次和植物、害虫、天敌三者相互作用,解

析了5种重要害虫的灾变规律，发现了大冬播面积及不当早播是引发虫灾的主要原因，证实了不当化学防治是导致害虫再增猖獗的首要因素，发展了高原害虫监测预警有关理论。③创建了不同生态区域的治理措施。研发了生态调控、生物防治及保护天敌等绿色防控技术体系，适合青藏高原独特的人文地理环境及农业生产需求。

在技术上开创了青藏高原害虫绿色防控的新领域。①创造并实施了青藏高原害虫分区治理模式。针对青藏高原独特的农牧业环境与生产特点，将农牧区划分为生态稳定区、半脆弱区和脆弱区3大区域，各区采用不同的害虫防控方法。②集成并实施了"两改两用"的高原害虫防控对策。即改种植模式、改防治方法、用生态调控、用生物防治，研发出5项天敌扩繁与保护技术，优选应用3种高效生防制剂，凝炼了8项轻简化实用措施。③构建了"简单、环保、高效"的青藏高原害虫绿色防控技术体系。其地域特征鲜明，实用效果好，既有效地遏制了害虫的危害，又尊重藏民不杀生的宗教习俗，易于推广应用。

在应用上扭转了青藏高原荒漠化地域害虫防治的负效益，取得了显著的经济、生态和社会效益。1992年以来累计推广应用6.6亿亩，挽回青稞与牧草产量损失54.7亿千克，直接经济效益105.7亿元，少用化学农药7302.6吨，天敌数量增长44%~56%，突破了粮食产量的10年徘徊，实现了连续21年粮食增产的历史性进步，在解决温饱及粮食自给问题上作了突出贡献。近3年累计推广应用2.6亿亩，挽回青稞与牧草产量损失24.6亿千克，直接经济效益57.2亿元。出版专著8部，其中1部获优秀图书一等奖；发表论文75篇；举办培训班33期、340多场，培训农牧民1.6万余人次，提高了农牧民对害虫防治的认识与水平；获得省部级科技奖励6项，其中一等奖3项、二等奖1项、三等奖2项。

农业旱涝灾害遥感监测技术

主要完成单位：中国农业科学院农业资源与农业区划研究所、中国水利水电科学研究院、中国气象科学研究院、中国科学院地理科学与资源研究所、浙江大学、安徽省经济研究院、河南省农业科学院

主要完成人：唐华俊、黄诗峰、霍治国、黄敬峰、陈仲新、吴文斌、杨鹏、李召良、刘海启、李正国

获奖情况：国家科学技术进步奖二等奖

成果简介：

我国农业自然灾害种类众多、发生频繁、范围广泛、危害严重。21世纪以来，我国年均农业受灾面积达6.27亿亩，其中干旱和洪涝两类灾害造成的受灾面积占73.7%，仅2011年直接经济损失就高达2329亿元。因此，及时、准确地获取我国农业旱涝灾害动态过程和损失信息，对于科学指导农业防灾减灾、确保国家粮食安全和服务国家农产品贸易具有重要意义。研发以遥感技术为核心的灾害监测系统是及时、准确获取多尺度农业旱涝灾害信息的重要途径。该项目从1998年开始，结合农业主管部门的

灾情信息需求，紧扣“理论创新—技术突破—应用服务”的研究主线，重点突破了农业旱涝遥感监测中“监测精度低、响应时效差、应用范围小”3大技术难题，在同类研究中达到国际领先水平。

1. 创新了面向农业旱涝灾害遥感监测的理论体系。构建了以地表蒸散发参数为核心的农业干旱遥感定量反演理论和农业干旱参数遥感反演的空间尺度效应解析理论体系，实现了全国尺度地表蒸散发等干旱核心参数的全遥感反演，在华北和西北典型试验区反演精度提高到90%以上。提出了基于光谱、纹理等多特征的洪涝水体遥感识别理论以及基于数据同化的农业洪涝灾害全过程数值解析理论，实现了农业洪涝灾害全天候遥感监测，阐明了农业洪涝灾害全过程对作物生长过程的影响机理。

2. 突破了农业旱涝灾害遥感监测精度低、时效差的技术难题。建立了“星—机—地”多平台一体化的农业灾害信息快速获取技术，实现不同尺度旱涝灾情信息获取时间缩短到24小时内，较人工采集节约成本90%以上。创建了多模型和多方法整合的农业旱涝灾害时空动态解析技术，全国土壤墒情监测精度提高到94%以上，周期缩短至10天；通过整合遥感数据多特征信息，实现洪涝水体自动识别精度由90%提高到95%，水淹范围识别效率在先分类后比较法基础上提高20%。研制了面向作物全生育期的旱涝灾害损失遥感评估技术，实现农作物洪涝受损等级划分，作物干旱遥感诊断准确率达94%，冬小麦产量损失估算误差减少10%。

3. 实现了高精度、短周期和多尺度的农业旱涝灾害遥感监测信息服务与决策支持。研制了由15个工作执行标准组成的国家和区域尺度农业旱涝灾害遥感监测标准规范体系。创建了国内首个国家农业旱涝灾害遥感监测系统，实现全国旱灾常规监测每旬1次、应急监测3天1次，首次实现遥感影像获取后4小时内可上报农业洪涝灾损定量评估结果。2002年开始，系统逐步应用于农业部和国家防汛抗旱总指挥部等部门的全国农业防灾减灾工作，在多次重（特）大农业旱涝灾害监测中发挥了重要作用，并先后在黑龙江、河南和山东等15个省进行推广应用，累计监测受灾面积34.9亿亩，实现间接经济效益243亿元。

项目获得发明专利4项、软件著作权12项，制定标准规范15项，出版专著7部，发表学术论文112篇（SCI论文52篇），对农业防灾减灾行业科技进步起到了重要推动作用。农业部成果评价意见为：总体技术水平达到国际先进，地表蒸散发遥感估算和洪涝水体遥感检测技术达到国际领先水平。

黄淮地区农田地力提升与大面积均衡增产技术及其应用

主要完成单位：中国科学院南京土壤研究所、河南省农业科学院、河南省土壤肥料站、河南农业大学、扬州市土壤肥料站、中国地质大学（北京）

主要完成人：张佳宝、黄绍敏、林先贵、曹志洪、孙笑梅、刘建立、谭金芳、张月平、丁维新、马政华

获奖情况：国家科学技术进步奖二等奖

成果简介：

黄淮地区(豫中南、鲁南、苏北、皖北),地势平坦,水热资源胜过北部,光照资源优于南方,是我国的重要粮食产区,却分布着近亿亩中低产田。缩小中低产田与高产田差距,实现大面积均衡增产,潜力非常巨大。该项目针对黄淮地区中低产田治理和高标准农田建设中所面临的问题,开展了历经10余年的系统研究,取得了如下创新成果如下。

1. 最先研究了潮土质量及其演变规律,发现微碱性土壤因能中和化肥酸化,有效阻控了长期(平衡不过量)施用化肥引起的一系列土壤退化过程,修正了“长期施用化肥不能持续”的一概而论观点。新认知了地力衰减经历快、慢两个阶段,逆向还原发现是速效性和稳定性地力,速效性地力占比越高对化肥依赖越强,培育地力的核心是提升稳定性地力。

2. 叠加求交划分地力评价单元和多法耦合的属性赋值技术创新,突破了高分辨率壁垒,开发出了地块级县域耕地信息管理和地力评价系统,成为2000多个县使用的软件,为详解我国耕地地力等级和障碍因子分布提供了强力支撑。

3. 提出了土壤障碍因子分类消减法,对衍生性障碍类建立了标准化的长效控制现代共性技术,对属性障碍类研制了个性靶向技术分别消减。发现调低O_2分压、增加微生物繁殖、减少物理干扰能增进有机质积累和结构形成,研制出了激发式秸秆还田和五季免一季深翻培育地力技术,发明了高腐解菌有机肥生产连续好氧快速发酵技术,解决了激发式秸秆还田有机肥源问题。

4. 研发了与地力培育相向的水肥高效与作物高产关键技术,即地块级数字化测土配方施肥技术、智能配肥机、高效能配方肥,以平衡促增效防退化;品种适应性差异潜力挖掘技术;灌溉水输—灌—耗多级增效技术。

5. 提出了关键技术分层次集成、接力式推进、后台支撑前台的创新思路,通过后台高新技术服务,支持田间一体化精准操作,创建了既轻简又现代化的中低产田“地力—产量双跨越技术体系”,实现了大面积均衡增产增效。

该项目获得了48项知识产权,其中授权发明专利16项,授权实用新型专利10项,软件著作权21项,行业标准1项。在EST、SBB、土壤学报等杂志发表学术论文227篇,其中SCI 68篇,EI 15篇。获得省级科技进步一等奖1项,二等奖1项。2009年,农田地力提升与大面积均衡增产技术被河南省政府采用并在5县示范推广,2012年已扩大到16个粮食生产大县,实现了大面积均衡增粮。单项技术数字化测土配方施肥技术已被江苏和河南农业主管部门采用,分别于2005年和2007年全面推广。上述技术近3年累计推广面积2.07亿亩,新增粮食60.7亿千克,直接经济效益为156.7亿元;县域耕地资源信息管理和地力评价系统是农业部农业技术推广中心唯一推荐的软件系统,目前已在2498个县(市/区)使用。该技术体系在中低产田治理、提升地力、水肥高效和大面积增产方面具有广阔的应用前景。

花生品质生理生态与标准化优质栽培技术体系

主要完成单位：山东省农业科学院、山东农业大学、青岛农业大学

主要完成人：万书波、王才斌、李向东、王铭伦、单世华、郭峰、张正、郭洪海、张智猛、陈殿绪

获奖情况：国家科学技术进步奖二等奖

成果简介：

花生是我国三大油料作物之一，常年种植7500万亩，年产1500万吨，总产居油料作物之首，对保障我国食用油脂安全举足轻重。我国花生生产一直重产量、轻品质，不能满足国内外市场多元化需求，严重影响产业发展和国际竞争力。针对花生品质栽培理论研究薄弱、品质评价指标和标准化优质栽培技术缺乏、区域专业化生产水平低等突出问题，历经10年系统研究，主要创新如下。

1. 揭示了花生品质形成的酶学和细胞学机理，创建了品质调控关键技术。探明了籽仁发育过程中脂肪、蛋白质形成的关键调控酶和积累的动态差异特征以及脂肪、蛋白质积累量与子叶贮藏细胞中脂体、蛋白体体积和数量的关系，确立了定向调控途径；探明了肥料、水分和植物生长调节剂对品质形成的影响及作用机理，建立了优质栽培专用的肥水运筹、化学调控等关键技术；探明了花生镉吸收特点、胁迫机理以及钙对镉胁迫的缓解效应，研制出“增钙抑镉”技术。为品质调控和优质专用生产提供了理论依据和技术支撑。

2. 创建了花生品质评价指标体系，首次完成了中国花生品质区划。明确了我国花生种质资源及商品花生品质状况，提出了脂肪和蛋白质含量分级标准以及镉含量限量指标，制定了油用花生、食用花生行业标准；探明了土壤肥力、温度、日照、降水等生态因子对品质形成的影响，阐明了花生品质空间分异规律，完成了中国花生品质区划，为花生优质栽培区域化布局提供了科学依据。

3. 率先建立了花生标准化优质栽培技术体系。在突破品质调控关键技术的基础上，以品质和产量协同提高为目标，以“适区选种、因质定肥、定向调水、精准化控”为主线，建立了以“增施有机肥和磷钾肥，分次减量化控，按需供水”为主要内容的高油栽培技术，以“增施氮肥，喷施硼钼肥，全程控水”为主要内容的高蛋白栽培技术和以“增施钙肥和有机肥，补施锌肥”为主要内容的控镉安全栽培技术，集成适期晚收、病虫害防控、机械化生产等配套技术，制定出系列行业和地方标准，形成了花生标准化优质栽培技术体系。高油高产攻关田亩产683.8千克，脂肪含量52.7%，油产量提高22.3%；高蛋白高产攻关田亩产664.7千克，蛋白质含量26.2%，蛋白质产量提高24.1%，实现了品质产量协同提高。

项目获得发明专利8项、实用新型专利6项、计算机软件著作权14项；制定行业标准15项、省级地方标准3项；列入科技部先进试用技术2项、省主推技术4项；发表学术论文116篇，出版著作9部；制作科教片4部。2009—2013年项目技术在山东、河北、湖南等10省（区）累计推广6523.6万亩，增效91.6亿元，经济和社会效益显著。2013年推广面积约占全国花生播种面积的20%。

项目奠定了花生品质栽培的理论基础，攻克了品质与产量协同提高的重大技术难题，推动了作物

品质栽培学科发展，为我国花生区域化布局、专业化生产、标准化种植提供了技术支撑，为促进我国花生产业发展、提升国际市场竞争力做出了重要贡献。经中国农学会组织专家评价，项目整体居同类研究国际领先水平。部分内容2009年获山东省科技进步奖一等奖。

超级稻高产栽培关键技术及区域化集成应用

主要完成单位：中国水稻研究所、扬州大学、江西农业大学、湖南农业大学、吉林省农业科学院、广东省农业科学院水稻研究所、四川省农业科学院作物研究所

主要完成人：朱德峰、张洪程、潘晓华、邹应斌、侯立刚、黄庆、郑家国、吴文革、陈惠哲、霍中洋

获奖情况：国家科学技术进步奖二等奖

成果简介：

水稻矮秆品种和杂交稻选育及栽培技术配套应用实现了我国水稻产量的二次飞跃，对水稻生产发展作出了重要贡献。为进一步提高水稻产量，实现第三次突破，20世纪末我国实施了超级稻研究与推广计划。2005年农业部开展超级稻品种认定，目前已认定超级稻品种117个，年推广面积占水稻总面积25%以上，为水稻增产奠定了品种基础。该项目针对超级稻品种物质生产量大、穗大粒多等诸多特性，与普通水稻品种存在很大差异，传统栽培技术与其不配套，不能充分发挥增产潜力等问题，开展超级稻品种特性、高产机理及适宜高产栽培方式研究，重点研发关键栽培技术，并结合区域生态特点开展技术集成应用，为我国超级稻大面积生产提供栽培技术支撑。主要技术创新内容如下。

1. 揭示了超级稻品种高产生长特性，研明了超级稻高产形成的共性规律。率先揭示了增加中后期物质生产量是提高超级稻总物质生产量实现高产的途径，阐明了超级稻高产形成的物质基础。明确了群体足够总颖花量是高产形成的库容基础，提出了以适宜群体穗数，增加二次枝梗数增加穗粒数形成大穗，提高群体总颖花量的超级稻高产途径。研明了超级稻品种高产条件下氮磷钾需求量，揭示了超级稻氮生产效率高和中后期氮素吸收量大等特点。

2. 提出了超级稻品种高产群体构建的实用指标，创立了超级稻高产栽培关键技术。研明了主要稻区超级稻的增产途径，建立了超级稻品种高产群体构建实用指标。提出了“区域差异、品种特色、季节特点、增施穗肥”为特征的超级稻定量施肥方法，创立了超级稻“前期早发够穗苗、中期壮秆扩库容、后期保源促充实”的高产栽培共性关键技术。

3. 建立了我国超级稻品种区域化高产栽培技术体系。提出了我国超级稻品种高产种植的区域布局，集成建立了我国超级稻区域化高产栽培技术体系。在主要稻区创建了一批不同季别的高产典型。

先后获国家发明专利授权4项和实用新型授权3项、计算机软件著作权2项，制定地方技术标准8个。发表论文111篇，制作了农业部认定的超级稻品种高产栽培技术规程，及主要超级稻品种与种植

方式结合的高产栽培模式图113张，主编出版《超级稻品种配套栽培技术》《超级稻品种栽培技术模式图》等专著10部，其中《超级稻品种配套栽培技术》印刷18万册。摄制《种好超级稻》科教电影1部。促使我国超级稻栽培研究处于国际领先地位。核心技术成果分别获2010年度全国农牧渔业丰收农业技术推广合作奖、2010年中华农业科技成果奖一等奖、2006年浙江省科技进步奖二等奖。

该成果被农业部列为全国水稻主推技术，2006年以来累计推广应用2.5亿亩，新增稻谷1346.6万吨；2011—2013年在超级稻主要推广省份应用面积达1.19亿亩，增产稻谷640.0万吨，增产增效116.5亿元，节本增效20.9亿元，累计增效137.4亿元，取得了巨大的经济、社会和生态效益。为我国粮食产量“十连增”作出了重要贡献。

滴灌水肥一体化专用肥料及配套技术研发与应用

主要完成单位：新疆农垦科学院、中国农业大学、新疆惠利灌溉科技股份有限公司、石河子开发区三益化工有限责任公司、河北丰旺农业科技有限公司

主要完成人：尹飞虎、陈云、李光永、关新元、尹强、王军、任奎东、柴付军、黄兴法、樊庆鲁

获奖情况：国家科学技术进步奖二等奖

成果简介：

滴灌水肥一体化技术是现代农业的一种精准灌溉和高效施肥技术。20世纪末，针对该技术对高水溶性肥料及高效应用技术的需求，项目组从解决困扰肥料水溶性的关键——磷的水溶性及元素间的防拮抗等问题为切入点，历经16年研究，率先在国内攻破了该技术难题。在此基础上，先后开发出无机、有机—无机、生物—有机、复合微量元素等4类80余种配方的滴灌专用系列肥及生产工艺，创建了主要作物水肥一体化高效利用技术体系，同时在水肥精准施入产品开发上取得重大突破，并大规模应用于生产，支撑和推动了我国节水农业的发展。

1. 解决了滴灌专用肥生产中高水溶性磷的制备技术难题。开创性地将热法磷酸工艺替代传统磷胆生产的湿法磷酸工艺，使磷肥产品的水溶性磷由70%左右提高到99.5%以上；并结合自主研发的贫泥磷回收和液氨原料兼做冷媒的冷却结晶技术，提高了磷资源利用率和生产效率，产品成本降低20%；经32p同位素示踪和放射性自显影研究验证，该技术产品中的磷在土壤中的运移范围比传统技术产品高出19.1%，磷的利用率提高24.7%。从根本上解决了传统磷肥产品中杂质多、水溶性差、成本高、利用率低等问题。

2. 攻克了固体滴灌专用肥中元素间防拮抗关键技术。发明了一种新型农用微量元素复合型络合剂——柠檬酸+EDTA及相应的共体一分步络合技术，锶决了固体滴灌专用肥生产中磷与多种金属微量元素结合时易形成沉淀的难题。经权威部门测试，该技术络合的微量元素Fe、Cu、Zn、B、Mn、Mo总含量≥26%，络合值分别比常用络合剂高出35%~160%，价格低17%~46%。

3. 研发出适应不同条件的滴灌水肥一体化精准灌水施肥装置。研制出适应大田作物滴灌施肥的敞口式施肥器，克服了压差式施肥器加肥不便、肥料进入管道浓度不均匀的问题；开发出适应设施园艺作物的全自动灌溉施肥过滤一体机，实现了水肥信息自动采集、自动灌溉与精确施肥，设备造价比同类进口产品低40%以上；发明了滴灌输水稳流装置，水肥施入均匀系数达94.0%~98.0%。

4. 建立了主要作物水肥一体化高效利用综合技术模式和标准化生产田间管理技术规程。针对我国西北、华北、东北地区不同生态特点，开展了滴灌条件下主要作物灌溉、施肥制度等方面研究，创建了水肥一体化高效利用技术模式，制定了标准化田间管理技术规程，开发出精准灌溉、施肥、管理专家决策系统，节水节肥增产效果显著：节水30%~50%，节肥30%左右，增产20%以上。

项目获国家授权专利32项，其中发明专利6项：软件著作权5项：列入国家重点新产品2项、发表论文89篇（其中SCI/EI 21篇）；主（参）编专著5部：制定国家、行业标准2项。在国内建滴灌肥厂5家，年生产规模30万吨，并辐射带动一批滴灌肥生产厂，生产规模200余万吨；建水肥一体化设备厂2家，年生产能力40万件；获省级科技进步一等奖2项。成果已在国内新疆、河北、内蒙古、广东等13省（区）大面积推广应用，2011—2013年应用面积6792.8万亩，新增效益58.05亿元；并辐射到阿曼、吉尔吉斯斯坦等国。

荔枝高效生产关键技术创新与应用

主要完成单位：华南农业大学、广东省农业科学院果树研究所、中国热带农业科学院南亚热带作物研究所、深圳市南山区西丽果场

主要完成人：李建国、陈厚彬、黄旭明、欧良喜、谢江辉、吴振先、王惠聪、袁沛元、叶钦海、陈维信

获奖情况：国家科学技术进步奖二等奖

成果简介：

荔枝是我国最有特色的南方第一大果树。我国荔枝面积57.8万公顷，占全世界的71.9%，在国际荔枝产业和贸易，及我国荔枝产区种植业中均占有举足轻重的地位。荔枝产业发展长期受到3大核心问题制约：成花难且不稳定、坐果难、落果和裂果严重；良种因缺乏相配套良法而导致优质品种比例低和栽培范围窄；采后果实品质劣变快、贮运保鲜难等。该项目历经30年，针对上述技术“瓶颈”，开展了系统的理论研究、技术研发和示范推广，取得如下创新性成果.

1. 针对荔枝“成花难”和“保果难”两大难题，从温度响应、水分需求、内源激素、碳素营养、源—库关系等角度系统揭示了荔枝花果发育的生理和分子机制，创新性提出了荔枝“花芽分化阶段性”假说和“球皮对球胆效应”果实发育理论：研创了螺旋环剥、营养和水分调控等关键技术，以此为核心集成了“秋季培养健壮结果母枝，冬季控梢促花芽分化，春季壮花提高坐果，夏季适时保果壮果”的四季管理技

术体系，使荔枝成花率从年际间10%~70%的剧烈波动提高到70%~90%稳定水平，坐果率提高10%~20%，裂果率减少40%~60%。

2. 筛选了果大和焦核率高的"妃子笑"优良单株进行繁育和大面积推广，揭示了其"花而不实"和果实着色不良的生理与分子机制，研发了以花穗管理和幼果期套袋为关键的丰产稳产配套技术，平均亩产量提高了2.5~3.5倍，果皮着色面积增加了1倍，使"妃子笑"从1987年前的零星种植成为栽培范围最广、销售期最长以及面积和年总产量最大的一个主推主栽优质品种，分别占全国总荔枝面积和年总产量的13.7%和23.3%。提高了荔枝产业优质品种覆盖率。

3. 针对荔枝果实采后"保鲜难"问题，揭示了荔枝采后果实品质发生快速劣变原因，发现冰温冷害仅加速果皮褐变但对果肉品质无不良影响；研发了采前防病、田间预冷、果皮护色和冰温贮运等关键技术，并制定了荔枝冰温贮藏技术标准，使采收时潜伏病害发生率由89.2%降低到12.5%，贮藏期的病情指数从35.7下降到1.7，保鲜期从原来的31~34天延长到40~55天，常温货架期由24~48小时延长到48~72小时，使鲜荔枝可贮运至全国各省区并成功远销欧美。

项目实施期间，获省部科技进步一等奖3项，获授权发明专利4项，制订了部颁行业标准2项；出版《荔枝学》等著作24部，在*BMC Genomics*等期刊发表论文286篇（SCI收录36篇）；研发了荔枝专用营养调节剂等7个新产品。中国农学会组织的科技成果评价认为该成果"技术难度大、系统性强、创新性明显、经济社会效益显著，总体处于国际荔枝研究领先水平"。成果在我国荔枝产区大面积推广应用，近3年累计推广应用106.67万公顷，占我国荔枝种植面积的61.5%，新增利润56.98亿元，对产区农民增产增收和区域经济发展发挥了重要作用。项目推动和支撑了我国荔枝产业的快速发展，不但使荔枝年总产量从1990年前不足10万吨提高到目前约172万吨，而且使鲜荔枝可贮运至国内各省区，并成功远销欧美，让鲜美的荔枝从以往的"宫廷珍果"和"富贵果"成为当今大江南北普通百姓都能享受得到的时令佳果和"大众果"。

杨树高产优质高效工业资源材新品种培育与应用

主要完成单位：中国林业科学研究院林业研究所、南京农业大学、北京林业大学、山东省林业科学研究院、辽宁省杨树研究所、安徽省林业科学研究院、黑龙江省森林与环境科学研究院

主要完成人：苏晓华、潘惠新、黄秦军、沈应柏、姜岳忠、王胜东、于一苏、赵自成、王福森、付贵生

获奖情况：国家科学技术进步奖二等奖

成果简介：

杨树是我国人工林主要造林树种，木材产量占全国木材总产量近1/3，不仅是我国平原木材加工产

业主要资源，而且在保障国家木材安全战略中占重要地位。项目针对我国杨树人工林生产力低、材质不能满足加工需求及品种老化单一等问题，经多家单位历时近20年合作攻关，在杨树育种理论与技术方法、优良品种创制、种质资源创新、品种应用推广等取得重大突破。

1. 创造性提出分区专适新品种群创制，自主选育出适于我国东北、华北、西北、江淮及长江中下游等杨树主产区有地域特异性高产优质高效工业资源材系列新品种30个，覆盖了我国杨树主栽区面积80%以上，实现了杨树主栽区良种普遍升级换代，提升了我国杨树产业化能力及国际竞争力。

2. 开创性地将生态育种理念应用于杨树良种选育，首次划分出我国杨树九大育种区，创立了亲本、组合、无性系选择三位一体多级选种程序和资源高效型品种评价指标体系，开发出重要性状功能分子辅助早期选育技术，突破了高效快速培育优良品种关键技术“瓶颈”，真正实现了品种在适应基础上的丰产、优质。

3. 首次从全自然分布区多水平收集我国极端缺乏的高生产潜力黑杨派种质资源，分气候生态区建立种质资源保存库，系统评价构建出核心育种资源群体，突破了制约我国杨树育种有效资源匮乏的瓶颈问题，开创了我国杨树育种高效、持续、发展新局面。

4. 提出品种与栽培模式同步评选，创建了良种与良法配套同步推广应用新模式，显著提高了良种转化效率。

获国家植物新品种权15个，获国家及省级林木良种15个；获发明专利1项；制定行业标准4项；出版专著2部；发表论文108篇（SCI收录13篇）。获国家及地方科技成果8项；获林业行业最高科技奖——梁希林业科学技术奖一等奖1项，省级科技进步一等奖1项。

定向选育出30个新品种，比当地主栽品种材积生长量提高11.1%~60.9%，平均每公顷年增产木材3立方米以上，使我国现有杨树人工林产量提高20%以上；收集18个国家25个地区黑杨资源，跨7个气候区建种质库8个，保存资源2258份，并构建302个资源的核心种质库，遗传多样性达85%；开发水分、养分和光能利用及材性重要性状功能分子标记18个，最高遗传贡献率可达19.48%；配套同步推广模式缩短品种投产时间1/3，提高效益20%以上。

该项目是近20年来我国杨树育种领域取得的具里程碑意义成果，不仅育成品种数量多、质量高、覆盖面广、经济效益大，而且全面创新杨树育种理论与技术体系，开拓了提高育种效率和加速育种进程的道路，推动了我国杨树主产区总体上品种升级换代，保障了加工业的资源需求。成果达到了国内外同类技术先进水平。成果已在我国26个省区推广应用，面积达63.72万公顷，年产木材1433.7万立方米，累计创产值252.93亿元，取得了巨大经济、社会和生态效益。

竹纤维制备关键技术及功能化应用

主要完成单位：福建农林大学、陕西科技大学、福建宏远集团有限公司、四川永丰纸业股份有限公司、福建省晋江优兰发纸业有限公司、贵州赤天化纸业股份有

限公司、胡南拓普竹麻产业开发有限公司

主要完成人：陈礼辉、黄六莲、刘必前、张美云、叶敏、徐永建、赵琳、柯吉熊、张鼎军、郑勇

获奖情况：国家科学技术进步奖二等奖

成果简介：

针对竹纤维加工过程中竹材深度脱除木质素和半纤维素选择性差以及传统竹纤维产品性能差、生产能耗高、污染严重等科学技术问题，以低值中小径级竹材为原料，研发竹纤维制备及其功能化应用关键技术，开发出竹浆和竹溶解浆及其环保型纺织材料、低定量包装材料和多功能墙体装饰材料。主要科技创新如下。

1. 探明了竹材深度脱木质素规律：创新了竹材硫酸盐法间歇置换蒸煮技术，攻克竹材蒸煮选择性低、碳水化合物降解严重、生产能耗大等难题：创建了竹浆氧脱木质素过程自由基测定和控制方法，探明三聚磷酸钠促进木质素脱除和减少碳水化合物降解机制，突破传统氧脱木质素率难以逾越50%的瓶颈；创新间歇置换蒸煮与无元素氯漂白制备竹浆技术体系，蒸汽用量降低50%以上，竹浆得率提高9.7%以上，性能超过国家标准一等品要求。

2. 探明了竹材深度脱半纤维素机制：建立蒸汽预水解去除聚戊糖预测模型，克服了竹材深度脱半纤维素选择性差和常规剧烈因子很难预测聚戊糖溶出规律的难题；创新蒸汽预水解间歇置换蒸煮漂白、无预水解连续蒸煮漂白制备溶解浆技术体系，蒸汽用量、预水解废酸量分别减少20%、28%以上，竹溶解浆得率提高8.6%以上，性能超过国家标准优等品要求。

3. 自主研制出回收率达97%以上的N-甲基吗啉-N-氧化物（NMMO）溶剂回收技术，打破国外NMMO溶剂法再生纤维素纺丝技术垄断局面：以竹溶解浆为原料，创建拥有自主知识产权的竹莱赛尔（Lyocell）短纤维生产线，开发出竹Lyocell纤维及其混纺纱线和针织面料，纤维干断裂强度大于4.2cN/dtex，湿断裂强度大于2.9cN/dtex，性能优于竹粘胶纤维，达到国外同类产品标准。

4. 创建评价浆料抄造性能的理论模型，解决了竹浆替代木浆后不适应制备低定量包装材料的难题，开发出12克/平方米超薄薄页包装纸和17克/平方米拷贝纸，性能指标分别达到国家标准一等品和优等品要求，市场占有率50%以上。主持制定了薄页包装纸国家标准。

5. 研发出胶囊型淀粉包覆碳酸钙填料、壳聚糖/苯扎氯铵载药微球和宽光域响应二氧化钛光催化剂，以竹浆为原料，开发出高强度、抗菌防霉、可见光催化降解甲醛的墙体装饰材料——竹纤维基壁纸，达到纸基壁纸国家标准要求，甲醛净化效率82%以上，防霉级别达国家1级标准。

该技术在全国重点竹产区企业推广，节能、减排和降耗效果显著，近3年新增销售额99亿元，新增利润7.3亿元，新增税收6.3亿元，制浆漂白废水中的可吸附有机卤素（AOX）和二噁英排放浓度分别降至7.5mg/L、1.6pgTEQ/L以下，远低于国家标准限值，实现清洁生产，推动竹加工产业升级，取得了显著经济、生态和社会效益。

获发明专利10项，实用新型专利8项，总体达到国际先进水平，部分技术达国际领先水平；获省技术发明奖一等奖1项、进步奖二等奖2项，国家重点新产品1项、省优秀新产品一等奖2项；出版专著1

部，SCI、EI收录论文18篇。

非耕地工业油料植物高产新品种选育及高值化利用技术

主要完成单位：湖南省林业科学院、中国林业科学研究院林产化学工业研究所、天津科技大学、天津南开大学蓖麻工程科技有限公司、中南林业科技大学、淄博市农业科学研究院、广西壮族自治区林业科学研究院

主要完成人：李昌珠、夏建陵、王光明、叶锋、蒋丽娟、王昌禄、肖志红、马锦林、聂小安、张良波

获奖情况：国家科学技术进步奖二等奖

成果简介：

针对我国非耕地发展工业油料产业存在高产品种缺乏、加工技术和装备落后、产业效益较低等难题，该项目在国家“863计划”和“科技支撑”等计划的支持下，历时15年，在蓖麻、光皮树和油桐的高产新品种选育、非耕地矮密化栽培和油料高值化利用方面取得突破性成果，实现了非耕地油料植物的大面积种植和工业油料规模化加工利用。

1. 首创了蓖麻纯雌系三系杂交育种新技术，选育出淄蓖麻8号等高产高含油新品种8个，亩产干籽303.6千克以上，较对照提高32.8%以上；运用无性系矮化育种技术选育出高产高含油的光皮树矮化新品种10个和油桐新品种4个，光皮树干果和油桐干籽亩产分别超过351.6千克和203.8千克。新品种通过国家和部省级审定。

2. 研制出蓖麻、光皮树和油桐在非耕地规模化、集约化高产栽培技术体系。创立了蓖麻纯雌系工程化高产制种新技术，系统研究出新品种区域应用组合控制、株型调控和立地指数密度“三控制”高产栽培技术，产量比对照增加20.9%以上；攻克了光皮树组织培养、扦插和嫁接技术，工厂化年繁育苗木1600万株，创新集成品种矮化和砧木矮化栽培的“双重矮化”技术，实现了光皮树矮密化栽培，3年始果，5年达到盛果期，株高小于3.0米，产量比对照提高25.3%以上：建立了油桐花果调控高产栽培技术，座果率提高16.7%以上。

3. 发明了高含油、多双键和羟基活性官能团的工业植物油料清洁、高效制备技术，创建了蓖麻、光皮树和油桐油料理化性质的快速检测方法，发明了连续式低温压榨耦合多级逆流萃取制油技术与装备，实现了油料直接入料压榨以及油脂和磷脂等高附加值产品的同步提取，制油过程温度低于80℃，残油率小于1.0%，蛋白变性率低于5.2%，较传统技术节能10.3%以上。

4. 发明了集气—液—固三相酯化、粗甲酯无水脱皂功效于一体的甘油沉降耦合连续酯交换技术制备生物柴油工艺，开发了耐低温柴油添加剂和生物柴油混配产品B5和B10，油脂单程转化率提高14.7%，能耗降低18.6%：创新集成油脂选择性加成定向聚合酰胺化等关键技术和制备工艺用于环氧结构胶和环氧沥青材料的耐高温低粘度聚酰胺固化剂产品：运用定向重组、催化转化及调和混配技术，开

发出大跨度温度范围发动机等特用的SM级油脂基生物滑润油系列新产品。形成整体技术和产品链，实现工业油料植物的高值化利用。

该项目共选育出工业油料新品种22个，获国家发明专利24项，制定行业和企业标准5项，发表论文136篇（SCI/EI收录23篇），出版专著4部，鉴定成果12项。新品种在湖南、新疆、内蒙古、吉林等20个地区以及印尼、马来西亚等12个国家的山地、盐碱地等非耕地推广，累积推广610多万亩：油料加工技术及产品先后在湖南金德意能源油脂集团、北大未名集团、南京天力信有限公司等大型企业应用。各类产品近3年累计实现产值49.38亿元，新增税收1.43亿元，产生了显著的社会、经济和生态效益。

《听伯伯讲银杏的故事》

主要完成单位：南京林业大学

主要完成人：曹福亮、祝遵凌、邵权熙、郁万文、卫欣、周吉林、顾炜江、周统建、何增明、张武军

获奖情况：国家科学技术进步奖二等奖

成果简介：

银杏是我国特有“活化石”树种，集科研、经济、生态、景观、文化价值于一身，在我国绝大部分地区都有分布，栽培历史悠久，是国树的候选树种，深受广大群众的喜爱。该项目以银杏为选题，以创新性科研成果为基础，以少儿为科普对象，采用儿歌、漫画、故事、动画等表现形式，运用纸质图书、电子图书、互联网、电视和新媒体等传播方式，用通俗易懂的儿童语言，生动、有效地传播银杏知识。

项目组历时20多年研究取得了一批创新性成果，获国家科技进步奖3项、省部级奖6项，出版《中国银杏》《中国银杏志》《银杏》等5部专著。为了普及银杏科学技术知识，惠及民众，以上述成果为基础，精选银杏核心知识点，历时10多年创作出《听伯伯讲银杏的故事》为核心的“1+6”科普读物，其中，“1”指纸质图书；“6”指：①纸质图书电子版；②电子图书；③App应用终端；④动画片；⑤电视宣传片；⑥科普讲座课件。从“银杏美丽名字的由来”“银杏是人们心中神奇的树种”等8个方面普及银杏知识。

作品重点面向中小学生，顾及林业科技人员、行业主管部门工作人员、科普工作者、银杏爱好者和银杏产区群众。作品通过多种发行方式走进中小学、幼儿园和城乡，在国内外产生广泛影响。

创新手法：一是科学知识融入原创故事。从孩子们观察事物的角度人手，多角度把握少儿读者的阅读心理，把银杏知识点创作成50个生动有趣的故事。通过引人入胜的故事情节，少儿化的活泼对白，结合探险、游记的场景，充满“悬案”的情境，激发少儿读者探索科学的好奇心。二是科学知识与文化艺术结合。采用漫画、动画等艺术手法，展示银杏知识点，注重文学、美学、社会学的渗透，既有对银杏的客观描写，又融入审美理念创作银杏形象。

表现形式：一是用漫画故事讲述科学知识。从2万多份原创摄影作品中精选易于儿童接受和喜闻乐见的照片，二次创作为漫画。以漫画配故事，用故事讲述深奥的科学，使小朋友很有兴趣地接受银杏

知识。二是用生动有趣的文字激发少儿读者兴趣。用简单的对话、少儿化的语言、幽默的风格，回避专业术语，减轻小朋友阅读“疲劳感”，增加阅读兴奋点。三是用动画寓教于乐。以欢乐和活泼的形式，把故事分解创作成一幅幅动画场景，视觉效果强烈，诱发孩子对科学的兴趣，增进孩子对知识点的认知，印象深刻、记忆持久。四是用新媒体扩大宣传。采用App、微博、微信等现代传播手段，文字、音频、视频交互，便于多渠道获取知识。

创新发行传播模式，牺牲可观的经济效益换取显著的社会效益。先后发行纸质图书印刷3次共计1.5万余册，赠送电子版光盘3万余张；通过网络传播电子图书、动画片等，网络阅读量达26万人次；广播、电视、报纸传播转载2000万人次；通过报告会、银杏节、银杏森林公园、科普馆、国树和省（市、县）树评选等方式，互动累计逾3000万人次。

该作品带动了《植物“活化石”》《探索银杏的健康奥秘》《银杏丰产栽培实用技术》等10余部后续科普作品创作。

饲料用酶技术体系创新及重点产品创制

主要完成单位：中国农业科学院饲料研究所、青岛蔚蓝生物集团有限公司、广东溢多利生物科技股份有限公司、武汉新华扬生物股份有限公司、北京挑战生物技术有限公司、新希望集团有限公司

主要完成人：姚斌、罗会颖、黄火清、杨培龙、柏映国、于会民、李阳源、詹志春、刘鲁民、李学军

获奖情况：国家科学技术进步奖二等奖

成果简介：

我国养殖规模居世界首位，但饲料粮短缺、养殖环境污染及动物产品安全等问题制约着我国养殖业的健康可持续发展。饲料用酶是一类应用效果极为显著的新型绿色饲料添加剂，可显著提高饲料利用效率、降低氮磷等有机物排放及减少药物性添加剂的使用，从而节约饲料粮、保障环境和动物产品安全，是从养殖业源头——饲料层面解决上述问题的有效途径。欧美发达国家于20世纪90年代开始推广应用饲料用酶并进入中国市场，但其特殊的性能要求及高昂的成本等“瓶颈”问题始终未能有效解决，极大限制了其普及应用。该项目建立了完整的酶基础研究和产品开发自主技术体系，系统地解决了饲料用酶性能、成本、知识产权和可持续研发等产业化应用的“瓶颈”问题，打破了国际大公司的垄断，并使我国饲料用酶迅速发展成为具有国际竞争力、效益显著的新兴产业。

主要创新内容如下。

1. 创立了高效的基因资源挖掘技术体系，在国际酶基因资源的激烈争夺上占据制高点。克隆到具有高比活、耐高温、嗜酸、抗蛋白酶等特性的饲料用酶新基因184个，该项目中的5种饲料用酶基因在GenBank数据库中的注册数占全球近五年总数的28.9%。

2. 酶的构效机理和高效表达机制研究取得突破，构建了高效的酶分子改良和表达技术体系，解决了酶难以满足饲料高温制粒要求，易被胃酸和消化道蛋白酶降解以及产业化生产成本高等瓶颈问题。国际上首次获得了集高比活性、耐高温、嗜酸、抗蛋白酶为一体的综合性能优越、全面满足养殖业需求的酶蛋白，并构建了表达水平达10~50g/L级的高效表达技术体系，居国际领先水平。

3. 植酸酶的研发始终处于国际领先水平，产品占据国内市场90%以上，且相关技术和产品已向美国等发达国家输出。由首次实现规模化生产的单一植酸酶发展为完整的系列产品，广泛应用于畜禽和水产养殖领域，且技术水平持续提升，如耐90℃高温的植酸酶技术水平达6.4万IU/mL发酵液，引领了研发方向。

4. 饲料用酶的整体技术水平居国际先端，促进了系列饲料用酶的研发与迅速的普及应用，推动行业发展。创制的木聚糖酶β-葡聚糖酶、甘露聚糖酶、α-半乳糖苷酶等主要饲料用酶的产业化生产水平分别达到22万IU/mL、9万IU/mL、7万IU/mL、4千IU/mL发酵液，较同类技术高3倍以上。

该项目单位近3年产生直接经济效益(利税)5.50亿元。项目期内累计生产销售单酶及复合酶产品20.6万吨，在全国31省区上千家饲料及养殖企业推广应用，并出口欧、美等20余个国家。产品已应用于全国80%以上的猪、鸡、水产等动物饲料，间接经济效益546.53亿元，并节约粮食5000万吨、磷资源1000万吨，减少养殖业磷氮等有机物排放1300万吨。

项目获授权专利66项，其中发明专利56项(包括授权PCT专利2项)，占国内饲料用酶基因专利的69%。发表SCI论文113篇，SCI他引578次。参与制定国家或行业标准9项。成果技术和专利不仅向国内20多家优势酶制剂企业转让，还向美国企业2次转让技术。该项目部分内容已获2013年北京市科技奖一等奖和第八届大北农科技奖特等奖。

奶牛饲料高效利用及精准饲养技术创建与应用

主要完成单位：中国农业大学、山东农业大学、河北农业大学、东北农业大学、北京首农畜牧发展有限公司、现代牧业(集团)有限公司、北京中地种畜股份有限公司

主要完成人：李胜利、冯仰廉、王中华、李建国、曹志军、张晓明、张永根、张振新、刘连超、高丽娜

获奖情况：国家科学技术进步奖二等奖

成果简介：

我国是世界第三奶牛养殖大国，奶业已成为促进经济发展的重要支柱型产业，正处于由数量增长型向质量效益型转变的关键时期。项目自1994年开始在国家自然科学基金重点项目、公益性行业专项等支持下，针对制约我国奶业发展的饲料与营养方面的重大技术问题，围绕奶牛主要营养素代谢基础

理论、饲料营养价值评定和精准饲养技术体系，开展了系统的理论和技术创新及应用，取得了一系列成果，为提高奶牛单产、乳蛋白率和饲料转化率，降低甲烷、氮和磷环境排放量提供了理论和技术支撑，推动了我国奶牛营养科学的进步。

1. 揭示了关键营养素对奶牛营养代谢机理及调控作用，构建了提高乳蛋白率和饲料转化率的关键技术。阐明了小肽吸收机理，建立了乳腺氨基酸需要量和代谢模式，为通过营养代谢调控提高乳蛋白率提供了技术途径。揭示了谷氨酰胺通过增加小肠绒毛高度及隐窝深度、增强肝细胞自噬能力，缓解犊牛断奶应激的作用机理。研究发现无机铜和有机铜不同吸收部位和比例影响奶牛血铜动态变化规律，明确了二者的互作机制。研制了新型奶牛尿液收集方法，突破了母牛氮代谢研究方法的技术瓶颈。提出了瘤胃能氮平衡评价体系，为提高奶牛饲料转化率提供了营养调控理论。

2. 创建了中国奶牛营养需要和饲养标准，建立了中国奶牛饲料营养价值数据库。建立了奶牛小肠可消化蛋白质体系和赖氨酸、蛋氨酸平衡模型，使我国在该领域研究进入世界先进行列。建立了以奶牛能量单位为特点的能量体系和基于消化能推算饲料产奶净能的模型，奠定了我国奶牛净能体系的基础。提出了围产期奶牛能量需要量、泌乳奶牛维生素和磷的需要量，在此基础上建立了适合我国奶牛养殖特点的中国奶牛饲养标准。开展了13类485种20000多个饲料样品的营养价值系统评定，建立了基本覆盖我国奶牛饲料资源的饲料营养价值数据库。出版了《奶牛营养需要和饲料成分》，成为我国奶牛养殖业实现科学饲料配方的技术依据。

3. 创建了奶牛精准饲养技术体系。建立了以数字化信息平台，标准化养殖技术，牛群饲养效果评价和甲烷、氮、磷减排技术为核心的奶牛精准饲养技术体系，为改变我国奶牛饲养粗放和生产水平低的局面提供了综合技术措施。示范奶牛场单产达到7.3吨，比全国奶牛单产提高1.8吨，乳蛋白率提高0.1个百分点，饲料转化率提高18.2%，甲烷、氮和磷分别减排26.7%、11.6%和28.7%。

项目获得专利20项（其中发明专利9项），软件著作权6项，制定行业或地方标准5项；出版专著15部，发表论文387篇（SCI收录33篇）；培养博士24名、硕士135名。近3年核心技术作为农业部主推技术广泛应用，累计培训1.7万人次，示范奶牛507万头次，技术支撑了三元绿荷、天津嘉立荷等世界一流奶牛养殖企业，培育了两个有机奶知名品牌；新增产值45.4亿元，新增利润7.0亿元。部分成果获得中华农业科技进步奖一等奖、教育部科技进步奖（推广类）一等奖、河北省科技进步奖一等奖和山东省科技进步奖一等奖。

大恒肉鸡培育与育种技术体系的建立及应用

主要完成单位：四川省畜牧科学研究院、四川农业大学、四川大恒家禽有限公司

主要完成人：蒋小松、朱庆、杜华锐、李晴云、刘益平、李小成、杨朝武、张增荣、万昭军、赵小玲

获奖情况：国家科学技术进步奖二等奖

成果简介：

我国丰富的地方鸡种遗传资源和巨大市场潜力使优质肉鸡业成为最具中国特色、品种国产化率最高(达50%)、有效促进农民增收的重要产业,优质鸡肉产量占禽肉总量的25%。地方品种生产效率低,需建立遗传育种技术体系,并培育出生产效率高肉质风味优的新品种。该项目历经26年研究,利用地方鸡种遗传资源及优质性状基因,开展18个品系选育,5个品系通过审定,培育出通过国家审定的"大恒699"肉鸡新品种(配套系),有效解决了快速提高地方鸡种生长性能、改良肉鸡母系繁殖性状和使肉质风味性状及生产效率性状在遗传上结合的国际性难题,取得多项创新成果。

主要技术内容和技术经济指标如下。

1. 利用地方鸡种遗传资源育成新品种。育成外貌一致、特色鲜明、性能稳定的新品系5个(2005)新品种证字第02号);培育出"大恒699"肉鸡配套系(农(09)新品种证字第39号),与地方鸡种相比,10周龄体重高出88%,节省饲料23%。新品种集成了地方鸡种的外观和肉质风味,大幅度提高了生产效率。

2. 揭示了地方鸡种遗传特性。探明了中国地方鸡种的母系起源、抗逆性和适应性的分子机理;弄清了旧院黑鸡等8个地方鸡种生产性状表型和独特性状遗传特性;获得了与繁殖、生长、肉质等主要经济性状高度关联的候选基因20个。

3. 创建了家禽育种规划技术体系。建立了用于联合与非联合肉鸡生产系统经济评价的确定性模型,推导出了两种情况下肉鸡育种重要性状的经济价值;创建了应用基因流方法推导生产性状和繁殖性状的累积贴现表达值(CDE)的系统设计方案;建立了繁殖性状遗传选择的纯种与杂种联合选择方法(CCPS);构建了肉质指数并作为独立的目标性状纳入育种规划。

4. 创立了分子遗传与数量遗传相结合的育种技术体系。系统研究了大恒肉鸡主要经济性状分子标记;将分子标记技术用于肉质性状辅助选择,确定各品系遗传距离和获得杂种优势;创建双性状多基因聚合技术并培育出高肌苷酸和高肌内脂肪新品系。

5. 构建了优质肉鸡饲养管理技术体系。建立了累积生长与生产效益耦合模型等新品种养殖配套技术体系;创建了氮素循环的耕地肉鸡承载能力评估模型;设计了标准化鸡舍建设工艺方案。应用配套技术使产蛋量、饲料报酬、全期成活率分别提高9.03%、8.76%和4.57%,用药成本降低23.48%。

获国家畜禽新品种(配套系)证书1个,获省畜禽新品种(配套系)证书的新品系5个;获授权和申请国家发明专利23项,其中授权发明专利9项、授权实用新型专利6项;养殖技术标准10项;出版专著8部;发表论文187篇,其中SCI论文46篇,SCI他引170次。阶段性成果获省科技进步奖一等奖。

新品种在全国18个省市推广,近3年推广父母代种鸡280.22万套,累计生产商品肉鸡37997.83万只,推广新品种和配套养殖技术获经济效益52.62亿元,取得了重大社会、经济和生态效益。

东海区重要渔业资源可持续利用关键技术研究与示范

主要完成单位：浙江海洋学院、中国水产科学研究院东海水产研究所、浙江省海洋水产研究所、福建省水产研究所、江苏省海洋水产研究所、农业部东海区渔政局(中华人民共和国东海区渔政局)

主要完成人：吴常文、程家骅、徐汉祥、戴天元、汤建华、张秋华、俞存根、李圣法、周永东、王伟定

获奖情况：国家科学技术进步奖二等奖

成果简介：

渔业资源是人类最重要的蛋白来源之一。各沿岸国为争夺海洋资源的管辖权和开发权，纷纷依据国际海洋法提出有利于本国的海洋专属经济区主张和严格的渔业管理制度。东海区属半封闭海域，是渔业资源最丰富、生产力最高的海区之一，长期以来其渔业资源为我国及日本、韩国共同利用。该海区一直是我国海洋水产的主产区，海洋捕捞总产量占全国的40%~50%，在我国海洋渔业中起着举足轻重的作用。随着东海区渔业的发展，家底不清、资源衰退及渔业权益纠纷等问题也日益显露，如何促进重要渔业资源的可持续利用，是摆在我们面前长期而又紧迫的任务。

该项目从国家战略需求出发，与《国家中长期科学和技术发展规划纲要(2006—2020年)》等紧密衔接，通过“十一五”国家科技支撑计划等项目实施，针对东海区渔业现状和特点，围绕渔业资源可持续利用，通过一系列调查探测、评估分析、试验实践等综合手段，掌握了重要渔业资源变化规律、突破了增殖放流与生境修复关键技术、创新了渔业资源管理策略，发展和丰富了东海区重要渔业资源养护和可持续利用理论、方法和技术，促进了东海区渔业经济社会的可持续发展。

1. 针对东海区重要渔业资源“家底”不清，开展了重要渔业资源调查评估，掌握了重要渔业资源变化规律，揭示了重要经济种类的补充机制，评价了重要渔场生态系统稳定性，开发了新渔场新资源，为制定积极稳妥的利用政策、科学合理的养护政策以及涉外海域的渔业谈判等提供了重要科学依据。

2. 针对东海区重要渔业资源衰退与近岸海域生境退化现象，优化了增殖放流关键技术，突破了标志放流关键技术，发展了人工鱼礁建设关键技术，研发了人工藻场建设关键技术，组织实施了规模化增殖放流与生境修复示范区建设，显著减缓了渔业资源衰退现象，有效缓解了近岸海域生境退化。

3. 针对东海区重要渔业资源特点及渔业管理现状，确立了我国在东海的鱼源国主体地位，完善了《东海区伏季休渔方案》，建立了国家级水产种质资源保护区，制定了《重要渔业资源品种可捕规格》与《海洋捕捞渔具准入制度》，被国家渔业行政主管部门采纳并以法规形式颁布实施，为渔业资源的精准化管理和可持续利用提供了重要政策保障。

项目建立了"东海带鱼国家级水产种质资源保护区"和"吕泗渔场小黄鱼、银鲳国家级水产种质资源保护区",建立了一批增殖放流和生境修复示范区,开展了规模化增殖放流。2008—2012年仅浙江省,放流品种达30种、放流数达37.4亿尾,建立了18个增殖放流区与12个人工鱼礁区(47.91万平方米)、4个人工藻场区(53万平方米)与5个保护区。与伏季休渔前5年(1990—1994年)平均值相比,近3年约累计新增产量765.98万吨、新增产值459.59亿元。

项目出版著作12部,发表论文208篇(SCI22篇、一级52篇)。获发明专利16项、实用专利52项,制订规范7项。获省(市)政府一等奖2项、二等奖3项,经科技部登记奖二等奖2项,国家海洋局创新成果奖二等奖4项。

2015年

二等奖

CIMMYT小麦引进、研究与创新利用

主要完成单位: 中国农业科学院作物科学研究所、四川省农业科学院作物研究所、新疆农业科学院核技术生物技术研究所、云南省农业科学院粮食作物研究所、宁夏农林科学院、甘肃省农业科学院小麦研究所、湖北省农业科学院粮食作物研究所

主要完成人: 何中虎、夏先春、陈新民、邹裕春、吴振录、庄巧生、于亚雄、袁汉民、杨文雄、李梅芳

获奖情况: 国家科学技术进步奖二等奖

成果简介:

针对我国小麦育种可用亲本资源短缺和品种对白粉病与条锈病的抗性频繁丧失两大关键问题,采取国内协作与国际合作相结合、引进创新与自主创新相结合的策略,于1990—2014年系统开展了CIMMYT(国际玉米小麦改良中心)小麦引进、研究与创新利用,在3个方面取得重大进展。

1. 从CIMMYT及14个国家引进品种资源50972份,包括育成品种与品系、农家种、近等基因系等。最早采用春化、光周期、早熟性、矮秆等影响品种适应性的主要基因的分子标记与表型鉴定相结合的方法,系统解析主要国家品种引进后在我国主产麦区的适应性机理与利用价值,提出不同地区利用CIMMYT种质的具体途径和亲本组配模式。除引进的12个品种已直接审定推广外,还将筛选出的18165份

有一定利用价值的优异资源交国家和地方种质库长期保存，占我国种质库中引进小麦资源的56.2%，不仅极大地丰富了我国小麦种质资源的数量和类型，还为育种有效利用国外种质提供理论支撑。

2. 率先从引进品种及国内品种中筛选出兼抗白粉、条锈和叶锈病的成株抗性（受微效基因控制，具持久抗性特点）品种21份。首次发现兼抗上述3种病害且效应较大的成株抗性基因位点（QTL）5个及其紧密连锁的分子标记9个，其抗性已保持60多年，占国际已报道的兼抗型成株抗性位点的55%；还与CIMMYT合作，发现2个兼抗条锈和叶锈病的基因Yr18和Yr29也抗白粉病。创立了分子标记与常规育种相结合的兼抗型成株抗性育种新方法，育成农艺性状优良的兼抗型育种材料54份及国审品种川麦32，为培育兼抗型持久抗性新品种提供了遗传基础清晰的亲本、基因、分子标记和成功范例，为从根本上解决品种抗病性频繁丧失提供了新思路和可操作的新方法，被同行誉为小麦抗病育种理念和方法的新突破。

3. 通过引进种质创新利用，育成目标性状突出、综合性状优良的重要育种亲本6份，其中川麦30和新春6号已分别成为四川和新疆小麦育种的骨干亲本。利用引进种质和创制的骨干亲本育成28个高产抗病优质广适新品种，其中“新春6号”“绵农4号”和“川麦30等”分别成为新疆和四川的主栽品种。根据9省区种子管理站统计，1990—2014年上述品种累计推广2.24269亿亩（近3年推广1800万亩），增加社会效益133.21亿元，带动西部春麦区和西南麦区实现2~3次品种更换，CIMMYT种质对提高我国小麦产量、抗病性和改良品质起到关键作用，为全国小麦育种和生产发展乃至国家粮食安全作出了突出贡献。

发表学术论文80篇，其中SCI论文50篇（TAG和Crop Science有关成株抗性评述性论文2篇），影响因子2.0以上23篇，总引用1095次（SCI引用762次）；中国农业科学和作物学报论文30篇。出版专译著5部，获授权发明专利5项。为提高我国小麦研究创新能力和扩大国际影响做出重要贡献。本项目的部分研究内容和利用国外种质育成的新品种已先后获北京市和湖北省等省级科技进步一等奖5项。

高产稳产棉花品种鲁棉研28号选育与应用

主要完成单位： 山东棉花研究中心、中国农业科学院生物技术研究所、创世纪种业有限公司、山东银兴种业股份有限公司

主要完成人： 王家宝、王留明、赵军胜、孟志刚、刘任重、陈莹、王秀丽、杨静、董合忠、赵洪亮

获奖情况： 国家科学技术进步奖二等奖

成果简介：

针对国外抗虫棉品种铃小、衣分低、产量潜力较小，早期国产抗虫棉品种产量低而不稳等突出问题，以培育高产稳产抗虫棉品种为目标，通过优选亲本、混合互交、多生态交叉轮回选择，育成高产稳产Bt抗虫棉品种鲁棉研28号，2006年通过国家审定，2007年通过山东省审定，2011年获植物新品种权，

2012年在苏丹审定。2007—2014年连续8年被农业部定为全国主导品种，是国家、山东省和河南省区试对照，在黄河流域棉区累计推广9084万亩，是累计推广面积最大的国产抗虫棉品种，在我国棉花生产中发挥了无可替代的作用。

提出并实施了“优选亲本、混合互交、轮回选择、多生态交叉鉴定”的稳发型抗虫棉育种策略，育成高产稳产抗虫棉品种“鲁棉研28号”。针对转基因抗虫棉遗传基础狭窄的问题，优选性状互补、遗传背景不同的8个亲本材料混合互交，构建了遗传基础丰富的育种群体，并运用轮回选择、多生态交叉鉴定的方法，培育成生长发育稳健、库源关系协调、熟相好的“稳发型”抗虫棉花新品种“鲁棉研28号”，实现了丰产性、稳产性、多抗性、广适性等重要农艺性状的协同改良，是我国抗虫棉育种的重大突破。

“鲁棉研28号”具有高产稳产、综合抗性强、适应性广、易栽培管理等突出特点。一是丰产稳产性好，在各级、各类区试中比对照增产12%~23%，2014年创出亩产籽棉456.7千克的高产纪录。二是综合抗性好，高抗枯萎病、耐黄萎病，抗棉铃虫；生长发育稳健，抗早衰，熟相好。三是适应性广，适宜在黄河流域棉区肥水地、旱薄地、盐碱地纯春播和间作套种，也被引种到长江下游棉区，并在苏丹审定推广，满足了多种生态条件和种植制度的要求。四是适合简化栽培，叶枝和赘芽少，自我调节能力强，易种易管。五是纤维品质优良，主要指标符合纺织要求。

探明了“鲁棉研28号”高产稳产的生理学机制，研究集成了配套丰产栽培技术。“鲁棉研28号”全生育期主要激素含量适中、比例协调，生长发育稳健，中后期仍保持较高的光合能力，干物质产量高，经济系数较高，是其高产的生理基础；抗逆性和补偿能力强，产量构成因素协调，维持了自身经济产量的相对稳定，是其稳产的机制。研究集成了以“精量播种、合理密植”为主要内容的肥水地高产简化栽培技术，“覆膜沟种、平衡施肥”为主要内容的盐碱地高产栽培技术，“轻简育苗、晚拔棉柴”为主要内容的套作栽培技术，促进了“鲁棉研28号”的大面积推广应用。

广泛应用于棉花生产和科研，创造出显著的社会和经济效益。2006—2014年累计在鲁豫冀津苏皖等省市推广9084万亩，增产皮棉105296万千克、棉子150483万千克，新增经济效益153.11亿元；“鲁棉研28号”已被国内多家育种单位作为骨干亲本应用，育成品种5个、新品系93个、强优势组合42个，为我国棉花育种提供了宝贵的种质资源。

获植物新品种权1个、授权专利1项；出版《鲁棉研28号选育与栽培研究》等著作（书）2部，发表学术论文34篇；获2010年度山东省科技进步一等奖。

晚粳稻核心种质测21的创制与新品种定向培育应用

主要完成单位：浙江省农业科学院、浙江省嘉兴市农业科学研究院（所）、中国科学院上海生命科学研究院

主要完成人：姚海根、张小明、姚坚、何祖华、石建尧、鲍根良、王淑珍、叶胜海、徐红星、管耀祖

获奖情况：国家科学技术进步奖二等奖

成果简介：

针对我国南方粳稻育种中存在的核心种质匮乏，高产、优质、抗逆不协调等突出问题，本项目自1983年起经连续30年的协作攻关，创制了晚粳稻核心种质“测21”，研创发明了“杂交育种新方法、病虫害抗性鉴定、稻米品质评价”等专利技术，在南方晚粳稻新品种选育及推广应用方面取得了突破性进展，为保障粮食安全做出了重大贡献。

1. 创制了晚粳稻核心种质测21，研发出“晚粳稻新品种定向选育新方法”。从改善植株光能高效利用的株叶形态入手，通过多亲本复合杂交和基因重组，聚合优良性状，创造性地定向培育出晚粳稻新种质“测21”。该种质遗传基础丰富、抗性强、适应性广、配合力好，成为我国常规粳稻育种和杂交粳稻育种的优良核心亲本。以“测21”为基础，研发出丰产性、优质性、抗病虫性、广适性于一体的“晚粳稻新品种定向选育新方法”，显著提高了育种效率。

2. 审定晚粳稻新品种54个(77次)，其中3个品种连续成为三代国家区试对照品种。以核心种质“测21”为亲本，采用定向选育方法，项目组共审定“秀水04”“浙粳22”等新品种54个(77次)、“嘉花1号A”等不育系4个，1990年起在浙江、上海覆盖率一直保持在50%以上，形成了粳、糯配套，早、中、晚搭配，丰、抗、优兼顾的系列品种优势，其中“祥湖84”“秀水11”和“秀水63”连续成为我国南方粳稻区试三代对照品种(1992—2007)，“秀水04”和“祥湖84”成为我国种植面积最大的粳、糯稻品种(1988—1992)，“秀水11”“秀水63”等单个品种推广面积在1000万亩以上。

3. 建立了晚粳稻优异种质资源库，克隆解析了多个重要基因的功能和调控机制。利用“测21”及衍生品种为材料，创制出双剑叶、双粒、大粒、优质、粗秆、柱头外露、抗稻瘟病等2850份晚粳稻优异种质资源，部分入选国家种质资源库。对粒型(Bsg1)、节间发育(Bui1)、控早衰(Sms1)等多个重要基因进行克隆，解析了基因功能及其调控机制，为分子设计育种奠定了基础。

4. 应用面积大、效益显著。中国水稻研究所等40个单位用“测21”及其衍生品种作亲本，在浙、苏、沪、皖、桂、鄂、冀、豫、黔、津、吉、辽、新等地审定“宁粳1号”“甬优12号”等品种195个(221次)、“甬粳2号A”等不育系27个，助推了我国常规粳稻和杂交粳稻的大发展，其中“宁粳1号”“武香粳14号”等单个品种推广面积在1000万亩以上。育成品种在集聚高产、优质、抗逆协调结合等方面取得重大突破，在生产上大面积应用，多个成为南方粳稻的主导品种，实现了南方粳稻新品种的多次更新，累计种植3.538亿亩。其中项目组自育品种累计1.810亿亩，增产稻谷46.608亿千克，创社会经济效益61.035亿元；2011—2013年累计种植1300万亩，创造效益12.573亿元。在*Plant Cell*等刊物发表论文26篇、他引609次，获发明专利2件、实用新型专利1件、品种权5件、浙江省科学技术奖一等奖3项。

该成果原创性强、技术先进、应用面大，促进了南方粳稻品种的持续增产和“籼改粳”的发展，社会经济效益显著，达到同类研究国际领先水平。

甘蓝型黄籽油菜遗传机理与新品种选育

主要完成单位：西南大学、华中农业大学、江苏省农业科学院、中国农业科学院油料作物研究所

主要完成人：李加纳、涂金星、张学昆、傅廷栋、张洁夫、柴友荣、梁颖、唐章林、刘列钊、殷家明

获奖情况：国家科学技术进步奖二等奖

成果简介：

黄籽油菜的油和饼粕商品性都显著优于传统黑籽油菜，是国内外主要育种目标之一，但由于甘蓝型黄籽油菜粒色不稳定、丰产性抗性较差等世界性难题，国内外甘蓝型黄籽油菜育种进展长期迟缓。在多个国家项目主持下，本成果经过28年的研究，理论上弄清了甘蓝型油菜粒色不稳定的遗传、生理生化和分子机理；利用C染色体资源和聚合育种技术创制出一批国际领先的粒色稳定、丰产性和抗性显著提高的甘蓝型黄籽油菜亲本资源材料，创新了选择效率显著提高的甘蓝型黄籽油菜育种技术方法，选育出4个高产优质高效的黄籽油菜新品种通过国家审定，应用面积9370.8万亩，农户增收72亿元以上，企业增效37.9亿元以上，确立了我国甘蓝型黄籽油菜基础研究与生产应用的国际领先地位。

本成果主要创新点如下。

1. 材料方法创新：率先在羽衣甘蓝（C染色体组）中发现了黄籽基因资源，并成功转育到甘蓝型油菜中；建立了近红外等3种粒色定量鉴定选择技术；先后从7种育种途径获得一大批不同遗传来源的甘蓝型黄籽油菜亲本材料，包括油脂＋蛋白质总量75%以上、黄籽率100%、黄籽度90%以上的优良亲本GH01、GH03、GH06和NO.2127-17等，其中，国内外首创的带有完全显性黄籽基因且遗传稳定的甘蓝型黄籽油菜新材料GH01，攻克了粒色遗传不稳定的世界性难题，经专家鉴定达到国内领先水平。

2. 品种创新：将传统育种方法与分子标记技术结合，充分发挥项目组甘蓝型黄籽油菜材料丰富的优势，建立了黄籽油菜聚合育种技术体系，创造性地聚合了黄籽、双低、高产、高含油量、广适多抗、高配合力等性状，先后育成甘蓝型黄籽油菜新品种“宁油10号”“渝黄1号”“渝黄2号”和“渝黄4号”通过国家审定并大面积推广应用，推广区域覆盖长江流域11个油菜主产省，占同期同类品种应用面积的90%以上。目前，我国是世界上唯一实现甘蓝型黄籽油菜新品种产业化的国家。

3. 理论创新：(1)创造性地提出了甘蓝型油菜粒色性状受主效-微效多基因系统控制和不同黑籽油菜带有不同的粒色修饰基因的假说，通过育种实践和分子机理研究得以验证，创新了甘蓝型黄籽杂交油菜的育种策略；(2)首次从代谢网络的角度系统全面地研究了甘蓝型油菜粒色形成机理，明确了油菜种皮色素和木质素合成途径中24个基因家族成员的转录表达特征、8种关键酶和12种次生代谢产物在种子成熟期间的动态变化、各种环境因素影响以及与黄籽性状的关系；(3)通过高密度遗传连锁图谱，将粒色主效基因精细定位在A09染色体100kb区间内，图位克隆了11个候选基因，进一步通过超表达和表达抑制，确定了3个调控甘蓝型油菜种皮色素合成的新基因。

本成果获授权发明专利13项，在国内外发表相关学术论文218篇，在5次国际会议上口头报告11篇(次)，成果相关内容先后4次被国内知名专家鉴定为国际国内领先水平，成果主要内容获得2009年度教育部科技进步一等奖。

小麦抗病、优质多样化基因资源的发掘、创新和利用

主要完成单位：中国农业大学

主要完成人：孙其信、刘志勇、刘广田、杨作民、梁荣奇、尤明山、李保云、解超杰、倪中福、杜金昆

获奖情况：国家科学技术进步奖二等奖

成果简介：

针对国际上小麦育种存在抗源单一化和品种“抗病性丧失”、抗病和优质基因资源因农艺性状差难以被育种家直接利用以及我国小麦品种加工品质难以满足市场和消费者需求等难题，项目组在国家、农业部和北京市项目支持下，历时25年科技攻关，系统开展了多样化抗病优质基因资源收集鉴定、核心抗病优质基因资源创建和种质创新、抗病优质新基因发掘和分子标记辅助选择体系建立、抗病优质高产新品种选育等工作，取得技术创新如下。

1. 构建了265份小麦“核心抗病优质基因资源”：累计收集、引进和鉴定国内外小麦抗病和优质多样化种质资源10275份，经过系统的鉴定、筛选和遗传分析，鉴别出对我国小麦锈病菌和白粉病菌优势小种具有优异抗性的多样化抗病基因资源163份以及具有优良加工品质的多样化基因资源102份，构建了数量多、代表性强、多样化水平高的“核心抗病优质基因资源”。

2. 创建了小麦多样化抗病优质基因资源创新和加速利用的“滚动式加代回交转育”方法：针对抗病资源单一化和高产小麦品种抗病性和加工品质差，急需引入抗病、优质基因，而多样化抗病优质基因资源农艺性状差、产量潜力低的问题，提出了“二线抗源”的概念，创建了“滚动式加代回交转育”方法，将多样化抗病优质基因资源导入华北、黄淮和长江流域17个高产品种遗传背景，创制出农艺性状优良且含有多样化抗病优质基因的回交转育创新种质材料和近等基因系，解决了小麦品种抗源单一化和抗病优质基因资源农艺性状差的问题。

3. 发掘出20个抗病优质新基因/等位基因并建立了分子标记辅助选择技术体系：发掘出12个抗白粉病新基因/位点，正式定名了Pm30、Pm41和Pm42三个新的抗白粉病基因；发掘出2个抗条锈病和2个抗叶锈病新基因/位点。建立了抗白粉病基因Pm21的SCAR标记及其分子标记辅助选择技术体系。鉴定出用于小麦品质改良的HMW-GS、Wx蛋白亚基、籽粒硬度、PPO等优质基因15个，发掘出4个籽粒硬度基因新等位变异；创建了“小麦品质遗传改良的标记辅助选择体系”，为我国抗病优质小麦分子育种奠定了技术和材料基础。

4. 育成18个高产抗病优质特用小麦新品种：项目组育成小麦新品种18个，获得1项植物新品种权；在国内首次审定抗白粉病多系品种“农大多系1号”和糯性小麦品种“农大糯麦1号”，填补了国内糯性小麦研究的空白。

项目组在本学科主流杂志上发表SCI论文21篇（SCI他引295次），出版专著1部，培养“杰青”3人，教育部“新世纪优秀人才”1人，形成了国内外有影响的小麦遗传育种团队，于2010年获得教育部科技进步一等奖。

项目组和其他单位利用多样化“核心抗病优质基因资源”共育成小麦新品种46个，累计推广面积7513万亩，经济、生态和社会效益显著。“该项目研究具有系统性和规模化，创新性强，前瞻性突出，实现了资源广泛收集与新基因发掘、资源改良创新和新品种选育、常规育种手段和现代分子育种技术的有机结合，总体上达到国际先进水平，在抗白粉病新基因发掘方面处于国际领先水平。”

玉米田间种植系列手册与挂图

主要完成单位：

主要完成人：李少昆、谢瑞芝、崔彦宏、高聚林、王克如、石洁、王永宏、舒薇、王俊忠、刘永红

获奖情况：国家科学技术进步奖二等奖

成果简介：

玉米是我国第一大作物，在国家粮食安全战略中具有重要地位。进入21世纪以来，玉米种植区域与面积快速扩大、产业化进程加快，生产方式、种植技术由传统向现代转变，迫切需要普及玉米生产新理念、新理论和新技术。

玉米田间种植手册包括《北方春玉米田间种植手册》《黄淮海夏玉米田间种植手册》《北方旱作玉米田间种植手册》《西北灌溉玉米田间种植手册》《西南玉米田间种植手册》和《南方地区甜、糯玉米田间种植手册》，对应我国玉米6大优势产区；玉米种植技术挂图共30张，包括区域种植技术挂图25张，田间生长异常诊断挂图5张。

作品选题围绕国家粮食安全的主线，满足玉米种植者对现代生产技术的需求。创作理念坚持读者至上，根据目标受众的理解能力、阅读习惯和思维方式设置科普内容和表现形式。前期进行了大量的需求调研，创作过程中充分征求目标受众的意见，重印和改版时吸收读者反馈，把读者看得懂、用得上作为作品创作和出版的原则。

科普内容先进、科学、针对性强。主创人员将玉米科研、技术推广和科普创作有机结合，组织玉米生产领域不同学科、不同产区的500余位一线专家联合创作，准确把握国内外玉米产业发展方向和区域生产特点，主要技术来源于多项国家和省、部级科研成果以及全国玉米主推技术，保证了作品的科学性、权威性和技术的准确性。

表现形式生动灵活。手册和挂图按我国玉米优势产业区划，立足各玉米产区生态、生产特点，分区

域、分册编写，地域针对性强；按玉米生产管理流程，以关键环节的生产问题为核心，分模块编制；以图为主、文图对照，精选3000多张典型图片，直观对照生产实际，突出识别、诊断与决策功能，实用性强；采用手册、挂图等不同形式和不同文字版本，满足差异化需求，受众针对性强。

探索创新农业科普传播渠道。构建政府、企业、市场推广相结合的作品发行模式：通过在政府公益性项目的广泛应用，扩大作品的社会影响力；吸引涉农企业以本作品为载体进行玉米生产技术服务，购置并发放给用户，提升企业形象和服务能力，促进了先进生产技术的传播。

本作品普及面广，社会影响力强。截至2014年12月，手册重印21次，合计出版91万册；挂图重印16次，合计出版165.4万张，已推广应用至我国所有玉米产区。《西南玉米田间种植手册》被译为英文出版，作为面向东南亚和非洲的农业交流与培训用书；《北方春玉米田间种植手册》被译为蒙文，《西北灌溉玉米田间种植手册》及挂图分别被译为维吾尔文和哈萨克文，在少数民族地区宣传、普及现代玉米生产技术和知识。

玉米田间种植系列手册与挂图的出版和应用，推动了我国现代玉米生产理念与技术的普及，社会、生态和经济效益显著，其创作理念、表现方式、普及渠道也为农业科普创作提供了有益借鉴。

高产早熟多抗广适小麦新品种国审偃展4110选育及应用

主要完成单位：河南省才智种子开发有限公司

主要完成人：徐才智

获奖情况：国家科学技术进步奖二等奖

成果简介：

小麦是我国主要粮食作物。20世纪末，我国小麦市场供需格局逐步进入紧平衡状态，存在缺口现象。在播种面积难以扩大的情况下，只有提高单产或进口来弥补缺口，而培育高产稳产新品种是提高单产的有效途径。黄淮麦区小麦播种面积和总产量均居首位。针对该区一年两熟复种指数高、作物茬口紧，晚播小麦种植面积比例大（占30%~40%），且中晚茬小麦品种普遍存在的丰产潜力偏低、抗寒和抗病能力差、播期弹性小（晚播导致收获偏迟）等突出问题开展攻关研究，培育出黄淮麦区主导品种“偃展4110”，2003年国家审定并获植物新品种权。

1. 创新品种选育策略和技术，育成早熟多穗广适抗病高产小麦新品种“偃展4110”，成为黄淮麦区中晚茬主导品种及国家和河南省新品种试验对照品种。针对中晚茬小麦品种普遍存在的共性问题，改良主推品种“豫麦18”，采用多亲本聚合杂交；通过早世代早播、选择耐低温特性和高代稳定品系晚播、选择耐后期高温特性；利用英国C39和法国FR81-3远缘抗病基因，结合人工诱发接种和多点鉴定等技术，实现了丰产性与抗病性、早熟性、抗寒性、适应性的有效聚合。通过研究分蘖成穗特性和叶姿、叶面积选择控制株型，解决了弱春性品种因分蘖成穗率低导致产量不高的技术难题。“偃展4110”参加国家和河南省区域试验分别较对照品种“豫麦18”增产7.79%和8.14%；2012年偃师市二里头村109亩攻关田平均亩产709.3千克。因其优点多，丰产性突出，成为黄淮麦区中晚茬种植的主导品种，2006年至今作为国家和河南省新品种试验对照品种。

2. 采用阶梯聚合杂交育成的“偃展4110”遗传基础丰富，综合性状优良，以该品种作亲本育成多个新品种（系）。利用国外抗病亲本C39、FR81-3与国内早熟亲本“西北78（6）9-2”和“豫麦18”聚合杂交培育89（35）-14桥梁亲本，再与“豫麦18”杂交，采用后代定向选择与多点鉴定等技术，育成的“偃展4110”遗传基础丰富，亲本来源广泛，综合性状优良，丰产性突出，用其作亲本育成了7个通过审定的新品种，44个新品系参加试验，促进了我国小麦品种遗传改良的进程。

3. 创新采用“穗行穗系循环法”种子繁育技术，有效保持品种纯度和种子质量，加速品种推广进程，延长品种利用年限。创新采用选留优异单穗，建立穗行圃，优选穗行下年种穗系，留选穗行混收，加繁一代为育种家种子，穗系圃优选混收，穗行圃和穗系圃交替进行循环生产，避免了遗传漂变，保证了种子纯度，提高了繁种效率，确保为生产提供充足的种源，有效发挥品种增产潜力。

4. 研制集成配套高产栽培技术，建立育繁推联合体，实现了品种大面积推广应用和增产增效。依据品种特征特性和高产攻关试验，集成高产优质栽培技术模式（DB410381/T011-2009），实现良种良法配套；建立育繁推联合体，采取“公司+基地+农户+推广单位”模式，加速了转化推广进程，实现了增产增效。

“偃展4110”审定后推广迅速，河南、安徽、江苏、陕西等省种植7343万多亩，共创社会经济效益45.24亿元，并保持良好的应用势头。本项目对黄淮麦区小麦持续稳定增产和小麦品种遗传改良方面发挥了重要作用；整体水平达国内领先，在品种早熟性与抗寒性和多穗协调改良方面居国际先进水平。

营养代餐食品创制关键技术及产业化应用

主要完成单位：广东省农业科学院蚕业与农产品加工研究所、华南理工大学、惠尔康集团有限公司、黑牛食品股份有限公司、广西黑五类食品集团有限责任公司、广州力衡临床营养品有限公司

主要完成人：张名位、杨晓泉、魏振承、张瑞芬、蔡福带、徐志宏、罗宝剑、唐小俊、赖学佳、尹寿伟

获奖情况：国家科学技术进步奖二等奖

成果简介：

针对我国即冲即饮代餐食品营养不均衡、质量不稳定、难以满足人群多样化需求、病人专用临床营养品长期依赖进口等问题，本项目以营养设计与品质改良为主线，创建了蛋白、短肽和多糖等专用营养配料的高效制备与应用关键技术，突破了临床营养品加工技术瓶颈，研发了全谷物代餐食品营养品质改良关键技术装备，设计创制出系列新产品并实现了产业化，取得了多项创新性成果如下。

1. 发明了高溶解、高乳化和耐盐蛋白及免疫活性短肽和多糖等营养配料的高效制备与应用技术，解决了营养代餐食品专用配料缺乏的“瓶颈”问题。①发明了难溶植物蛋白原料连续湿磨和酶辅助喷射蒸煮重构的蛋白配料增溶改性制备技术，变性米糠和豆粕蛋白提取率较常规水提分别提高37%和60.1%；②发明了喷射蒸煮糖接枝反应结合限制性酶修饰制备高乳化蛋白配料和喷射蒸煮结合酶处理制备耐钙蛋白配料的关键技术，蛋白乳化指数提高1倍，钙离子最大耐受力提高125%；③发明了糖酶结合复合蛋白酶直接酶解米糠制备免疫活性短肽配料和超声—酶辅助提取免疫活性龙眼多糖配料的关键技术，并分别揭示其免疫调节量效关系与分子机制，明确其在免疫增强型营养代餐食品中的用量标准。

2. 创建了临床营养代餐食品加工关键技术，创制出适合中国人肠胃的临床营养粉剂和乳剂，替代进口产品，推动了我国临床营养品的国产化进程。①研发了以谷物豆类为基质的临床营养乳剂微射流乳化新技术，突破其在复杂体系中的乳化稳定技术“瓶颈”，率先创制出适合中国人肠胃的整蛋白型和短肽型临床乳剂，填补了国内临床营养乳剂的空白，经医院临床应用证明能显著改善病人营养、降低并发症发生率；②建立了临床营养粉剂的原料高温淀粉酶解—挤压膨化耦合处理预消化加工技术，产品水溶性指数提高2.6倍，淀粉消化率提高43%，设计创制出满足不同疾病和手术前后病人需要的纤维型、整蛋白型和短肽型营养膳等临床粉剂，在北京协和等医院临床应用。带动国内品牌临床营养品市场占有率从不到1%提升到30%以上，摆脱了我国临床营养品基本依赖进口的局面。

3. 突破了谷物浓浆和复合植物蛋白乳加工技术装备瓶颈，创制了全谷物冲调食品品质改良关键技术装备，显著改善了产品的营养结构与食用方便性。①创建了全谷物浓浆抗淀粉老化和无菌纸包装加工技术，淀粉沉淀率降低58%~65%，研制专用波纹管UHT杀菌机，建立四段式升温杀菌模式，突破了管壁易结垢炭化等技术“瓶颈”，无菌灌装周期由18小时延长到72小时；②创建双蛋白复合乳的乳化稳定加工技术，建立了全谷物代替精谷物加工糊类片类冲调食品的品质改良技术，研制了糙米专用挤压膨化机和全麦粉专用多轮辊压成型制片机，产品糊化度由92%提高到99%，总酚含量和细胞抗氧化活性较精谷物产品分别提高1.3倍和1.8倍。

获授权发明专利30项，参与制定国家和行业标准7项；发表论文139篇，其中SCI论文45篇、EI和国家级学报论文43篇；研发新产品36个，经专家鉴定，整体技术达到国际先进水平。主要技术、标准及新产品在全国26家龙头企业推广，自2008年以来累计新增销售额177.31亿元、新增利税27.02亿元，获广东省科学技术一等奖、中华农业科技一等奖和中国轻工业联合会科技进步一等奖共3项。

苏打盐碱地大规模以稻治碱改土增粮关键技术创新及应用

主要完成单位：中国科学院东北地理与农业生态研究所、吉林省农业科学院、吉林农业大学、吉林省白城市农业科学院、通化市农业科学研究院

主要完成人：梁正伟、杨福、侯立刚、王志春、张三元、马景勇、闫喜东、李彦利、黄立华、

齐春艳

获奖情况：国家科学技术进步奖二等奖

成果简介：

本项目属生态农业工程技术领域。

我国有15亿亩的盐碱地，开发利用潜力巨大。东北是我国苏打盐碱地集中分布区，土壤碱化及植被退化严重，治理难度大、时间长、见效慢。以往常用的治理手段多是采取植被恢复技术改善盐碱地生态环境，近年来在水利工程配套基础上，东北实施的3次大规模盐碱地开发种稻（以稻治碱），是一种更具效益的治理新途径，既是实现苏打盐碱地高效利用的重要举措，也是落实国家振兴东北老工业基地重大战略需求的一项大型社会公益性项目，对盐碱地生态环境改善及粮食安全双丰收意义重大。

本项目历时23年，重点围绕东北苏打盐碱地大规模种稻开发过程中缺乏主导抗逆品种，以及重度盐碱危害导致的有水也难以成功种稻等重大科技难题，突破抗逆品种选育及土壤理化障碍的瓶颈限制，创新以稻治碱种质资源及改土增粮核心关键技术，取得如下创新成果。第三方评价达到国内外同类技术领先水平。

1. 提出了“以耕层改土治碱为基础、以灌排洗盐为支撑”的重度苏打盐碱地快速改良新思路和新方法，首次创建了盐碱地定位分区改土增粮关键技术。研制了高效Ca^{2+}土壤改良剂，创建了物理化学同步快速改良技术，成功解决了新垦重度盐碱地有水也难以种稻的技术难题。引进美国先进的Veris 3100车载大地电导仪，将表观电导率GPS快速定位检测技术应用于盐碱地ESP分布制图，精准计算Ca^{2+}改良剂用量，成功实现了苏打盐碱地定位分区改土增粮。改土当年即可使pH 10.5的重度盐碱地水稻产量达400千克/亩以上（不改土仅0~100千克/亩），第3年可达530千克/亩以上，土壤pH值由10.5降到8.5以下，比传统法缩短改良年限3~5年，实现了一次性改土治碱，多年可持续高效利用的盐碱地治理目标。

2. 突破传统抗逆育种思路，培育并推广耐盐碱性突出的高产优质水稻新品种，破解了苏打盐碱地以稻治碱适宜品种长期匮乏的瓶颈，实现了抗逆种质资源的高效利用。收集、保存和鉴定耐盐碱种质资源5万余份，共选育广适性多抗优良品种及品系77个，采用地理远缘杂交、穿梭育种技术，1994年育成首个耐盐碱水稻品种“长白9号”并在盐碱稻区应用20年，终结了长期引种日本品种的被动局面。提出生态基因聚合育种新思路，历经16年育成耐盐碱超高产水稻新品种“东稻4号”，打破吉林省超高产历史最高记录（818千克/亩），实现了大规模以稻治碱适宜性抗逆品种的更新换代。

3. 研发出抗逆品种配套栽培关键技术体系，建立了苏打盐碱地以稻治碱高效栽培模式，实现了盐碱地大规模增产增收和环境友好治理双赢。阐明了水稻品种抗逆特性及耐盐碱生理机制，结合抗逆栽培、旱育密植、肥密耦合、节水灌溉以及机械化生产关键技术体系创新，根据盐碱轻重，构建了3种以目标产量为核心的盐碱地以稻治碱新模式，解决了盐碱地种稻难、见效慢及产量低的难题，快速实现了盐碱地增产增收和环境友好。建立了次生盐渍化监测防控体系，为盐碱地高效可持续利用提供了保障。

本项目共取得自主知识产权成果67项，创新核心关键技术10项。其中，获授权发明专利14项（日本1项);审定新品种50个,其中主导品种20个,保护权13个,国审品种7个,超级稻3个;发表论文311篇,其中SCI(ISTP)46篇,总被引2629次,出版专著9部;获省科技进步一等奖2项,省部级成果推广一等奖等7项。成果在东北、西北等地累计推广8647万亩,增粮78.3亿斤,新增直接经济效益105.0亿元,间接效益243.0亿元。撰写4份重大咨询报告被中办、国办采用或总理批示,为国务院关于"支持吉林、黑龙江西部地区等加快盐碱地治理及河湖连通工程"决策提供了科学依据,极大地促进了我国盐碱地治理的科技进步。

生物靶标导向的农药高效减量使用关键技术与应用

主要完成单位:中国农业大学、湖南省农业科学院、中国农业科学院植物保护研究所、河北省农林科学院粮油作物研究所、中国农业科学院蔬菜花卉研究所、农业部农药检定所、北京绿色农华植保科技有限责任公司

主要完成人:高希武、柏连阳、崔海兰、王贵启、张友军、郑永权、张宏军、徐万涛、张帅、戴良英

获奖情况:国家科学技术进步奖二等奖

成果简介:

化学防治是有害生物治理中重要的有效措施之一,据估计其对有害生物防治的贡献率平均在70%以上。针对不同病虫草抗药性的发展、敏感度地域性差异等,如何选择正确的药剂品种、合适的施药剂量、合理的混用或轮用等一直是制约农药科学合理使用的主要问题。这些问题导致了农药的乱用、误用,给农产品质量带来了严重的安全隐患。在国家"科技攻关(支撑)计划""973计划"等课题的长期资助下,针对以上问题,本成果以生物靶标对药剂敏感度变异以及抗药性特点为导向,对主要有害生物化学防治的高效减量使用关键技术进行了系统的研究。在有害生物抗药性及其治理、克抗性药剂高通量筛选、高效减量使用关键技术理论和应用上获得了突出的成果如下。

1. 研究明确了小菜蛾等害虫对15种药剂抗性遗传方式及其抗性品系生物学适合度,评价了25种药剂的抗性风险;建立了240条麦长管蚜、禾谷缢管蚜、棉蚜、小菜蛾等重要害虫对药剂的敏感度毒力基线。解决了生物靶标敏感度变异的比较标准和抗药性风险评估方法不一致的问题。为抗药性治理以及构建生物靶标导向的农药高效减量使用技术体系提供了遗传学信息。

2. 通过系统地研究主要农作物的重要有害生物对农药的抗性,阐明了其对重要农药抗性的分子机制,筛选出了细胞色素P450、羧酸酯酶、谷胱甘肽转移酶等代谢抗性酶系和乙酰胆碱酯酶、ATP酶、ALS酶、ACC酶、纤维素合酶等8类克抗性药剂的分子靶标。为选择合适的药剂品种、克抗性农药的研发和抗药性治理技术体系构建提供了理论依据。解决了抗药性治理分子靶标不清楚的问题和抗药性产生导致的用药量大幅度增加问题。

3. 通过克抗性分子靶标的研究,建立了利用"共抑制系数(CIC)"筛选并评价"生物靶标导向"的克

抗性药剂的方法，创建了克抗性药剂高通量筛选技术平台，筛选出了35种克抗性药剂的最适配比，解决了传统的生物测定利用“共毒系数”效率低、准确性差的问题。

4. 结合制定的25项抗药性风险评估、监测技术等行业标准，以生物靶标敏感度变异为导向，针对农作物主要病虫草害因地点、时间和生境的不同，集成了“对症下药”、剂量调控、克抗性治理等关键技术，创新性的构建了生物靶标导向的农药减量使用技术体系，并大面积示范推广。通过本成果的实施，田间农药使用量明显减少，例如在华北地区针对麦田除草和麦蚜防治农药投入量减少30%~60%。

本成果仅2012—2014年，在湖南、河北、山东、河南9省（市、自治区）3年累计推广应用15249万亩，平均每亩增产33.9千克，新增产值72.59亿元，新增利润68.72亿元，平均亩节约农药9.39元，节支总额14.32亿元，累计经济效益86.91亿元。示范区药剂投入量减少达到30%以上，产生了重大的经济和社会、生态效益。该成果获得发明专利28项，获得了30个农药登记许可证，发表文章185篇（45篇被SCI收录，引用次数274次），培训技术人员和农民60万人次。本成果有关农药生物合理性减量使用部分2012年获得教育部科技进步一等奖。

长江中下游稻飞虱暴发机制及可持续防控技术

主要完成单位：江苏省农业科学院、南京农业大学、扬州大学、全国农业技术推广服务中心、江苏省植物保护站

主要完成人：方继朝、刘泽文、韩召军、吴进才、郭慧芳、郭荣、王茂涛、刘向东、王利华、张谷丰

获奖情况：国家科学技术进步奖二等奖

成果简介：

稻飞虱包括褐飞虱、白背飞虱和灰飞虱，是我国水稻首要害虫，还传播多种病毒病。长江中下游是我国水稻最主要产区和高产区，20世纪90年代以来，高产单季粳稻面积不断增加，达8000多万亩，稻飞虱的发生与为害出现新特点，生产上监测不准、反复施药，导致抗药性上升，稻飞虱频繁暴发。本项目依托国家科技支撑计划等，深入揭示稻飞虱暴发新机制，创新可持续防控技术。

1. 探明长江中下游褐飞虱前中期不重但后期突发、灰飞虱区域性暴发的关键机制。①褐飞虱在粳稻上繁殖率比杂交籼稻上显著降低，田间蜘蛛等天敌对繁殖率较低的褐飞虱控制作用显著增强，进一步抑制其种群增长。因此，单季粳稻区褐飞虱前中期发生量普遍较低。但9月份单季杂交籼稻首先成熟，大量褐飞虱成虫迁移至单季粳稻田，使后者褐飞虱数量突增；且不同虫源世代重叠，盛发期延长。因此，单季粳稻区比单季杂交籼稻区增加一代若虫为害，是秋季褐飞虱迁移蓄积区。②叶面喷施井冈霉素、丁草胺等农药，既刺激雄虫附腺蛋白表达上调，经交配传导，刺激雌虫生殖，又增强褐飞虱耐热性，并诱导水稻感虫性，刺激褐飞虱取食及卵黄原蛋白表达，进一步提高其后期繁殖率。

灰飞虱在苏鲁豫皖等区域性暴发的关键机制，一是粳稻、小麦和稗草组成灰飞虱最适宜的周年循

环寄主，比杂交籼稻等寄主显著提高灰飞虱的繁殖率和发育速率；二是灰飞虱对常用药剂噻嗪酮等高抗性，并引发害虫耐热性和越冬后代适合度提升，种群抗药性相对稳定，易于暴发。

2. 揭示稻飞虱抗药性发生的"大小S"曲线规律和靶标突变的高抗性机理。卧式"小S"和立式"大S"阶段分别以代谢抗性和靶标不敏感机制为主。在"大S"底部避免高抗性突变快速富集，是抗药性治理的关键。褐飞虱对吡虫啉高抗性的Y151S点突变同时存在于靶标受体α1和α3亚基，且α3突变贡献更大，是检测与治理的重点。建立基于α3的重组功能受体，明确关键氨基酸和杀虫剂互作基团，应用于新药创制。揭示灰飞虱对噻嗪酮、毒死蜱等抗性的代谢和突变机制。

3. 创新稻飞虱可持续防控对策和关键技术并集成应用。基于长江中下游稻飞虱暴发新机制，统筹单季粳稻和杂交籼稻的一体化虫源，发明更准确便捷的稻飞虱预警系统及移动客户端和抗性突变早期检测预警技术（IRRI推荐，用于亚洲各地），创新天敌保护与增强利用、低抗性高选择性药剂精准化施用、延缓抗性的增效药剂等关键技术，建立前防后治、中期放宽、防早防巧、治多治小的可持续防控新对策和技术体系，列入农业部重大病虫防控方案。整体技术2012—2014年应用2.02亿亩，多挽回稻谷381.7万吨，减少用药量30%以上，净增86.7亿元。破解了稻飞虱测不准、控不及的技术难题，为水稻丰产发挥重要作用。

获发明专利10项，市场准入新品3个，软件著作权1项，技术标准3项。发表论文138篇，其中PNAS、Mol Ecol等SCI论文71篇；中英文专著2部。论文他引1811次，其中，SCI他引605次、单篇最高95次，被*Accounts Chem Res*、*PNAS*等权威期刊正面引用53次。获江苏省科学技术一等奖2项和成果转化一等奖1项。

新疆棉花大面积高产栽培技术的集成与应用

主要完成单位：新疆农业科学院棉花工程技术研究中心、新疆农业科学院、石河子大学、新疆农业大学、新疆农垦科学院、新疆维吾尔自治区农业技术推广总站、新疆生产建设兵团农业技术推广总站

主要完成人：

获奖情况：国家科学技术进步奖二等奖

成果简介：

新疆棉花面积占全国1/3以上，总产量占全国比例由1995年的19.6%提高到2013年的55.7%，约占全球总产的12.2%，形成"世界棉花看中国、中国棉花看新疆"的格局。全疆约有50%的农户从事棉花生产，农民人均纯收入的35%来自棉花种植，主产棉区达70%。新疆棉花对于保障我国棉花安全、稳疆兴疆和农民增收至关重要，是新疆的支柱产业。在国家连续3个五年科技计划、基金项目及新疆各类科技专项资助下，提出"理论与技术创新并举、单项技术突破和综合技术集成应用相结合"的思路，针对制

约棉花高产增效的重大技术难题，历经15年持续攻关，实现植棉理论水平的提升与技术跨越，皮棉亩产由1995年的83.9千克提高到2013年的136.2千克，较我国其他棉区高65千克，大面积丰产栽培技术在国内外具有先导性。

新疆无霜期短、有效积温不足、春秋两季气温波动大、水资源短缺、土壤次生盐渍化重、劳动力不足。针对上述不利因素，充分发挥夏季光热资源丰富、灌溉可控和机械化程度高等优势，扬长避短，在高产生理生态机制、理想个体与群体塑造、水肥高效利用、害虫综合防治、农机农艺融合等方面攻克了一系列重大技术难题，理论研究与技术创新取得重大突破。以传统“矮密早”实践为基础，创建了“适矮、适密、促早”、水肥精准、增益控害、机艺融合等为要点的棉花高产栽培标准化技术体系；建立了攻关田—核心区—示范区—辐射区“四级联动”的技术集成与推广体系；在大面积示范中实现了亩产皮棉“九五”120千克、“十五”150千克、“十一五”200千克的技术“三级跳”。

创新完善了“矮密早”高产栽培理论。从个体发育、群体塑造、生理生态响应3个方面系统阐明了“小个体、大群体”的高产机制，系统揭示了光、温、水、肥和化学调节剂等主要因子对高密度滴灌条件下棉花生长发育和产量形成的影响与调控机制，为棉花持续高产提供了理论支持。

优化创新了“适矮、适密、促早”高产栽培技术。提出窄膜变宽、边行内移、干播湿出、头水提前等促早技术，形成重控塑形、打顶控高等适度矮化技术，建立宽窄配置、水肥调控、增益控害、增密保铃等适度增密技术，为新疆棉花生产提供了技术支撑。

集成创建了不同生态区棉花“适矮、适密、促早”高产栽培标准化技术体系。6万亩攻关田连续3年平均亩产皮棉215.7千克，形成了系列高产栽培技术规程。技术成果的应用支撑了新疆棉花单产大幅提高，促进了种植面积和综合效益的快速增长。成果累计应用面积2.1亿亩，覆盖度87%，新增经济效益618亿元。技术在中亚多国和甘肃、内蒙古等省区得到大面积应用。

成果获自治区人民政府科技进步一等奖2项，授权专利和软件著作权13件，其他成果10项，制定国家、行业、地方标准22项，出版专著11部，发表论文208篇。中国农学会、新疆科技厅分别组织同行专家对成果进行评价、鉴定，一致认为该成果整体技术处于国际领先水平，经济、社会与生态效益巨大。

主要粮食产区农田土壤有机质演变与提升综合技术及应用

主要完成单位：中国农业科学院农业资源与农业区划研究所、黑龙江省农业科学院土壤肥料与环境资源研究所、河南省农业科学院植物营养与资源环境研究所、吉林省农业科学院、西北农林科技大学、湖南省土壤肥料研究所、西南大学

主要完成人：徐明岗、张文菊、魏丹、黄绍敏、朱平、杨学云、聂军、石孝均、辛景树、黄庆海

获奖情况：国家科学技术进步奖二等奖

成果简介：

土壤有机质是耕地质量的核心，是实现国家粮食安全的基础与保障。我国农田土壤有机质含量低、区域差异大，是制约粮食高产稳产和农业可持续发展的“瓶颈”之一。本项目针对集约化高强度种植及化肥持续超量施用态势下，我国不同区域农田土壤有机质提升的限制因素和技术途径不明确的问题，通过对东北、华北、西北、南方旱地和长江流域水田五大粮食产区的42个长期施肥试验和362个典型农户的长期定点监测，近30年的联网研究与实践验证，取得如下创新性成果。

1. 探明了我国主要粮食产区农田土壤有机质的演变规律，构建了多区域有机质预测模型，实现了有机质提升潜力的定量化。发现现有施肥水平下，东北黑土有机质呈现缓慢下降趋势，其他区域土壤有机质处于稳定上升阶段。有机物料投入是有机质提升的第一要素，其转化为有机质的利用效率平均为16.3%，呈现为随水热增加而降低的趋势。构建了多点位、多区域验证的农田土壤有机质变化模拟预测模型，精确度达到86%以上；在农田现有管理水平下增加50%的有机物料投入，未来50年我国农田土壤有机质含量可提升30%以上。

2. 揭示了土壤有机质提升与作物高产稳产的定量耦合关系，明确了有机质提升的定向培育目标。突破了土壤有机质提升与作物增产耦合效应的量化难题。发现在当前生产水平下，每提升1克/千克有机质3大粮食作物可增产47~66千克/亩，稳产性提高5%~8%。建立了有机质提升与作物增产的响应模型，预测在其他条件保障的前提下，未来有机质提升的作物增产潜力平均为38%。提出了不同区域粮食丰产稳产的有机质适宜值，实现了土壤有机质定向培育目标的定量化。

3. 探明了农田土壤有机质提升的主要限制因素，创建了有机质提升的关键技术。影响农田土壤有机质提升的主要可控限制因素为有机物料投入量、土壤水分、温度和pH值。增加有机物料投入、改善土壤水分、pH值等是有机质提升需要突破的关键技术。在维持适量有机物料投入下，北方增蓄保水技术土壤有机质提升8%~12%；南方调酸促控有机物料转化技术提升土壤有机质9%~15%。

4. 集成创新了不同区域土壤有机质提升的综合技术模式，大面积推广应用成效显著。提出了13种以增施有机肥和秸秆还田技术与限制因子消减技术为核心的具有区域独特性的有机质提升主要技术模式，土壤有机质提升与增产效果显著。近3年累积推广面积10672万亩，增产粮食87亿千克，新增产值193.9亿元；促进了秸秆等废弃物资源的高效利用，生态环境效益显著。

共取得33项知识产权，其中发明专利9项、行业和地方标准4项、软件著作权11项；发表论文371篇（其中SCI 76篇）、专著9部，他引1865次。成果总体达到国际先进水平，在有机质动态预测方面达到国际领先，获得省部级科技一等奖3项；为《国家高标准农田建设规划》《全国耕地地力评价及土壤有机质提升项目》《全国耕地质量等级情况公报》等国家级规划和公报提供了科学依据与技术支撑。

玉米冠层耕层优化高产技术体系研究与应用

主要完成单位：中国农业科学院作物科学研究所、黑龙江省农业科学院耕作栽培研究

所、河南农业大学、山东省农业科学院作物研究所、沈阳农业大学、洛阳农林科学院、山东农业大学

主要完成人：赵明、董志强、钱春荣、李从锋、王群、张宾、齐华、王育红、刘鹏、马玮

获奖情况：

国家科学技术进步奖二等奖

成果简介：

密植是挖掘玉米高产潜力的主要途径。然而，密植倒伏、早衰的难题长期制约着玉米产量进一步提高，特别是在东北和黄淮海区，问题更加突出。为此，本项目围绕着密植高产挖潜，构建了玉米冠层耕层协调优化理论体系，创新了关键技术，集成了高产高效技术模式，形成了“玉米冠层耕层优化高产技术体系研究与应用”成果，主要创新内容如下。

1. 探明了玉米密植倒伏、早衰的原因，创立了冠层和耕层优化及二者协同的理论体系。综合研究表明，冠层不合理与耕层质量差的双重因素互作是玉米密植倒伏、早衰，产量降低的主要原因。首次构建了冠层“产量性能”定量分析体系，确立了玉米不同产量目标（9.0~15.0t/hm^2）的定量指标，建立了动态监测系统；创建了耕层“原位根土立体分析”方法，探明了土壤与根系空间分布特征，提出了深耕层、低容重、匀分布、肥地力”的耕层优化标准；首次创新了冠层生产力与耕层供给力的评价方法，确定了增产目标的定量管理，建立了冠层耕层协同优化的高产高效栽培体系，为玉米密植高产目标管理提供有效支撑。

2. 以冠层耕层同步优化为目标，创新了“三改”深松、“三抗”化控及“三调”密植等关键技术。创立了改卧式浅旋为立式条带深松，改传统垄作为春季免耕平作与夏季深松，改单一耕作为深松与秸秆还田培肥地力相结合的“三改”深松耕作技术，有效地增加耕层深度15~20厘米，降低容重11.4%~20.0%，能耗降低33.0%，土壤有机质含量增加20.4%；自主研发出以有机酸、氨基酸和生长调节剂为主要成分，以定向管理为目标的抗倒、抗冷、防衰的“三抗”新型化控剂，并建立了“6叶控株防倒，9叶扩穗防衰”的双重定向化控技术，玉米抗倒能力提高5.7%~34.7%，减缓功能叶衰老，穗粒数增加4.2%~7.9%，千粒重提高3.4%~8.9%；通过调行距形成大小行（40厘米×80厘米）季节间交替种植，调耕作形成行内浅旋清垄、行间深松，调肥水供给形成埋管滴灌肥水一体化技术，“三调”技术有机结合，显著提高产量15%、氮肥利用效率24%、水分生产效率35%。

3. 充分发挥关键技术的集成效应，创新了“深耕层—密冠层”“控株型—促根系”及“培地力—高肥效”的密植高产高效技术模式。3大技术模式的应用，有效的解决了密植倒伏、早衰的生产问题，在东北春玉米区和黄淮海夏玉米区连续5年分别实现了小面积亩产超1100~1200千克和超1000千克，在万亩示范田分别实现亩产超850千克和800千克，增产8.5%~12.8%。

该成果获得省部级科技进步奖3项，获国家专利10项，在国内外重要学术刊物上发表论文315篇，出版著作6部，制定技术规程2项，整体技术经鉴定被评价为国际先进水平，其中在冠层耕层协同优化理论与化控防倒防衰技术等方面居国际领先水平。

该成果创新的关键技术与模式被列为农业部和相关部门主推技术，近3年在东北和黄淮海等7省区累计推广12239.65万亩，累计增产83.39亿千克，增加经济效益143.16亿元。

稻麦生长指标光谱监测与定量诊断技术

主要完成单位：南京农业大学、江苏省作物栽培技术指导站、河南农业大学、江西省农业科学院

主要完成人：曹卫星、朱艳、田永超、姚霞、倪军、刘小军、邓建平、张娟娟、李艳大、王绍华

获奖情况：国家科学技术进步奖二等奖

成果简介：

自1999年以来，在国家及部省科技计划的支持下，本项目综合运用作物生理生态原理和定量光谱分析方法，以水稻和小麦作物为对象，围绕作物生长指标的特征光谱波段和敏感参数、光谱监测模型、定量调控方法、监测诊断产品等开展了深入系统的研究，集成建立了基于反射光谱的作物生长快速监测与定量诊断技术体系。主要在以下5个方面取得显著进展。

1. 确立了指示作物生长指标的特征光谱波段和敏感光谱参数。通过不同生态点、品种、管理措施下的多年田间试验研究，构建了稻麦冠层和叶片水平的反射光谱库，解析了不同条件下稻麦反射光谱的动态变化特征，明确了稻麦反射光谱对叶面积指数、生物量、氮含量与积累量、叶绿素密度、产量与品质等指标的响应规律，确立了指示稻麦生长指标的特征光谱波段和敏感光谱参数，为稻麦生长监测模型的构建及监测设备的开发提供了支撑。

2. 构建了叶片/冠层/区域多尺度的作物生长指标光谱监测模型。基于定量建模技术，综合利用地面与空间遥感信息，确立了稻麦主要生长指标与相应特征光谱参数之间的量化关系，在叶片、冠层和区域多尺度构建了稻麦生长指标光谱估算模型，实现了稻麦长势的多尺度快速监测。

3. 创建了多路径的作物生长实时诊断与定量调控技术。利用系统分析方法，定量研究了不同产量水平下稻麦生长指标的动态变化轨迹，构建了基于产量目标的稻麦生长指标适宜时序动态模型；进一步耦合实时苗情信息，综合利用养分平衡法、氮营养指数法、指标差异度法等，集成建立了多路径作物生长调控技术，可定量确定稻麦生长中期的肥水调控方案。

4. 创制了面向多平台的作物生长监测诊断软硬件产品。将作物生长监测诊断技术与硬件工程相结合，研制了便携式和车载式作物生长监测诊断设备，开发了基于无线传感网络的农田感知节点；与软件工程相结合，开发了作物生长监测诊断应用系统和农田感知与智慧管理平台，为作物生长指标的监测诊断和智慧管理提供了实用化技术载体。

5. 开展了作物生长监测诊断技术体系的规模化应用。自2009年开始，以作物生长监测诊断仪、监测诊断应用系统、农田感知与智慧管理平台等为主要应用载体，以作物长势分布图、肥水调控处方图、

产量品质分布图等为主要技术形式，以农技推广服务站、农业专家工作站、企业研究生工作站等产学研合作基地为主要依托，在江苏、河南、江西、安徽、河北、浙江等水稻和小麦主产区进行了大面积示范应用，表现为明显的节氮(7.5%)和增产(5%)作用，取得了显著的经济、社会和生态效益。

已授权国家发明专利9项(另受理23项)和实用新型专利5项，登记国家计算机软件著作权17项；推广便携式作物生长监测诊断仪219台、农田感知节点332套；发表学术论文154篇，其中SCI/EI论文55篇，出版专著1部；培养研究生48名。据统计，近5年累计有效推广面积4920.21万亩，新增效益24.28亿元。获2014年江苏省科技进步一等奖。

有机肥作用机制和产业化关键技术研究与推广

主要完成单位：南京农业大学、全国农业技术推广服务中心、江阴市联业生物科技有限公司、浙江省农业科学院、江苏省耕地质量保护站、北京市土肥工作

主要完成人：沈其荣、徐阳春、杨帆、杨兴明、薛智勇、陆建明、徐茂、李荣、赵永志、黄启为

获奖情况：国家科学技术进步奖二等奖

成果简介：

我国政府提出从2015年开始在我国实现农用化学品零增加。要实现化肥减量而产量持续增加的目标，采用有机肥部分替代化肥是最可行和最现实的途径。项目针对我国20多年前化肥用量持续高位运行和大量产生的固体有机废弃物随地弃置而污染环境的现实，创新研究了有机肥料养分在土壤—植物—动物体系的循环与转化及对土壤性质的影响，研发出商品有机(类)肥料生产工艺与技术，并创新推广机制，使商品有机(类)肥料得到大面积施用。

1. 建立了13C15N双标记有机肥的研究方法，为国内外开展相关研究提供了新技术。发现土壤中残留的有机13C约15%存在于腐殖酸类物质中，80%在胡敏素中，5%在土壤微生物体内。揭示了有机无机肥氮协同增效的主要机制是有机肥可使施入土壤的化肥15N快速转化成微生物体有机15N，而后又被矿化出无机氮，构成土壤有效氮的暂存"过渡库"，使土壤氮素供应过程与作物吸氮更相吻合。

2. 利用454测序和光谱学技术首次揭示了有机培肥土壤的主要机理是通过改善土壤微生物区系和稳定土壤有机质结构来实现的。长期有机培肥不仅显著提高土壤微生物量、多样性及土壤酶活性，更使土壤微生物类群分布均匀，植物有益菌类群，如假单胞菌等丰富度增加，而喜酸环境的酸杆菌类显著减少，这是长期有机培肥抑制土壤酸化原因之一。13CCPNMR研究发现施用有机肥增加了土壤中糖类碳比例，降低了烷基C与烷氧基C的比值和芳香度，从而降低土壤有机质分解程度；同时发现长期施有机肥可以大幅度提高红壤中水合铝英石、伊毛缟石、非晶形铁铝等非晶形纳米矿物含量，对土壤有机质提升和累积具有重要意义。

3. 首次建立了新鲜畜禽粪便生物脱水和条垛式高效堆肥—连续添加氨基酸工艺。新鲜粪便通过

高附加值生长蝇蛆的生物脱水技术后可直接用于堆肥；获得高效堆肥真菌菌株，并研发出高效堆肥制剂，使堆肥企业的菌剂成本下降4~8倍；研发出条垛式堆肥—连续添加氨基酸新工艺及配套设备，其价格是国外进口的1/5，而工作效率更高，堆肥时间从传统的1个月以上缩短至2周；建立了企业用和研究用的堆肥腐熟度检测方法。

4. 创新有机肥推广机制，为我国耕地质量提升奠定了基础。修订了有机肥行业标准，有力保障有机肥产业快速发展；在项目组工作成果和努力下，国家税务总局出台有机肥产品免征增值税政策，农业部出台土壤有机质提升和商品有机肥补贴政策，提高了农民施有机肥的积极性。

成果共获中国发明专利10件，实用新型专利4件，其他受理发明专利申请6件；发表论文128篇，其中SCI论文54篇；条垛式高效堆肥—连续添加氨基酸工艺已推广195家企业，累计处理固体有机废弃物1.2亿吨，生产和推广有机肥1800多万吨，施用面积1.8亿亩，成果引领了中国有机肥料产业发展，产生了显著的社会、经济和生态效益。成果已大规模应用3年以上，先后获得农业部科技进步三等奖(1992)和教育部科技进步一等奖(2013)。

农林废弃物清洁热解气化多联产关键技术与装备

主要完成单位：天津大学、山东大学、山东理工大学、山东省科学院能源研究所、山东百川同创能源有限公司、张家界三木能源开发有限公司、广州迪森热能技术股份有限公司

主要完成人：陈冠益、董玉平、许敏、柏雪源、董磊、孙立、周松林、马革、颜蓓蓓、马文超

获奖情况：国家科学技术进步奖二等奖

成果简介：

本项目属于农业领域。我国每年产生农林废弃物约12亿吨，除还田、饲料等用途，仍有超过50%露天焚烧或废弃，导致严重环境污染和能量浪费。传统农林废弃物气化利用能源模式，技术上缺陷明显：气化炉内的热解与气化两个过程的耦合界面模糊，气化炉结构优化缺乏科学依据，气化效率偏低；焦油控制机制不明，监测不准且无法在线；燃气中CO_2不能脱除；全资源利用技术缺乏。应用上问题突出：焦油衍生的气味、废水污染与管道腐蚀问题突出、燃气热值偏低、装备连续运行差、灰渣和焦油无利用，一直饱受用户非议。针对上述问题，本项目提出"清洁热解气化多联产技术"的创新思路，突破原有技术缺陷和利用模式，以期实现经济性的农林废弃物全资源清洁利用。在国家"863计划""973计划"和"科技支撑计划"等项目资助下，经多年产学研攻关，取得如下创新成果。

1. 阐明了农林废弃物热解气化过程的化学反应机理，研发了系列清洁高效的生物质气化装备。提出了热解—气化过程耦合的化学反应动力学理论，开展气固流场数值模拟，优化气化炉构造。开发了2个系列20余套国际先进水平的气化装备，完成了大容量固定床气化炉研发，攻克了连续运行的难

题；首创了吸收式增强型流化床气化炉，实现CO_2在线吸收。实际成效：气化炉从传统的间歇式停炉除灰到长时间连续运行，气化效率从60%提高至78%，燃气规模从500 Nm^3/h提升至2000~5000 Nm^3/h，燃气热值由4800 KJ/Nm^3提高至5488KJ/Nm^3。

2. 解释了热解气化焦油生成机制，发明了焦油在线检测与监控联动装置，耦合了新型循环工质除焦工艺，实现了低焦油气化。建立焦油冷凝点与浓度的关联体系，解析了焦油分级脱除机理。发明了国内首台焦油在线检测与监控联动装置，耦合了重质焦油的冷凝脱除/轻质焦油的吸收清除工艺。实际成效：实现炉内焦油含量实时监测与分级转化，焦油含量低，生产过程清洁。气化炉焦油排放降低80%以上，产品燃气的焦油含量降到4 mg/Nm^3，属于国际领先水平。

3. 集成了高品质燃气、燃油、复合肥的技术工艺体系，探索了生物质气化多元化应用。打破了生物质气化单一功能模式，开发了生物质气化燃气热、电、冷联供技术；开发了焦油/柴油乳化工艺，制成了车用替代燃料；研发了气化残炭制备生物质有机复合肥工艺；在国内首次建立了农林废弃物热解气化多联产的技术工艺体系和产业模式。

项目授权专利33项（发明专利16项），参编行业标准1项、地方标准3项，发表SCI论文62篇（他引677次），出版著作1部，获得省部级科技进步一等奖2项。专家鉴定核心技术“下吸式固定床低焦油连续运行生物质气化技术”“基于化学吸收的燃气净化技术”达到国际领先水平。成果在山东、湖南、天津等17个省市推广应用，建成示范工程近千处，约占全国市场57%。累计生产燃气25.66亿Nm^3，供热258万平方米，发电4000万度，受益用户达200万。近3年累计实现产值10.27亿元，新增利润1.69亿元、税收0.63亿元；累计利用农林废弃物855万吨，显著改善了农村环境，促进了村镇经济，产生了巨大效益。

精量滴灌关键技术与产品研发及应用

主要完成单位：甘肃大禹节水集团股份有限公司、中国水利水电科学研究院、华北水利水电大学、水利部科技推广中心、中国农业科学院农田灌溉研究所、大禹节水（天津）有限公司

主要完成人：王栋、许迪、龚时宏、王冲、高占义、仵峰、黄修桥、王建东、张金宏、薛瑞清

获奖情况：国家科学技术进步奖二等奖

成果简介：

滴灌作为当今最先进的高效节水灌溉技术之一，对支撑我国灌溉农业可持续发展、保障国家粮食安全和水安全具有十分重要作用，但在我国滴灌技术发展中，亟待攻克目前存在的灌水均匀度低、系统运行能耗高、精量施控程度不足等重大关键技术难题。项目在国家“863计划”等项目支持下，围绕精量滴灌设计理论与方法、关键技术与产品、技术集成模式应用3个环节，开展科技攻关，取得重大创新和突破。

1. 创建了地表滴灌高均匀性灌水器、地下滴灌祛根抗堵灌水器等产品设计理论与方法，攻克了低压下灌水器灌水均匀度下降、地下滴灌作物根系入侵堵塞等国际技术难题。建立了依据灌水器性能需求直接确定流道结构参数的逆向设计方法，提出了兼顾水力和抗堵塞性能的低压滴灌灌水器结构优化设计指标，构建了常压和低压高均匀性灌水器设计理论与方法；基于构建的适合作物需水连续特点的精量微续灌理论，建立了以灌水器额定流量和土壤饱和导水率为主要参数的地下滴灌灌水器出流量修正模型，创建了地下滴灌自适应灌水器设计方法；首次提出在灌水器制作材料中添加复合铜粉祛根剂的设计理念，创立了以"T型阻根物理屏障+铜粉生化祛根"为核心地下滴灌抗堵塞灌水器设计方法。

2. 创制了高均匀性灌水器、压力补偿式抗堵灌水器等产品及滴灌管材回收再生利用技术，性能达到国际先进水平，实现了从仿制到自主创新的跨越。创制的地表滴灌常压高均匀性灌水器的出流均匀性提高10%以上，低压高均匀性灌水器的流量偏差1.25%，发明了用于聚乙烯复合铜粉祛根剂的材料配方及生产工艺，研发的地下滴灌铜祛根压力补偿式抗堵塞灌水器流态指数0.011；突破了常规聚乙烯聚合物的注塑工艺方法，有效改善了滴头流道塑化性能和出料均匀性，实现了精量滴灌管生产线装备的国产化和规模化生产；发明了农用废弃塑料水浮选分离法及其再生工艺方法，研制的滴灌废弃管带回收再生装置使滴灌管带的回收再生率提高30%以上。

3. 构建起适合我国区域特色的精量滴灌技术集成应用模式，有效解决了现有滴灌系统运行能耗高、灌水均匀度低、投资成本大等难题。集成了适用于大田粮食作物的低压高均匀性地表滴灌技术集成应用模式，灌水均匀度提高8%~10%，系统能耗降低16.8%；集成了适用于林果作物的宽幅压力补偿式滴灌技术应用模式，压力调节幅度同比增加10米以上，工程投资减少25%；集成了适用于经济作物的祛根抗堵型地下滴灌技术应用模式，亩均投资同比降低30%~50%。

项目成果获国家授权专利108项，其中发明专利15项；入选国家重点新产品10项；发表SCI/EI论文45篇；编制国家标准2项、行业标准4项和企业标准6项；获省部级科技进步一等奖3项；累计在全国16省区推广应用1413.95万亩，产品国内市场占有率33.67%以上，实现增收节支62.23亿元，节约农业用水量297.78亿立方米；出口澳大利亚、韩国、泰国等26个国家，近3年新增销售收入10.73亿元。

新型低能耗多功能节水灌溉装备关键技术研究与应用

主要完成单位：江苏大学、中国农业科学院农田灌溉研究所、上海华维节水灌溉有限公司、江苏旺达喷灌机有限公司、徐州潜龙泵业有限公司、台州佳迪泵业有限公司、福州海霖机电有限公司

主要完成人：施卫东、李红、王新坤、刘建瑞、范永申、朱兴业、周岭、刘俊萍、陈超、李伟

获奖情况：国家科学技术进步奖二等奖

成果简介：

我国是严重贫水国家,水资源供需矛盾突出是我国可持续发展的主要瓶颈。农业用水约占总用水量的62%,大力发展节水灌溉是促进水资源可持续利用、确保粮食安全的战略举措。轻小型灌溉机组作为一种典型的节水灌溉装备,应用面积约占全国喷灌面积的60%,在农业生产及抗旱减灾中发挥着重要作用。针对原有灌溉装备功能单一、能耗高、结构复杂、可靠性差等急需解决的重大行业难题,项目组依托国家水泵工程中心、流体机械及工程国家重点学科,在国家"863计划""十五"重大专项等支持下,取得了如下创新成果。

1. 建立了低能耗轻小型灌溉系统。揭示了轻小型灌溉机组技术参数对能耗指标的影响规律,建立了水量分布计算与评价模型,首次提出了基于遗传算法的泵工况与管路装置优化方法,研制了移动与固定两用、喷灌与软管灌溉两用机组,实现了变幅喷洒及多功能灌溉。系统能耗平均降低14.4%,喷灌均匀度达0.85~0.92,解决了轻小型喷灌机组适应性差、能耗高、均匀性差等行业难题。

2. 研发了系列多功能喷洒设备。首创了附壁射流喷头驱动和控制技术,建立了附壁稳态切换数学模型,提出了新型喷头设计理论与方法,发明了隙控式全射流喷头、多功能喷头和变量喷洒喷头,实现了射程、雾化程度可调和变域变量精确喷洒,射程增加0.6~2.7米,水量分布均匀性提高7%~10%,解决了传统喷头驱动机构复杂、功能单一和水量分布不均匀的行业难题。

3. 创制了节能节材提水装备。创建了新型深井泵设计方法,解决了效率和扬程难以同时提高的行业难题,与国内外同类产品相比,效率最多提高8个百分点,单级扬程平均提高15%~50%,泵体长度及成本减少1/3;创新了射流自吸装置、组合压水室结构,提出了新型自吸喷灌泵设计方法,突破了效率和自吸性能难以同时提高的瓶颈,效率提高5~9个百分点,自吸时间缩短20%。

项目获授权发明专利33件、实用新型专利12件,软件著作权9件;制定国家和行业标准9部;出版著作4部;发表论文150篇,其中SCI、EI收录104篇;培养博士、硕士40余名,获全国优博提名1篇、全国大学生"挑战杯"一等奖2项、全国节能减排竞赛特等和一等奖各1项。

经过10余年系统深入的研究和推广应用,形成了低能耗多功能节水灌溉装备理论与设计方法,研制出20余种新型机组及产品,关键技术达到国际领先水平,成果获教育部科技进步一等奖、中国机械工业科学技术一等奖、中国农业节水科技一等奖及中国国际工业博览会银奖。

研究成果已被节水灌溉行业普遍采用,广泛应用于农田、园林、设施农业等领域,转让、应用和技术辐射了全国26个省、市和自治区,应用面积占国内喷灌面积的22%。系列产品已被行业主要骨干企业批量生产,占国内同类产品总产量的55%以上。仅据上海华维、江苏旺达等17家企业统计,近3年新增销售额38.02亿元、利润3.42亿元、税收2.99亿元,创汇3.09亿美元,产品远销欧美、东南亚等20多个国家和地区。获全国农机推广鉴定证书,被列入中央抗旱物资采购项目。本项目提升了我国节水灌溉装备技术水平,在引领行业发展、抗旱减灾、节能减排等方面发挥了重大作用。

植物—环境信息快速感知与物联网实时监控技术及装备

主要完成单位：浙江大学、北京农业信息技术研究中心、北京派得伟业科技发展有限公司、浙江睿洋科技有限公司、北京农业智能装备技术研究中心

主要完成人：何勇、杨信廷、史舟、刘飞、田宏武、罗斌、聂鹏程、冯雷、邵咏妮、张洪

获奖情况：国家科学技术进步奖二等奖

成果简介：

植物—环境信息快速获取是实现数字化农业与精准化管理的关键，基于实时数据的智能化管控和肥水精准化管理是实施作物高效生产、合理投入和安全保障的重要手段，对推进我国农业现代化和信息化具有重要意义。本成果在“863计划”等项目支持下，围绕农田信息快速感知、稳定传输和精准管控3大关键技术难题，经过近十年攻关，取得了以下重要创新成果。

1. 针对植物生命信息实时快速获取的“瓶颈”问题，提出了从作物叶片、个体、群体3个尺度开展生命信息快速获取方法研究的新思路；揭示了特征电磁波谱与植物养分、生理变化的响应机理和耦合关系，自主研制了便携式植物养分无损快速测定仪和植物生理生态信息监测系统；率先提出了植物真菌病害早期四阶段诊断方法，实现了典型病害侵入和感病初期的早期快速诊断。

2. 针对土壤水、盐和养分单点测试不能准确反映其在植物根系土壤中实际空间分布的难题，研发了土壤多维水分快速测量仪和不同监测尺度的墒情监测网；发明了非侵入式快速获取土壤三维剖面盐分连续分布的方法与装置；研发了土壤养分野外光谱快速测试技术与仪器。

3. 针对农业复杂环境下无线传输网络低能耗、低成本、稳定传输的需求，发明了主动诱导式低功耗自组网与消息驱动机制的异步休眠网络通信方法，解决了农业信息的低功耗与远程传输问题；提出了网络局部重组与越级路由维护算法，实现了网络故障自诊断和自修复，解决了野外节点故障或植物生长与设施对无线信号干扰导致网络局部瘫痪的难题，提高了无线传输网络的稳定性。

4. 研发了植物生长智能化管理协同控制和实时监控系统，实现了基于实测信息和满足植物生长需求的物联网肥、水、药精准管理和温室协同智能调控；研发了基于物联网工厂化水稻育秧催芽智能调控装备和设施果蔬质量安全控制管理系统，提出并开发了农产品原产地包装防伪标识生成方法及系统，提高了质量安全溯源的可控性、防伪性和安全性。

获授权发明专利36项，实用新型20项，软著16项；在中国科学、*Transactions of the ASABE* 等发表论文105篇，其中SCI收录82篇，SCI他引1067次，入选ESI高被引论文2篇，出版著作教材9部。专家鉴定认为：总体研究达到国际先进水平，其中在作物养分、生理和形态信息的快速无损检测技术和装备、植物病害早期快速诊断技术等方面处国际领先水平，获浙江省科学技术一等奖2项，教育部和北京市科技进步二等奖各1项，全国优博论文提名奖2项。开发的系统及设备已由北京派得伟业和浙江睿洋科技等企业实现了产业化，形成系列产品，部分产品出口美国、越南、孟加拉国等国家。近3年在浙江、北

京、黑龙江等20多个省市推广应用，覆盖了粮油、果蔬和花卉等多种农作物，累计培训农技人员1万余人次，累计推广面积728.3万亩，新增产值14.36亿元，新增利润6.95亿元，近10年累计新增产值28.5亿元，取得了显著的社会、经济和生态效益，推动了农业科技进步。

西部干旱半干旱煤矿区土地复垦的微生物修复技术与应用

主要完成单位：中国矿业大学（北京）、神华集团有限责任公司、神华神东煤炭集团有限责任公司、北京合生元生态环境工程技术有限公司、中国农业大学、西北农林科技大学

主要完成人：毕银丽、凌文、杨鹏、全文智、李晓林、李少朋、杜善周、冯浩、王义

获奖情况：国家科学技术进步奖二等奖

成果简介：

目前煤矿开采造成年增沉陷地面积约2.7万~4.2万公顷，年增煤矸石约3亿吨，总占地达7万公顷，传统的土地复垦治理率尚不到20%。习总书记明确提出，煤炭开采产生了直接的生态损伤，必须给予高度重视。矿区塌陷地和矸石山复垦成为矿区生态文明建设的重要内容。

我国超过70%的煤炭产自西部地区，而西部水资源仅占全国的3.9%，与东部煤矿区不同，西部煤矿区年蒸发量为降雨量的6~10倍，加上高强度大规模的开采，对地表土壤结构与肥力破坏性更强，开采裂缝对植物根系拉伤更加严重，生态修复难度更大。在国家科技支撑、“863计划”和国家自然科学基金支持下，通过15年的研究与探索，发现了土壤中存在一类常见菌根真菌微生物，具有增强被损根系养分与水分吸收范围和运输速度、提高自我伤愈能力等作用功能。因此，本项目首次利用菌根等微生物自身优势，进行矿区土地复垦研究与实践应用（简称微生物修复），从根本上提高西部煤矿区土地复垦的植物水分利用效率、修复受损根系功能、促进土壤养分和水分吸收运输、改良土壤结构、改善煤矸石理化性质，为西部煤矿区土地复垦探索出了一条高效可行的新途径，形成了4项关键技术，填补了国内外空白。主要创新点如下。

1. 揭示了西部干旱煤矿区微生物修复作用机理。研究建立了丛枝菌根真菌的离体双重培养体系，首次揭示了菌根共生体在提高根系自我伤愈修复效率、增加有机酸分泌量活化养分、促进养分和水分的吸收与运输等方面的作用机理，为提高西部煤矿区土地复垦效率和质量提供了理论依据。

2. 构建了西部干旱煤矿区废弃地微生物修复关键技术体系。针对西部缺水煤矿区植物根系损伤严重、植被重建需水量大、土地复垦难的特点，通过对菌根真菌、解磷菌、脱硫菌等微生物最佳作用条件及其协同配比的研究，形成了煤矿区废弃地复垦中提高植被成活、修复根系、增加水分利用、促进养分吸收、改良土壤结构等微生物修复技术体系。

3. 创建了西部煤矿区抗旱微生物菌剂生产与质量控制方法。制约丛枝菌根土地复垦应用的瓶颈

是该菌剂的规模化生产技术，针对西部典型干旱气候特性，创建了抗旱菌剂的工业化生产方法。结合西部矿区土地复垦对菌剂质量的规模化需求，发明了对该菌剂质量控制的快速监测方法，保证了菌剂生产质量。

4. 建立了西部煤矿区废弃地大规模微生物修复应用与评价技术。微生物修复技术首次在西部干旱煤矿区规模化推广，具有生态长效性，可持续促进植被生长与土壤改良，增强了植物的抗病性。建立的微生物复垦信息管理平台与评价反馈技术，可全面实时地为微生物复垦效应提供重要的决策服务。

成果在陕、蒙、宁、新25个煤矿区累计复垦8.94万亩，经济效益19.88亿，安置就业6190人次。出版专著3部，获发明专利6项、软件著作权2项，获省部级一等奖1项，发表相关论文80篇(SCI和EI 30篇)，被CNKI引用1069次。

核果类果树新品种选育及配套高效栽培技术研究与应用

主要完成单位：山东农业大学、沈阳农业大学、新疆农业大学

主要完成人：陈学森、姜远茂、毛志泉、吕德国、何天明、彭福田、王国政、杨保国、董胜利、秦嗣军

获奖情况：国家科学技术进步奖二等奖

成果简介：

该项目属农业科学技术领域。

杏、樱桃、桃及李均为李属核果类果树，具有相似的生物学特点。杏抗旱性强，是我国新疆及“三北”贫困山区优先发展的生态经济林树种，甜樱桃被誉为“春果第一枝”，经济效益突出。但我国核果类果树产业的可持续高效发展一直面临品种结构不合理、野生资源濒临灭绝、早熟品种和远缘杂种胚败育制约杂交育种有效开展以及“杏十年九不收”和“樱桃好吃树难栽”等4个关键、共性问题。为此，课题组历经26年，围绕自然群体系统评价与优异种质挖掘、高效杂交育种技术创新、种质创制与新品种选育及配套高效栽培技术研发，开展联合攻关与集成示范，取得如下创新成果。

1. 系统研究了新疆杏和野生樱桃李自然群体遗传多样性，挖掘优异品种(系)11个、优异种质23份，实现了野生资源品种化，并为杂交育种提供了亲本资源。发现了伊犁野杏群落遗传多样性最丰富，提出我国新疆是世界杏的起源演化中心之一；明确了库车、喀什、和田3个南疆杏亚群是相对独立自然群体，从中挖掘出“圃杏1号”等9个优质杏品种(系)；对新疆野生樱桃李进行大规模迁地种植保护和系统评价，选育出2个大果型新品种，并挖掘出23份优异种质。

2. 创建了有性杂交与胚培有机结合的高效育种技术体系。发明了“利用远缘杂交创造核果类果树新种质的三级放大法”，实现了桃×杏及甜樱桃×欧李等核果类果树6个种属间的远缘杂交；提出了“连被去雄法”及“早熟杏和甜樱桃胚培育种”技术体系，提高了育种效率，突破了杂种胚常规方法不能

萌发成苗的难题。

3. 育成了包括第一个胚培早熟杏品种在内的优新品种8个，创制出32份远缘杂种新种质。利用胚培育种技术，育成了我国第一个胚培早熟经济栽培品种"新世纪"杏和甜樱桃等新品种4个；进而将自交亲和的"凯特"杏与"新世纪"杏杂交，育成了2个自交亲和新品种，并探明了自交亲和性等性状的遗传变异规律；采用混合花粉杂交技术，育成优质极晚熟桃新品种1个；利用三级放大法，创制出远缘杂种新种质32份。

4. 建立了"新世纪"杏和"岱红"甜樱桃等新品种防涝、防晚霜及根层氮素调控等配套高效栽培技术体系，实现了大面积应用。明确了甜樱桃对贮藏氮依赖性强、品质对氮供应强度敏感等特性，发明了袋控缓释肥，保证了根层氮素稳定供应；提出了起垄加土施硝态氮技术，有效解决了涝害问题；提出5个新疆杏生产技术规程和2个杏保护地栽培技术体系，创造了早期丰产典型，取得增产、节氮和省力的显著效果。

该成果审（认）定新品种11个，其中国家审定3个，获植物新品种权4个，发明专利3项，形成技术规程5个，发表论文153篇，出版专著6部。获省科技进步一、二等奖各1项，促进了我国核果类果树产业技术进步，2013年山东、辽宁及新疆核果类果树的栽培面积已升至650万余亩，年产值超过450亿元，成为推动区域经济社会发展的重要树种。近3年成果推广辐射面积达358.2万亩，占山东、辽宁及新疆核果类果树面积的46.2%，新增经济效益109.64亿元，经济社会和生态效益显著。

高性能竹基纤维复合材料制造关键技术与应用

主要完成单位：中国林业科学研究院木材工业研究所、南京林业大学、安徽宏宇竹木制品有限公司、浙江大庄实业集团有限公司、青岛国森机械有限公司、太尔胶粘剂（广东）有限公司

主要完成人：于文吉、李延军、余养伦、祝荣先、刘红征、张亚慧、任丁华、许斌、苏志英、宁其斌

获奖情况：国家科学技术进步奖二等奖

成果简介：

本项目针对我国竹材人造板产业存在资源利用率低、生产效率低、产品同质化严重等产业问题，经过8年"产学研"联合攻关，突破了竹材单板化制造、精细疏解、高效重组等关键技术，创制了疏解、高温热处理和成型等关键装备，开发出四大系列高性能竹基纤维复合材料，攻克了竹材青黄难以有效胶合、竹材难以单板化利用等制约产业发展的"瓶颈"技术，取得多项创新性成果。

1. 主要科技内容：(1)发明竹材单板化精细疏解技术。创制了多功能竹材专用疏解机，开发了竹材展平和精细疏解一体化的单元制备新工艺，解决竹材单板化和竹材青黄胶合的技术瓶颈，提高了竹材的利用率和生产效率。(2)发明竹材单元高温热处理技术。创制反烧式高温热处理装备，开发了纤维

化竹单板高温热处理技术，使竹材中淀粉与糖等营养物质完全降解，防腐与防霉性能大幅改善，产品颜色可控。(3)研制高渗透性酚醛树脂合成与应用技术。合成了高渗透性酚醛树脂，开发了负压真空、加压和梯级导入一体化树脂浸渍新工艺，提高了树脂浸渍质量和效率。(4)发明高效重组成型技术。创制了冷压机、多层热压机和芯层温度在线监控系统等关键装备，开发了冷压热固化法和热压法两种成型新工艺，提升了我国重组成型制造和装备水平。(5)构建竹基纤维复合材料制造技术平台。创制了高强度、高耐候性、高尺寸稳定性和环保型四大系列产品。本项目的实施，使我国成为世界上唯一拥有高性能竹基纤维复合材料自主知识产权、标准和产品体系的国家，整体技术达到国际领先水平。

2. 主要知识产权：获得专利54件，其中国际发明专利14件，中国发明专利26件；制定国家标准3部；发表论文82篇(SCI收录7篇)，累计被国内外引用741次；获得鉴/认定成果6项，获得北京市科学技术奖二等奖、浙江省科学技术奖二等奖和梁希科学技术奖二等奖各1项，中国专利优秀奖2项。

3. 主要技术经济指标：本项目使竹材的一次利用率从50%提高到90%~95%，单元制备效率提高5倍，施胶量降低15%~25%，成型效率提高12%~17%，能耗降低15%。产品的静曲强度364MPa(国标≥110MPa)，防腐等级从稍耐腐级(Ⅲ级)提高到强耐腐级(Ⅰ级)，28h循环吸水厚度膨胀率低至0.6%(国标<5%)，甲醛释放量降至0.1mg/L(国标E0级<0.5 mg/L)，游离酚释放量降至28μg/m^3。

4. 应用推广及效益情况：本项目通过专利技术实施许可，在全国建成包含产品、设备和胶黏剂等生产线28条，竹基纤维复合材料系列产品在北京、新疆等21个省推广应用，并出口到美国、德国等46个国家，创制的关键设备在浙江、四川等13个省推广应用，并出口到新加坡、印度等9个国家。近3年产生直接经济效益17.39亿元，新增利润2.62亿元，新增税收9730.80万元。该项目资源利用率高，产品附加值高，在风电能源、园林景观、装潢装饰材料、建筑等领域得到了突破和规模化生产，应用前景广阔，具有良好的发展潜力，对节约森林资源、农民增收和保护生态环境具有重大意义。项目的工业化生产，推动了我国竹产业的科技进步，促进了产业的转型升级。

南方特色干果良种选育与高效培育关键技术

主要完成单位：浙江农林大学、中国林业科学研究院亚热带林业研究所、南京绿宙薄壳山核桃科技有限公司、安徽农业大学、南京林业大学、江苏省农业科学院、诸暨市林业科学研究所

主要完成人：黄坚钦、姚小华、戴文圣、吴家胜、王正加、王开良、李永荣、郑炳松、傅松玲、夏国华

获奖情况：国家科学技术进步奖二等奖

成果简介：

本项目属林业科学技术领域。山核桃、薄壳山核桃、香榧是南方山区特色优势明显的干果，营养价

值高、栽培效益好，在山区农民脱贫致富中具有重要作用。长期以来，因良种缺乏、繁育困难、结实迟、产量低等问题制约了其产业的快速发展。在“863计划”“973计划”前期、国家自然科学基金等项目的资助下，经7家单位20年的合作攻关，在良种选育、无性快繁、高效培育等方面取得了重大突破。

揭示了重要经济性状的遗传变异规律，选育出优质高效良种，填补了栽培品种空白。系统阐明了3个树种种实重要经济性状的遗传变异规律，制定了遗传改良策略；建立了山核桃全同胞家系、香榧半同胞家系遗传分析模型，绘制了山核桃、香榧遗传连锁图谱，定位了影响苗期生长性状的QTL。营建了资源最丰富的种质基因库，收集优异种质636份；通过在浙江、安徽、江苏等7省32个试验点的无性系测试，审（认）定山核桃良种6个、薄壳山核桃良种15个、香榧良种4个，结束了栽培没有良种的历史，填补了空白。

突破了嫁接技术难题，形成快繁技术体系，实现了良种规模化生产。从细胞和分子水平研究了嫁接成活过程，发现了质体内束缚态生长素释放是嫁接成活关键因子，克隆并验证了CcPIP、CcARF等关键基因，构建了嫁接成活的基因调控网络，揭示了嫁接成活机理，丰富了嫁接理论。研发出种子增温催芽、穗条促萌、贴枝嫁接、容器育苗等技术，筛选出专用砧木，形成了无性快繁技术体系。种子当年萌发率提高到80%~96%；接穗产量提高3倍以上；嫁接成活率提高到84%~93%，嫁接时间由原来的3个月延长到9个月，出圃率提高到75%以上，工效提高20%以上，实现了良种规模化繁殖。

突破了以营养调控和授粉控制为核心的关键技术，形成高效培育技术体系，实现了早实丰产。首次解析了山核桃成花、成油的生理和分子生物学过程，克隆了成花、成油新基因，构建了基因调控网络；揭示了3个树种苗期生理生态学特性，集成了提高造林成活率的关键技术，扩大了栽培区域，成活率从不到50%提高到95%；突破了早实丰产栽培技术，实现了山核桃、香榧造林4年始果、薄壳山核桃3年始果，提早结果4年以上；揭示了主要矿质营养元素的动态变化规律、养分需求特性和施肥临界期，研发出专家施肥系统；明确了最佳授粉期，提出了授粉品种配置方案。集成高效培育技术体系，克服了结实大小年现象，平均亩产增加30%以上。

项目授权国家发明专利13件，登记软件著作权1项，审（认）定良种25个，编制国家、行业及地方标准共10项，发表学术论文182篇，其中SCI收录19篇，一级期刊24篇，出版专著8部，获省部级科学技术奖一等奖2项、二等奖4项。组建了山核桃、香榧2个国家林业局工程技术研究中心。成果在浙江、安徽、江苏等南方7省92个县市推广，累计新增造林面积121.5万亩，增加产值57.7亿元。经济、社会和生态效益显著。

四倍体泡桐种质创制与新品种培育

主要完成单位：河南农业大学、河南省林业科学研究院、泰安市泰山林业科学研究院、阜阳市林业科学技术推广站、江西省林业科技推广总站、新乡市林业技术推广站

主要完成人：范国强、翟晓巧、尚忠海、王安亭、孙中党、赵振利、金继良、何长敏、王迎、邓敏捷

获奖情况：国家科学技术进步奖二等奖

成果简介：

泡桐是我国主要速生用材和农田防护林树种，分布于全国25个省（市）、自治区，在改善生态环境、保障粮食安全、出口创汇和提高农民收入等方面起着重要作用。针对现有二倍体泡桐品种存在自然接干率低和抗逆性弱等问题，在分析全国泡桐种质资源状况和四倍体植物特性基础上，课题组在国家部委等资助下，历时19年协同攻关，集中开展了四倍体泡桐种质资源创制和新品种培育研究工作，取得了以下主要创新性成果。

1. 建立了四倍体泡桐种质创制体系，创建了国内外首个四倍体泡桐种质资源库。以白花泡桐和豫杂一号泡桐等6个种、2个品种二倍体泡桐为材料，采用细胞工程技术，在216个诱变处理和815个激素浓度培养基组合中，分别筛选出了不同四倍体泡桐诱导最佳方法，获得了四倍体泡桐幼苗群体，建立了简便、高效和实用的四倍体泡桐种质创制体系；创建了世界上首个含5184份四倍体泡桐种质的资源库，扩大了其遗传背景，为林木多倍体育种提供了技术支撑。

2. 培育出了优势突出、特性优良的四倍体泡桐新品种，推进了泡桐品种的更新换代。利用现代生物技术结合常规育种方法，培育出了具有自然接干率高、抗逆性强、材质优良和出材率高等特性的“白四泡桐1号”等5个新品种。同时，实现了林木新品种培育方法的创新。四年生四倍体泡桐新品种较其二倍体自然接干率平均提高48.2%，8年生的树高、胸径平均生长量和出材率分别比其二倍体提高16.2%、27.5%和36.4%，抗病、抗寒、抗旱和耐盐等抗逆能力均有明显增强，解决了现有二倍体泡桐品种自然接干率低和抗逆性弱的问题。

3. 首次阐明了四倍体泡桐新品种优良特性的分子机理，绘制了世界上第一张白花泡桐基因组精细图谱。通过基因组测序和重测序，明确了不同种二倍体泡桐及其四倍体基因组大小，揭示了泡桐属9个泡桐种之间的进化关系，发现了二倍体泡桐及其四倍体的遗传差异；鉴定出了与四倍体泡桐抗逆性强、自然接干率高和材质优良等特性密切相关的基因，为国内外泡桐遗传解析提供了信息平台，确立了我国在泡桐基础理论研究方面的国际领先地位。

4. 创建了一套四倍体泡桐苗木繁育和丰产栽培技术体系，推动了泡桐产业的快速发展。分别通过不同四倍体泡桐适生区苗木繁育和栽培技术研究，建立了一套苗木繁育和丰产栽培技术体系，制定了《四倍体泡桐苗木繁育技术规程》等2个国家林业行业标准，加快了泡桐栽培的科学化和标准化进程。

截至2014年底，四倍体泡桐新品种已在我国泡桐主产区的河南、安徽和山东等6省大面积推广应用，累计栽植四倍体泡桐新品种1021万株，实现产值24.77亿元，经济、社会和生态效益十分显著。

该成果先后获得河南省科技进步一等奖2项、二等奖1项；创建了国内外首个含5184份不同四倍体泡桐种质的资源库；获得四倍体泡桐新品种权5个、省级良种5个；制定林业行业标准2项；发表论文92篇（SCI论文15篇），出版学术专著1部；培养博士后和研究生56名及大批林业实用型人才。

荣昌猪品种资源保护与开发利用

主要完成单位：重庆市畜牧科学院、中国农业大学、四川大学、西南大学、中国农业科学院饲料研究所、四川铁骑力士实业有限公司、重庆隆生农业发展有限公司

主要完成人：刘作华、王金勇、杨飞云、尹靖东、王红宁、李洪军、徐顺来、于会民、汪开益、冯光德

获奖情况：国家科学技术进步奖二等奖

成果简介：

荣昌猪是我国著名地方品种之一，具有肉质优良、繁殖性能好、配合力高等特性。本项目自1991年以来，围绕荣昌猪资源保护利用存在的关键技术问题，开展遗传资源保存方法研究和技术创新，对优势和特色性状基因进行发掘，采用传统育种技术、分子育种技术和信息技术相结合的方式培育新品种（系），对荣昌猪及其新品种（系）的利用关键技术进行了系统研究，形成了从资源保护、种质创新、新品种培育、标准化养殖到加工利用完整的全产业链技术支撑体系，将荣昌猪资源优势变为品种优势和经济优势，对提升我国生猪产业的核心竞争力意义重大。

1. 挖掘了荣昌猪优势和特色性状基因。构建了荣昌猪BAC文库，克隆了荣昌猪优势/特色性状基因13个；在国际上首次报道了参与猪肌内脂肪特异性沉积的CLIC5A与MAT 2β基因，建立分子标记3个，处于国际领先水平；首次构建了猪整个发育阶段的microRNA图谱，达国际先进水平；克隆了抗病相关SP-A基因，得到具有较强肺防御功能的单倍型，建立分子标记1个；构建了荣昌猪肠道菌群DGGE文库；首次建立了荣昌猪肉质特性数据库、风味指纹图谱和猪肉质活体评定技术，达到国际先进水平。

2. 创新了地方猪保种模式，建成了我国最大的地方猪种质资源库。首次对荣昌猪品种资源进行了系统调查，弄清了起源、数量、分布、特性和开发利用状况；首次对荣昌猪的产肉性能、繁殖性能及生理生化指标进行了评定；在我国率先建立了保护区、保种场及遗传资源冷冻库相结合的开放式动态三级保种体系。保护区基础母猪6902头、公猪62头、血缘30个；保种场母猪157头、公猪20头、血缘12个；遗传资源冷冻库保存遗传材料20651份。

3. 以荣昌猪为基础培育出高肌内脂肪专门化品系、烤乳猪专门化品系和国家审定品种“渝荣Ⅰ号猪配套系”。创新形成了常规育种、分子育种和信息技术相结合的育种技术新体系。“渝荣Ⅰ号猪配套系”肉质优良（肌内脂肪含量2.59%）、繁殖性能好（经产仔数13.14头）、生长速度快（日增重827克）、瘦肉率适度（62.8%）。2007年以1500万元转让，2008年起为农业部全国主推品种。

4. 研发出荣昌猪、荣昌猪专门化品系、渝荣Ⅰ号猪配套系标准化生产关键技术。制定了《荣昌猪》国家标准；研究提出了主要营养需要量推荐参数；构建了健康养殖生物安全控制技术体系；提出了猪肉产品加工新工艺。

项目获授权专利36项（其中发明专利16项）；获省部级科技进步一等奖2项、二等奖2项；制修订国

家标准2个；开发新产品42个；发表论文112篇（其中SCI收录26篇），出版专著9部。近3年累计推广荣昌猪新品种（系）1234.2万头，覆盖西南90%地区；推广专用饲料373.8万吨、猪肉加工产品2.12万吨，经中国农科院农经研究所效益测评，新增销售额177.87亿元，新增利润35.71亿元。2011年经中国农产品区域公用品牌价值评估，荣昌猪品牌价值达21.7亿元。

“农大3号”小型蛋鸡配套系培育与应用

主要完成单位：中国农业大学、北京北农大动物科技有限责任公司、北京中农榜样生物科技有限公司、湖北神丹健康食品有限公司、河南柳江生态牧业股份有限公司

主要完成人：杨宁、宁中华、张庆才、吴常信、曲鲁江、刘华桥、陈福勇、徐桂云、许殿明、郑丽敏

获奖情况：国家科学技术进步奖二等奖

成果简介：

我国是世界上最大的鸡蛋生产国和消费国，蛋鸡饲养量长期位居世界第一。由于我国饲料资源短缺，培育具有突出饲料转化效率的蛋鸡新品种具有重大的战略意义和社会经济价值。本项目以“节粮”和“优质”为主要育种目标，采用创新的育种技术，培育出“农大3号”小型蛋鸡配套系，并广泛推广。以该品种为基础，建立标准化饲养技术体系和优质鸡蛋加工技术，推动了蛋鸡全产业链技术体系的发展。

本项目的主要技术创新点如下。

1. 培育出世界上第一个矮小型蛋鸡配套系。利用高效的育种手段进行了纯系选育，通过矮小型蛋鸡纯系与高产蛋鸡纯系进行三系杂交，培育出了“农大3号”小型蛋鸡配套系。新品种具有节粮、高产和优质等突出优点，通过了国家畜禽新品种审定。经过10年的持续选育，商品代蛋鸡饲养日年产蛋数达306个，料蛋比1.99:1，产蛋期成活率95.4%。开发出具有我国自主知识产权的禽白血病病毒检测试剂盒，通过对疾病监测和垂直传播疾病净化技术的改进和应用，提高了种鸡质量和成活率。

2. 构建了集精细化育种流程、高效选择方法和特色功能基因利用为一体的优质高效蛋鸡育种技术体系。开发了包括生产性能数据采集和遗传分析的育种管理软件，建立了“先选后留”与“先留后选”相结合的选育技术，提高了选择准确性。利用分子育种技术，在“农大3号”小型蛋鸡育种核心群中彻底剔除了鱼腥味敏感等位基因，形成了无鱼腥味遗传背景的蛋鸡，改善了鸡蛋风味。获得了与鸡产蛋量、蛋品质和抗病性等高度关联的基因标记28个。

3. 建立以“农大3号”蛋鸡为核心的全产业链技术体系。针对矮小型蛋鸡特殊的体型、生理特点和营养需要，研制了育雏期和产蛋期专用预混料，促进其遗传潜力发挥，保障了鸡蛋的品质和安全；制定了从种鸡到商品鸡的生产技术规程，确定了种鸡、商品鸡笼养和放养模式下的饲养方案，形成了特色的标准化养殖技术，研制了小型蛋鸡专用笼具；研发了鸡蛋品质检测新技术，为提高产品品质奠定了基

础；利用其蛋黄比例大、蛋品质优良等特点，研制新型鸡蛋制品；通过生产全过程质量控制体系，建立了“神丹”“依山依林”等优质鸡蛋品牌。

本项目获得国家畜禽新品种证书1个，国家授权发明专利7件，实用新型专利2件，新兽药注册证书1个，计算机软件著作权7件，出版专著3部，发表学术论文82篇，其中SCI收录36篇。

“农大3号”蛋鸡从2011年起已连续4年入选农业部主导品种，商品代辐射到全国28个省市，累计推广饲养量达6.3亿只，节省了500多万吨饲料。近3年推广新品种和配套饲养技术新增产值27.89亿元，新增利润7.25亿元，取得了重大的经济、生态和社会效益。

畜禽饲料中大豆蛋白源抗营养因子研究与应用

主要完成单位：中国农业大学、吉林农业大学、双胞胎(集团)股份有限公司、上海源耀生物股份有限公司、北京龙科方舟生物工程技术有限公司、江西农业大学

主要完成人：谯仕彦、秦贵信、李德发、贺平丽、马曦、孙泽威、王勇飞、曹云鹤、方华、陆文清

获奖情况：国家科学技术进步奖二等奖

成果简介：

我国畜禽饲料中最主要的蛋白质来源于大豆及其加工产品，占65%以上。20世纪80年代，大豆蛋白源在饲料中的使用率不足30%，仔猪对大豆蛋白的消化率不足70%，其主要制约因素是大豆中的抗营养因子(ANFs)。尽管世界上美国、阿根廷、欧盟等国家在该领域中做过很多研究，但长期以来仍然存在着大豆ANFs对畜禽的危害机理不清、检测手段缺乏、钝化降解技术单一等关键性技术难题。本项目在国家和部委科技计划的支持下，历时32年，取得了一系列的研究成果，其中多项研究已经达到世界领先水平，推动了我国在本领域的科技进步与发展。主要科技贡献如下。

1. 首次系统揭示了饲料中主要大豆ANFs对畜禽的危害作用，解决了大豆ANFs作用机理长期不明的难题。阐明了胰蛋白酶抑制因子通过抑制胰蛋白酶活性负反馈调节胰腺分泌功能、凝集素诱发多胺依赖的小肠和胰腺增生的危害机制，提出了大豆抗原蛋白引起的迟发型过敏反应是仔猪断奶综合征原发性原因的新观点并阐明了致敏机制，为大豆蛋白源在畜禽饲料中的技术研究和高效利用奠定了理论基础。

2. 创建了大豆ANFs检测技术体系，解决了大豆ANFs快速准确检测的关键技术难题。首次分离鉴定到大豆球蛋白酸性亚基和β-大豆伴球蛋白α'亚基，创制出大豆球蛋白、β-伴大豆球蛋白和胰蛋白酶抑制因子单克隆抗体ELISA检测试剂盒，开发出寡糖、异黄酮等小分子大豆ANFs仪器同步检测技术，为饲料中大豆蛋白源的高效利用提供了技术依据。

3. 开发了大豆ANFs钝化降解系列新技术和新方法，解决了低抗营养性优质大豆产品的生产工艺关键技术难题。研究建立了常压湿热、高压湿热、干法挤压膨化、湿法挤压膨化、膨胀等钝化大豆ANFs

成套技术参数，发明了独特的大豆粕呼吸膜固态发酵新技术，推动了大豆制油工艺的技术改进和功能性蛋白饲料的研究与发展。

4.确定了大豆ANFs对不同种属和生理阶段畜禽的抗营养阈值，建立了大豆蛋白源饲用价值数据库，构建了高效利用技术体系。使大豆蛋白消化率从不足70%提高至近90%，实现了大豆蛋白源在畜禽饲料中的高效产业化利用。创制出双胞胎乳仔猪饲料产品，国内市场占有量近25%，使乳仔猪腹泻率下降20%~30%，成活率提高20%~25%，打破了外资企业对乳仔猪饲料的市场垄断。

近3年来，项目实现直接经济效益13.6亿元，技术成果在全国29个省市自治区7000多个饲料企业推广应用，覆盖面达65%，年均饲料产量约1.1亿吨，节约豆粕150万吨以上，减少氮排放9.6万吨以上，创造社会效益210亿元。

发表论文201篇，其中SCI收录71篇，他引683次，出版专著1部。获授权发明专利18件，新型实用专利11件，省部级科技一等奖2项，国家和省级重点新产品5项。近3年培训人员2.7万余人次，培养硕士、博士82人。成果直接引领了动物营养和饲料加工工艺的深度结合，有力推动了饲料、畜禽养殖业和大豆深加工业的技术进步与发展。

鲤优良品种选育技术与产业化

主要完成单位：中国水产科学研究院黑龙江水产研究所、中国水产科学研究院淡水渔业研究中心、河南省水产科学研究院、中国水产科学研究院

主要完成人：孙效文、石连玉、董在杰、冯建新、徐鹏、梁利群、俞菊华、李池陶、鲁翠云、白庆利

获奖情况：国家科学技术进步奖二等奖

成果简介：

我国是鲤的主要养殖和消费国，但在20世纪80年代，鲤的优良品种少、种质混杂、品种退化严重，致使养殖产量低、越冬死亡率高，制约了产业的快速发展。本研究以挖掘主要经济性状的基因和标记为突破口，采用多性状复合选育与分子育种相结合的技术，历时26年，收集创制了优异种质，建立了分子育种新技术，培育出适于不同生境的生长快、品质优、抗寒性强的4个优良新品种。实现了鲤育种技术更新和品种换代，有力支撑了我国鲤产业的快速发展。

主要技术创新内容与技术经济指标如下。

1. 建立了种质的分子鉴定技术，结合常规育种技术，创制出4个品种的选育基础群。①获得了鉴定种质的120个基因和标记，阐明了优良性状的遗传基础。②构建了鲤基因组研究平台，包括：高密度遗传图谱，24个经济性状的主效基因376个，构建了25万个标记的SNP分型芯片，注释52610个基因，绘制了基因组遗传变异图谱，结果在*Nature Genetics*等刊物上发表。③用三杂交、杂交、测交、雌核发育等技术，繁育上百万子代，筛选优良个体，构建了松浦镜鲤、高寒鲤、豫选黄河鲤、福瑞鲤等4个选育基

础群。

2. 建立了鲤的分子育种技术，育成4个优良新品种。①发现鲤雌雄配种具有“阈值”现象，建立了基于亲本遗传距离的分子育种技术，开发出配套的选种软件及从大混合家系中鉴别优秀家系的技术，实现了鲤的选育技术由“表型”选择提升到“表型+基因型”选择的技术更新。②采用多性状复合选育与分子选育相结合的技术，对松浦镜鲤选育基础群系统选育至F7育成“松浦镜鲤”，较对照组生长快30%以上，养殖和越冬成活率均在95%以上，17个生长主效QTL在镜鲤中提高117%。③对高寒鲤基础群系统选育，每代5%选择压力，至F7育成生长快、耐低氧、抗寒性强的新品种“松荷鲤”，10个抗寒性状的特征标记用于品种鉴定。④对黄河鲤基础群经每代约0.4%的选择压力，系统选育至F8，育成“豫选黄河鲤”，恢复了黄河鲤“金鳞赤尾、体形梭长、肉质细嫩鲜美”的特征。⑤对福瑞鲤基础群经1代群体选育和4代BLUP选育，获得生长快13%的新品种“福瑞鲤”，2个生长轴上基因标记与体重紧密连锁（$P<0.01$）。

3. 建立了分子保种技术和产业化体系。建立了基于微卫星标记和性状相关基因溯源的保种技术，制定了种质标准和养殖操作规范，构建了推广应用体系，4个品种占鲤养殖产量的80%，促进了鲤养殖产业的持续高效发展。

授权专利和知识产权及推广应用：发明专利19项、实用新型21项，软件著作权4项，新品种4个，国家/行业标准4项；省部一等奖2项；专著2部，论文401篇（SCI 47篇），20篇论文共引用1267次，10篇SCI论文他引138次。

品种在25个省推广361万亩（占全国85%）。15个单位累计新增销售额129亿元，近3年新增销售额26.9亿元、利润3.6亿元。累计出口创汇1.5亿美元。

刺参健康养殖综合技术研究及产业化应用

主要完成单位：辽宁省海洋水产科学研究院、中国水产科学研究院黄海水产研究所、大连海洋大学、中国海洋大学、山东省海洋生物研究院、大连壹桥海洋苗业股份有限公司、山东安源水产股份有限公司

主要完成人：隋锡林、王印庚、常亚青、周遵春、包振民、李成林、孙慧玲、丁君、韩家波、宋坚

获奖情况：国家科学技术进步奖二等奖

成果简介：

本项目属于水产科学技术领域。刺参为名贵海产品，列“海产八珍”之首，我国在20世纪80年代以前主要依靠野生采捕，年产量仅为60~80吨。为发展刺参养殖业，本项目从1978年开始，针对刺参养殖无苗种、无良种、无养殖技术等难题，开展了刺参重要的生物学和生态学研究，突破了刺参规模化人工苗种繁育关键技术，创建了刺参良种培育技术体系，构建了刺参高效健康养殖模式，推动我国刺参养殖

产业成为一个年产量19余万吨、产值近300亿元的新兴海水养殖业，引领了第五次海水养殖浪潮。

1. 首创了刺参人工苗种规模化繁育技术与工艺。开展刺参繁殖及发育生物学研究，阐明了刺参的生殖周期及产卵习性，胚胎、幼体及幼参发育各阶段的生态习性，创建了亲参繁殖调控、苗种人工培育、幼参高密度培养等刺参苗种产业化技术与工艺，解决了刺参规模化养殖的苗种需求，为刺参养殖产业迅速发展提供了苗种保障。

2. 培育出生长快、品质优的刺参国审新品种。开展了刺参遗传育种学基础研究，开发出大量分子遗传标记、构建了高密度遗传连锁图谱、估计了刺参的遗传参数，建立了经济性状测量评价技术体系，解决了家系构建等难题，构建了优良品种与苗种扩繁技术体系，培育出目前国际上唯一的刺参良种“水院1号”，良种、良法的产业应用推动了刺参养殖产业的健康发展。

3. 创建了刺参多种高效健康养殖模式。研究了刺参养殖与温度、盐度等重要环境因子以及多种生物的相互关系；揭示了刺参养殖过程中主要病害的流行规律，建立了针对重要病原的快速、灵敏的检测技术，构建了病害防控预警信息系统和技术体系；创建了池塘、围堰、浅海网箱等多种高效健康养殖模式，建立了完善的健康养殖技术规范与标准，保障了刺参养殖产业安全、健康的快速发展。

获发明专利授权32项，实用新型专利14项；发表论文195篇，其中SCI收录31篇；出版专著9部和科普读物2部；制作了刺参健康养殖技术视频并通过各级媒体进行技术推介；制定了刺参养殖相关国家行业标准3项，地方标准3项；建设了国家级刺参遗传育种中心1个、国家级刺参原良种场4家、刺参全国现代渔业种业示范场2个、省级工程技术研究中心2个、省级良种场8家。

项目成果通过技术服务、转让、培训、媒体传播和建立示范基地等方式进行了广泛的应用推广，形成了辽宁、山东等省为主产区，并以“北参南养”等形式延伸到闽浙沿海的养殖产业群，技术应用养殖面积274万亩；成果应用近3年累计销售收入536亿元，利润213亿元；同时也带动了加工、饲料、保健食品等相关行业的发展，为沿海渔业经济结构调整和渔民就业增收做出了重大贡献，取得了巨大的经济和社会效益。

中华人民共和国
国际科学技术合作奖

ZHONGHUA RENMIN GONGHEGUO
GUOJI KEXUE JISHU HEZUO JIANG

中华人民共和国国际科学技术合作奖

ZHONGHUA RENMIN GONGHEGUO
GUOJI KEXUE JISHU HEZUO JIANG

2011年

约翰·巴士威(John A. Buswell)

约翰·巴士威,英国籍,男,1942年6月出生,食用菌生理和活性物质研究专家。由上海市推荐。

自2003年受聘为上海市农业科学院客座研究员以来,巴士威教授倾力促成中国于2005年首次举办世界食用菌大会——第五届世界食用菌生物学及产品大会,积极推进中国重要食用菌品种香菇、草菇和灵芝等基因组测序和蛋白质组学研究工作,全力在国际上介绍中国食用菌科研和产业情况,成功推荐中国食用菌人才走向国际舞台。他通过在中国建立食用菌生理生化研究队伍,邀请大批国外知名食用菌工厂化专家来华交流,推荐中国食用菌专家到欧美留学访问和交流等多种形式,有力地提升了中国食用菌行业的科技水平,促进了中国食用菌产业的进步。

2013年

许忠允(Hse Chung - Yun)

许忠允,美国籍,男,1935年2月生。木材科学家,美国农业部林务局南方研究院首席研究员,国际木材科学院院士,曾获美国农业部"最高科研创新奖"、中国政府"友谊奖"等奖项。由国家林业局和江苏省联合推荐。

许忠允教授是改革开放以来中美林业科技合作的核心开创者。自1980年他促成首个中国林业代表团访美后,30多年来累计在美培养中国学者80多位,他结合美国科技经济发展和自身科研生涯的成功经验,把先进理念、先进技术和先进平台引入中国,指导开展林业科技平台建设和重大项目实施,为推动中国木材科学领域实施"科技攻关""863计划"等国家科技计划和"江苏杨树产业"发展提供了重要的理论技术指导和人才智力支持,为中国在人工林材性快速评价、木竹材高效利用和生物质新材料等领域显著缩小与发达国家的差距做出了突出贡献。作为国际知名专家,他来华62次,足迹遍及26个省市上百家单位,与中国林业科学院、国际竹藤中心、南京林业大学等科研院校建立了持久密切的合作关系。许忠允教授提名推举的多位中国学者在国际组织中担任要职,显著提升了中国林业的地位和话语权。

艾伦·牟俊达(Arun S. Mujumdar)

艾伦·牟俊达,加拿大籍,男,1945年1月生。干燥学家,新加坡国立大学教授,加拿大化学研究院、新加坡工程院院士,先后获国际干燥研究领域“世界顶级贡献奖”“干燥终身成就奖”“干燥领域杰出的全球领导奖”等国际奖项。由江苏省推荐。

自1984年起,艾伦·牟俊达教授为中国的干燥领域高级人才培养、干燥新技术的研发及食品干燥产业的发展做出了重要贡献。在与主要合作单位江南大学、天津科技大学、中国林业科学院林产化学工业研究所的长期合作中,联合培养博士(博士后)20多名、硕士10多名;已在国际重要刊物上联合发表SCI收录论文97篇;参与研发的干燥系列新技术在合作单位产学研基地海通食品集团、山东鲁花集团、无锡市林洲干燥机厂等10多家行业龙头企业实施,近3年经济效益超过33亿元,创汇2亿美元,取得了显著的经济和社会效益,为推动中国食品干燥及其设备产业领域的科技进步做出了重要贡献。

2014年

披拉沙·斯乃文(Peerasak Srinives)

披拉沙·斯乃文,泰国籍,男,1950年9月生。育种科学家,泰国农业大学农学院副院长,国际亚洲与大洋洲育种研究协会主席。由江苏省推荐。

斯乃文教授1979年毕业于美国伊利诺伊州立大学,获博士学位。他把先进的育种理念、技术和平台引入中国,指导新技术实施和创新育种并大面积推广,极大缩短了我国与发达国家在豆类优异资源引进评价与鉴定、抗病虫分子育种技术、新品种选育等方面的差距,保障了中国食用豆安全和稳定生产。

斯乃文教授对华友好,先后来华38次,足迹遍及27个省市的上百家单位,与中国农业科学院、江苏省农业科学院等国内多家单位建立了长期密切合作关系。他提名推荐我国科学家主持、参加多项国际食用豆会议,推举我国多位学者在国际食用豆组织担任要职,切实提升了中国学者的国际地位。

菲尔·罗尔斯顿(Philip Rolston)

菲尔·罗尔斯顿,新西兰籍,男,1949年2月生。草业科技专家,新西兰国家草地农业研究所高级研究员,植物改良研发团队负责人,国际牧草种子组织主席,获新西兰科技奖3项和中国政府“友谊奖”。

由中国驻新西兰大使馆推荐。

罗尔斯顿博士在草地农业系统、草地农学、牧草种子学等领域有广泛建树，擅长运用先进的科学理论解决生产中的重大难题，是国际牧业种子生产学领军人物。

罗尔斯顿博士自1983年以来参与实施了我国30项草地与畜牧业相关项目，把新西兰等国草地畜牧业的先进理论和技术与我国西部地区具体情况相结合，特别是与兰州大学和贵州省农委等长期合作，解决了我国西南岩溶地区草地土壤改良、品种筛选、草地建植、管理和利用等方面的诸多技术难题，为区域环境改善、农牧民脱贫做出了重要贡献。指导建设了我国南方首个放牧型奶牛场，至今仍为种草养畜的典范，与兰州大学等联合开展牧草种子学研究，推动该领域长足进展。为我国培训了大批专业技术人员，有力提升了我国草业科研队伍水平，并推动和普及了草地农业生产。

弗农·道格拉斯·布罗斯（Vernon Douglas Burrows）

弗农·道格拉斯·布罗斯，加拿大籍，男，1930年1日生。燕麦育种专家，加拿大农业与农业食品部终身教授。曾荣获“加拿大国家勋章”、中国“友谊奖”、加拿大国家公共事业贡献纪念奖等荣誉。由吉林省推荐。

布罗斯教授从事燕麦品种改良与应用研究近50年。在燕麦育种及产业方面做出重要贡献。1998年布罗斯教授与吉林省白城市农业科学院开展中加燕麦科技合作，传授先进燕麦研究技术，合作育成了11个燕麦新品种，并带动我国其他研究单位育成20个燕麦新品种。这些新品种的推广和应用弥补了我国燕麦品种的匮乏和不足，提高了我国燕麦生产能力和品质，同时也改善了燕麦种植区域的农业生态环境。

布罗斯教授热爱中国，弘扬中加人民友谊，长期帮助我国发展燕麦事业，促进我国更为广泛地开展燕麦研究国际合作。在他的带动下，我国燕麦科学研发团队不断发展壮大，自主创新能力快速提升，推动了我国燕麦产业发展。

附录

FULU

附录

FULU

附录一

国家科学技术奖励条例

（1999年5月23日中华人民共和国国务院令第265号发布，根据2003年12月20日《国务院关于修改<国家科学技术奖励条例>的决定》修订）

第一章　总则

第一条　为了奖励在科学技术进步活动中做出突出贡献的公民、组织，调动科学技术工作者的积极性和创造性，加速科学技术事业的发展，提高综合国力，制定本条例。

第二条　国务院设立下列国家科学技术奖：

（一）国家最高科学技术奖；

（二）国家自然科学奖；

（三）国家技术发明奖；

（四）国家科学技术进步奖；

（五）中华人民共和国国际科学技术合作奖。

第三条　国家科学技术奖励贯彻尊重知识、尊重人才的方针。

第四条　国家维护国家科学技术奖的严肃性。

国家科学技术奖的评审、授予，不受任何组织或者个人的非法干涉。

第五条　国务院科学技术行政部门负责国家科学技术奖评审的组织工作。

第六条　国家设立国家科学技术奖励委员会，国家科学技术奖励委员会聘请有关方面的专家、学者组成评审委员会，依照本条例的规定，负责国家科学技术奖的评审工作。

国家科学技术奖励委员会的组成人员人选由国务院科学技术行政部门提出，报国务院批准。

第七条　社会力量设立面向社会的科学技术奖，应当在科学技术行政部门办理登记手续。具体办法由国务院科学技术行政部门规定。

社会力量经登记设立的面向社会的科学技术奖，在奖励活动中不得收取任何费用。

第二章　国家科学技术奖的设置

第八条　国家最高科学技术奖授予下列科学技术工作者：

(一)在当代科学技术前沿取得重大突破或者在科学技术发展中有卓越建树的；

(二)在科学技术创新、科学技术成果转化和高技术产业化中，创造巨大经济效益或者社会效益的。

国家最高科学技术奖每年授予人数不超过2名。

第九条　国家自然科学奖授予在基础研究和应用基础研究中阐明自然现象、特征和规律，做出重大科学发现的公民。

前款所称重大科学发现，应当具备下列条件：

(一)前人尚未发现或者尚未阐明；

(二)具有重大科学价值；

(三)得到国内外自然科学界公认。

第十条　国家技术发明奖授予运用科学技术知识做出产品、工艺、材料及其系统等重大技术发明的公民。

前款所称重大技术发明，应当具备下列条件：

(一)前人尚未发明或者尚未公开；

(二)具有先进性和创造性；

(三)经实施，创造显著经济效益或者社会效益。

第十一条　国家科学技术进步奖授予在应用推广先进科学技术成果，完成重大科学技术工程、计划、项目等方面，做出突出贡献的下列公民、组织：

(一)在实施技术开发项目中，完成重大科学技术创新、科学技术成果转化，创造显著经济效益的；

(二)在实施社会公益项目中，长期从事科学技术基础性工作和社会公益性科学技术事业，经过实践检验，创造显著社会效益的；

(三)在实施国家安全项目中，为推进国防现代化建设、保障国家安全做出重大科学技术贡献的；

(四)在实施重大工程项目中，保障工程达到国际先进水平的。

前款第(四)项重大工程类项目的国家科学技术进步奖仅授予组织。

第十二条　中华人民共和国国际科学技术合作奖授予对中国科学技术事业做出重要贡献的下列外国人或者外国组织：

(一)同中国的公民或者组织合作研究、开发，取得重大科学技术成果的；

(二)向中国的公民或者组织传授先进科学技术、培养人才，成效特别显著的；

(三)为促进中国与外国的国际科学技术交流与合作，做出重要贡献的。

第十三条　国家最高科学技术奖、中华人民共和国国际科学技术合作奖不分等级。

国家自然科学奖、国家技术发明奖、国家科学技术进步奖分为一等奖、二等奖2个等级；对做出特别重大科学发现或者技术发明的公民，对完成具有特别重大意义的科学技术工程、计划、项目等做出突出贡献的公民、组织，可以授予特等奖。

国家自然科学奖、国家技术发明奖、国家科学技术进步奖每年奖励项目总数不超过400项。

第三章 国家科学技术奖的评审和授予

第十四条 国家科学技术奖每年评审一次。

第十五条 国家科学技术奖候选人由下列单位和个人推荐：

（一）省、自治区、直辖市人民政府；

（二）国务院有关组成部门、直属机构；

（三）中国人民解放军各总部；

（四）经国务院科学技术行政部门认定的符合国务院科学技术行政部门规定的资格条件的其他单位和科学技术专家。

前款所列推荐单位推荐的国家科学技术奖候选人，应当根据有关方面的科学技术专家对其科学技术成果的评审结论和奖励种类、等级的建议确定。

香港、澳门、台湾地区的国家科学技术奖候选人的推荐办法，由国务院科学技术行政部门规定。

中华人民共和国驻外使馆、领馆可以推荐中华人民共和国国际科学技术合作奖的候选人。

第十六条 推荐的单位和个人限额推荐国家科学技术奖候选人；推荐时，应当填写统一格式的推荐书，提供真实、可靠的评价材料。

第十七条 评审委员会作出认定科学技术成果的结论，并向国家科学技术奖励委员会提出获奖人选和奖励种类及等级的建议。

国家科学技术奖励委员会根据评审委员会的建议，作出获奖人选和奖励种类及等级的决议。

国家科学技术奖的评审规则由国务院科学技术行政部门规定。

第十八条 国务院科学技术行政部门对国家科学技术奖励委员会作出的国家科学技术奖的获奖人选和奖励种类及等级的决议进行审核，报国务院批准。

第十九条 国家最高科学技术奖报请国家主席签署并颁发证书和奖金。

国家自然科学奖、国家技术发明奖、国家科学技术进步奖由国务院颁发证书和奖金。

中华人民共和国国际科学技术合作奖由国务院颁发证书。

第二十条 国家最高科学技术奖的奖金数额由国务院规定。

国家自然科学奖、国家技术发明奖、国家科学技术进步奖的奖金数额由国务院科学技术行政部门会同财政部门规定。

国家科学技术奖的奖励经费由中央财政列支。

第四章　罚则

第二十一条　剽窃、侵夺他人的发现、发明或者其他科学技术成果的，或者以其他不正当手段骗取国家科学技术奖的，由国务院科学技术行政部门报国务院批准后撤销奖励，追回奖金。

第二十二条　推荐的单位和个人提供虚假数据、材料，协助他人骗取国家科学技术奖的，由国务院科学技术行政部门通报批评；情节严重的，暂停或者取消其推荐资格；对负有直接责任的主管人员和其他直接责任人员，依法给予行政处分。

第二十三条　社会力量未经登记，擅自设立面向社会的科学技术奖的，由科学技术行政部门予以取缔。

社会力量经登记设立面向社会的科学技术奖，在科学技术奖励活动中收取费用的，由科学技术行政部门没收所收取的费用，可以并处所收取的费用1倍以上3倍以下的罚款；情节严重的，撤销登记。

第二十四条　参与国家科学技术奖评审活动和有关工作的人员在评审活动中弄虚作假、徇私舞弊的，依法给予行政处分。

第五章　附则

第二十五条　国务院有关部门根据国防、国家安全的特殊情况，可以设立部级科学技术奖。具体办法由国务院有关部门规定，报国务院科学技术行政部门备案。

省、自治区、直辖市人民政府可以设立一项省级科学技术奖。具体办法由省、自治区、直辖市人民政府规定，报国务院科学技术行政部门备案。

第二十六条　本条例自公布之日起施行。1993年6月28日国务院修订发布的《中华人民共和国自然科学奖励条例》《中华人民共和国发明奖励条例》和《中华人民共和国科学技术进步奖励条例》同时废止。

附录二

国家科学技术奖励条例实施细则

（1999年12月24日科学技术部令第1号公布，根据2004年12月27日科学技术部令第9号《关于修改<国家科学技术奖励条例实施细则>的决定》第一次修改，根据2008年12月23日科学技术部令第13号《关于修改<国家科学技术奖励条例实施细则>的决定》第二次修改）

第一章　总则

第一条　为了做好国家科学技术奖励工作，保证国家科学技术奖的评审质量，根据《国家科学技术奖励条例》（以下称奖励条例），制定本细则。

第二条　本细则适用于国家最高科学技术奖、国家自然科学奖、国家技术发明奖、国家科学技术进步奖和中华人民共和国国际科学技术合作奖（以下称国际科技合作奖）的推荐、评审、授奖等各项活动。

第三条　国家科学技术奖励工作深入贯彻落实科学发展观和“尊重劳动、尊重知识、尊重人才、尊重创造”的方针，鼓励团结协作、联合攻关，鼓励自主创新，鼓励攀登科学技术高峰，促进科学研究、技术开发与经济、社会发展密切结合，促进科技成果向现实生产力转化，促进国家创新体系建设，营造鼓励创新的环境，努力造就和培养世界一流科学家、科技领军人才和一线创新人才，加速科教兴国、人才强国和可持续发展战略的实施，推进创新型国家建设。

第四条　国家科学技术奖的推荐、评审和授奖，遵循公开、公平、公正的原则，实行科学的评审制度，不受任何组织或者个人的非法干涉。

第五条　国家科学技术奖授予在科学发现、技术发明和促进科学技术进步等方面做出创造性突出贡献的公民或者组织，并对同一项目授奖的公民、组织按照贡献大小排序。

在科学研究、技术开发项目中仅从事组织管理和辅助服务的工作人员，不得作为国家科学技术奖的候选人。

第六条　国家科学技术奖是国家授予公民或者组织的荣誉，授奖证书不作为确定科学技术成果权属的直接依据。

第七条　国家科学技术奖励委员会负责国家科学技术奖的宏观管理和指导。

科学技术部负责国家科学技术奖评审的组织工作。国家科学技术奖励工作办公室(以下称奖励办公室)负责日常工作。

第二章　奖励范围和评审标准

第一节　国家最高科学技术奖

第八条　奖励条例第八条第一款(一)所称"在当代科学技术前沿取得重大突破或者在科学技术发展中有卓越建树",是指候选人在基础研究、应用基础研究方面取得系列或者特别重大发现,丰富和拓展了学科的理论,引起该学科或者相关学科领域的突破性发展,为国内外同行所公认,对科学技术发展和社会进步作出了特别重大的贡献。

第九条　奖励条例第八条第一款(二)所称"在科学技术创新、科学技术成果转化和高技术产业化中,创造巨大经济效益或者社会效益",是指候选人在科学技术活动中,特别是在高新技术领域取得系列或者特别重大技术发明,并以市场为导向,积极推动科技成果转化,实现产业化,引起该领域技术的跨越发展,促进了产业结构的变革,创造了巨大的经济效益或者社会效益,对促进经济、社会发展和保障国家安全作出了特别重大的贡献。

第十条　国家最高科学技术奖的候选人应当热爱祖国,具有良好的科学道德,并仍活跃在当代科学技术前沿,从事科学研究或者技术开发工作。

第二节　国家自然科学奖

第十一条　奖励条例第九条第二款(一)所称"前人尚未发现或者尚未阐明",是指该项自然科学发现为国内外首次提出,或者其科学理论在国内外首次阐明,且主要论著为国内外首次发表。

第十二条　奖励条例第九条第二款(二)所称"具有重大科学价值",是指:(一)该发现在科学理论、学说上有创见,或者在研究方法、手段上有创新;(二)对于推动学科发展有重大意义,或者对于经济建设和社会发展具有重要影响。

第十三条　奖励条例第九条第二款(三)所称"得到国内外自然科学界公认",是指主要论著已在国内外公开发行的学术刊物上发表或者作为学术专著出版三年以上,其重要科学结论已为国内外同行在重要国际学术会议、公开发行的学术刊物,尤其是重要学术刊物以及学术专著所正面引用或者应用。

第十四条　国家自然科学奖的候选人应当是相关科学技术论著的主要作者,并具备下列条件之一:

(一)提出总体学术思想、研究方案;

(二)发现重要科学现象、特性和规律,并阐明科学理论和学说;

(三)提出研究方法和手段,解决关键性学术疑难问题或者实验技术难点,以及对重要基础数据的系统收集和综合分析等。

第十五条　国家自然科学奖一等奖、二等奖单项授奖人数不超过5人，特等奖除外。特等奖项目的具体授奖人数经国家自然科学奖评审委员会评审后，由国家科学技术奖励委员会确定。

第十六条　国家自然科学奖授奖等级根据候选人所做出的科学发现进行综合评定，评定标准如下：

（一）在科学上取得突破性进展，发现的自然现象、揭示的科学规律、提出的学术观点或者其研究方法为国内外学术界所公认和广泛引用，推动了本学科或者相关学科的发展，或者对经济建设、社会发展有重大影响的，可以评为一等奖。

（二）在科学上取得重要进展，发现的自然现象、揭示的科学规律、提出的学术观点或者其研究方法为国内外学术界所公认和引用，推动了本学科或者其分支学科的发展，或者对经济建设、社会发展有重要影响的，可以评为二等奖。

对于原始性创新特别突出、具有特别重大科学价值、在国内外自然科学界有重大影响的特别重大的科学发现，可以评为特等奖。

第三节　国家技术发明奖

第十七条　奖励条例第十条第一款所称的产品包括各种仪器、设备、器械、工具、零部件以及生物新品种等；工艺包括工业、农业、医疗卫生和国家安全等领域的各种技术方法；材料包括用各种技术方法获得的新物质等；系统是指产品、工艺和材料的技术综合。

国家技术发明奖的授奖范围不包括仅依赖个人经验和技能、技巧又不可重复实现的技术。

第十八条　奖励条例第十条第二款（一）所称“前人尚未发明或者尚未公开”，是指该项技术发明为国内外首创，或者虽然国内外已有但主要技术内容尚未在国内外各种公开出版物、媒体及其他公众信息渠道发表或者公开，也未曾公开使用过。

第十九条　奖励条例第十条第二款（二）所称“具有先进性和创造性”，是指该项技术发明与国内外已有同类技术相比较，其技术思路、技术原理或者技术方法有创新，技术上有实质性的特点和显著的进步，主要性能（性状）、技术经济指标、科学技术水平及其促进科学技术进步的作用和意义等方面综合优于同类技术。

第二十条　奖励条例第十条第二款（三）所称“经实施，创造显著经济效益或者社会效益”，是指该项技术发明成熟，并实施应用三年以上，取得良好的应用效果。

第二十一条　国家技术发明奖的候选人应当是该项技术发明的全部或者部分创造性技术内容的独立完成人。

国家技术发明奖一等奖、二等奖单项授奖人数不超过6人，特等奖除外。特等奖项目的具体授奖人数经国家技术发明奖评审委员会评审后，由国家科学技术奖励委员会确定。

第二十二条　国家技术发明奖授奖等级根据候选人所做出的技术发明进行综合评定，评定标准如下：

（一）属国内外首创的重大技术发明，技术思路独特，主要技术上有重大的创新，技术经济指标达到了同类技术的领先水平，推动了相关领域的技术进步，已产生了显著的经济效益或者社会效益，可以评为一等奖。

（二）属国内外首创的重大技术发明，技术思路新颖，主要技术上有较大的创新，技术经济指标达到了同类技术的先进水平，对本领域的技术进步有推动作用，并产生了明显的经济效益或者社会效益，可以评为二等奖。

对原始性创新特别突出、主要技术经济指标显著优于国内外同类技术或者产品，并取得重大经济或者社会效益的特别重大的技术发明，可以评为特等奖。

第四节　国家科学技术进步奖

第二十三条　奖励条例第十一条第一款（一）所称"技术开发项目"，是指在科学研究和技术开发活动中，完成具有重大市场实用价值的产品、技术、工艺、材料、设计和生物品种及其推广应用。

第二十四条　奖励条例第十一条第一款（二）所称"社会公益项目"，是指在标准、计量、科技信息、科技档案、科学技术普及等科学技术基础性工作和环境保护、医疗卫生、自然资源调查和合理利用、自然灾害监测预报和防治等社会公益性科学技术事业中取得的重大成果及其应用推广。

第二十五条　奖励条例第十一条第一款（三）所称"国家安全项目"，是指在军队建设、国防科研、国家安全及相关活动中产生，并在一定时期内仅用于国防、国家安全目的，对推进国防现代化建设、增强国防实力和保障国家安全具有重要意义的科学技术成果。

第二十六条　奖励条例第十一条第一款（四）所称"重大工程项目"，是指重大综合性基本建设工程、科学技术工程、国防工程及企业技术创新工程等。

第二十七条　国家科学技术进步奖重大工程类奖项仅授予组织。在完成重大工程中做出科学发现、技术发明的公民，符合奖励条例和本细则规定条件的，可另行推荐国家自然科学奖、技术发明奖。

第二十八条　国家科学技术进步奖候选人应当具备下列条件之一：

（一）在设计项目的总体技术方案中做出重要贡献；

（二）在关键技术和疑难问题的解决中做出重大技术创新；

（三）在成果转化和推广应用过程中做出创造性贡献；

（四）在高技术产业化方面做出重要贡献。

第二十九条　国家科学技术进步奖候选单位应当是在项目研制、开发、投产、应用和推广过程中提供技术、设备和人员等条件，对项目的完成起到组织、管理和协调作用的主要完成单位。

各级政府部门一般不得作为国家科学技术进步奖的候选单位。

第三十条　国家科学技术进步奖一等奖单项授奖人数不超过15人，授奖单位不超过10个；二等奖单项授奖人数不超过10人，授奖单位不超过7个；特等奖单项授奖人数不超过50人，授奖单位不超过30个。

第三十一条　国家科学技术进步奖候选人或者候选单位所完成的项目应当总体符合下列条件：

（一）技术创新性突出：在技术上有重要的创新，特别是在高新技术领域进行自主创新，形成了产业的主导技术和名牌产品，或者应用高新技术对传统产业进行装备和改造，通过技术创新，提升传统产业，增加行业的技术含量，提高产品附加值；技术难度较大，解决了行业发展中的热点、难点和关键问题；总体技术水平和技术经济指标达到了行业的领先水平。

（二）经济效益或者社会效益显著：所开发的项目经过三年以上较大规模的实施应用，产生了很大的经济效益或者社会效益，实现了技术创新的市场价值或者社会价值，为经济建设、社会发展和国家安全做出了很大贡献。

（三）推动行业科技进步作用明显：项目的转化程度高，具有较强的示范、带动和扩散能力，促进了产业结构的调整、优化、升级及产品的更新换代，对行业的发展具有很大作用。

第三十二条　国家科学技术进步奖授奖等级根据候选人或者候选单位所完成的项目进行综合评定，评定标准如下：

（一）技术开发项目类：

在关键技术或者系统集成上有重大创新，技术难度大，总体技术水平和主要技术经济指标达到了国际同类技术或者产品的先进水平，市场竞争力强，成果转化程度高，创造了重大的经济效益，对行业的技术进步和产业结构优化升级有重大作用的，可以评为一等奖；

在关键技术或者系统集成上有较大创新，技术难度较大，总体技术水平和主要技术经济指标达到国际同类技术或者产品的水平，市场竞争力较强，成果转化程度较高，创造了较大的经济效益，对行业的技术进步和产业结构调整有较大意义的，可以评为二等奖。

（二）社会公益项目类：

在关键技术或者系统集成上有重大创新，技术难度大，总体技术水平和主要技术经济指标达到了国际同类技术或者产品的先进水平，并在行业得到广泛应用，取得了重大的社会效益，对科技发展和社会进步有重大意义的，可以评为一等奖；

在关键技术或者系统集成上有较大创新，技术难度较大，总体技术水平和技术经济指标达到国际同类技术或者产品的水平，在行业较大范围应用，取得了较大的社会效益，对科技发展和社会进步有较大意义的，可以评为二等奖。

（三）国家安全项目类：

在关键技术或者系统集成上有重大创新，技术难度很大，总体技术达到国际同类技术或者产品的先进水平，应用效果十分突出，对国防建设和保障国家安全具有重大作用的，可以评为一等奖；

在关键技术或者系统集成上有较大创新，技术难度较大，总体技术达到国际同类技术或者产品的水平，应用效果突出，对国防建设和保障国家安全有较大作用的，可以评为二等奖。

（四）重大工程项目类：

团结协作、联合攻关，在关键技术、系统集成和系统管理方面有重大创新，技术难度和工程复杂程度大，总体技术水平、主要技术经济指标达到国际同类项目的先进水平，取得了重大的经济效益或者社会效益，对推动本领域的科技发展有重大意义，对经济建设、社会发展和国家安全具有重大战略意义的，可以评为一等奖；

团结协作、联合攻关，在关键技术、系统集成和系统管理方面有较大创新，技术难度和工程复杂程度较大，总体技术水平、主要技术经济指标达到国际同类项目的水平，取得了较大的经济效益或者社会效益，对推动本领域的科技发展有较大意义，对经济建设、社会发展和国家安全具有战略意义的，可以评为二等奖。

对于技术创新性特别突出、经济效益或者社会效益特别显著、推动行业科技进步作用特别明显的项目，可以评为特等奖。

第五节　国际科技合作奖

第三十三条　奖励条例第十二条所称“外国人或者外国组织”，是指在双边或者多边国际科技合作中对中国科学技术事业做出重要贡献的外国科学家、工程技术人员、科技管理人员和科学技术研究、开发、管理等组织。

第三十四条　被授予国际科技合作奖的外国人或者组织，应当具备下列条件之一：

（一）在与中国的公民或者组织进行合作研究、开发等方面取得重大科技成果，对中国经济与社会发展有重要推动作用，并取得显著的经济效益或者社会效益。

（二）在向中国的公民或者组织传授先进科学技术、提出重要科技发展建议与对策、培养科技人才或者管理人才等方面做出了重要贡献，推进了中国科学技术事业的发展，并取得显著的社会效益或者经济效益。

（三）在促进中国与其他国家或者国际组织的科技交流与合作方面做出重要贡献，并对中国的科学技术发展有重要推动作用。

第三十五条　国际科技合作奖每年授奖数额不超过10个。

第三章　评审组织

第三十六条　国家科学技术奖励委员会的主要职责是：

（一）聘请有关专家组成国家科学技术奖评审委员会；

（二）审定国家科学技术奖评审委员会的评审结果；

（三）对国家科学技术奖的推荐、评审和异议处理工作进行监督；

（四）为完善国家科学技术奖励工作提供政策性意见和建议；

（五）研究、解决国家科学技术奖评审工作中出现的其他重大问题。

第三十七条　国家科学技术奖励委员会委员15~20人。主任委员由科学技术部部长担任，设副主任委员1至2人、秘书长1人。国家科学技术奖励委员会委员由科技、教育、经济等领域的著名专家、学者和行政部门领导组成。委员人选由科学技术部提出，报国务院批准。

国家科学技术奖励委员会实行聘任制，每届任期3年。

第三十八条 国家科学技术奖励委员会下设国家最高科学技术奖、国家自然科学奖、国家技术发明奖、国家科学技术进步奖和国际科技合作奖等国家科学技术奖评审委员会。其主要职责是：

（一）负责各国家科学技术奖的评审工作；

（二）向国家科学技术奖励委员会报告评审结果；

（三）对国家科学技术奖评审工作中出现的有关问题进行处理；

（四）对完善国家科学技术奖励工作提供咨询意见。

第三十九条 国家科学技术奖各评审委员会分别设主任委员1人、副主任委员2至4人、秘书长1人、委员若干人。委员人选由科学技术部向国家科学技术奖励委员会提出建议。秘书长由奖励办公室主任担任。

国家科学技术奖评审委员会委员实行聘任制，每届任期3年，连续任期不得超过两届。

第四十条 国家技术发明奖、国家科学技术进步奖评审委员会内设专用项目小组，负责国防、国家安全等保密项目的评审，并将评审结果向评审委员会报告。

第四十一条 根据评审工作需要，国家科学技术奖各评审委员会可以设立若干评审组，对相关国家科学技术奖的候选人及项目进行初评，初评结果报相应的国家科学技术奖评审委员会。

第四十二条 各评审组设组长1人、副组长1至3人、委员若干人，组长一般由相应国家科学技术奖评审委员会的委员担任。评审组委员实行资格聘任制，其资格由科学技术部认定。

各评审组的委员组成，由奖励办公室根据当年国家科学技术奖推荐的具体情况，从有资格的人选中提出，经评审委员会秘书长审核，报相应评审委员会主任委员批准。评审组委员每年要进行一定比例的轮换。

第四十三条 科学技术部可以委托相关部门协助负责涉及国防、国家安全方面的国家技术发明奖和国家科学技术进步奖评审组的相关日常工作。

第四十四条 国家科学技术奖各评审委员会的委员因故不能出席会议，可能影响评审工作正常进行时，可以由相关评审组的委员或者经科学技术部认定具备评审资格的专家代替，并享有与其他委员同等的权利。具体人选由评审委员会秘书长提名，经相应评审委员会主任委员批准。

第四十五条 国家科学技术奖评审委员会及其评审组的委员和相关的工作人员应当对候选人和候选单位所完成项目的技术内容及评审情况严格保守秘密。

第四章 推荐和受理

第四十六条 奖励条例第十五条第一款（一）、（二）、（三）所列推荐单位的推荐工作，由其科学技术主管机构负责。

第四十七条 奖励条例第十五条第一款（四）所称“其他单位”，是指经科学技术部认定，具备推荐条件的国务院直属事业单位、中央有关部门及其他特定的机关、企事业单位和社会团体等。

第四十八条　奖励条例第十五条第一款(四)所称“科学技术专家”,是指国家最高科学技术奖获奖人、中国科学院院士、中国工程院院士。

第四十九条　国家科学技术奖实行限额推荐制度。各推荐单位在奖励办公室当年下达的限额范围内进行推荐。

国家最高科学技术奖获奖人每人每年度可推荐1名(项)所熟悉专业的国家科学技术奖。中国科学院院士、中国工程院院士每年度可3人以上共同推荐1名(项)所熟悉专业的国家科学技术奖。

推荐单位推荐国家自然科学奖、国家技术发明奖和国家科学技术进步奖特等奖的,应当在推荐前征得5名以上熟悉该项目的院士的同意。

第五十条　国家自然科学奖、国家技术发明奖和国家科学技术进步奖特等奖的推荐单位、推荐人,应当按照本细则规定的条件严格控制候选人、候选单位的数量。

第五十一条　推荐单位、推荐人推荐国家科学技术奖的候选人、候选单位应当征得候选人和候选单位的同意,并填写由奖励办公室制作的统一格式的推荐书,提供必要的证明或者评价材料。推荐书及有关材料应当完整、真实、可靠。

第五十二条　推荐单位、推荐人认为有关专家学者参加评审可能影响评审公正性的,可以要求其回避,并在推荐时书面提出理由及相关的证明材料。每项推荐所提出的回避专家人数不得超过3人。

第五十三条　凡存在知识产权以及有关完成单位、完成人员等方面争议并正处于诉讼、仲裁或行政裁决、行政复议程序中的,在争议解决前不得推荐参加国家科学技术奖评审。

第五十四条　法律、行政法规规定必须取得有关许可证的项目,如动植物新品种、食品、药品、基因工程技术和产品等,在未获得主管行政机关批准之前,不得推荐参加国家科学技术奖评审。

第五十五条　同一技术内容不得在同一年度重复推荐参加国家自然科学奖、国家技术发明奖和国家科学技术进步奖的评审。

第五十六条　经评定未授奖的国家自然科学奖、国家技术发明奖和国家科学技术进步奖候选人、候选单位,如果再次以相关项目技术内容推荐须隔一年进行。

第五十七条　我国公民或者组织在国外以及我国公民在中国的外资机构,单独或者合作取得重大科学技术成果,符合奖励条例和本细则规定的条件,且成果的主要学术思想、技术路线和研究工作由我国公民或者组织提出和完成,并享有有关的知识产权,可以推荐为国家科学技术奖候选人或者候选组织。

第五十八条　对科学技术进步、经济建设、社会发展和国家安全具有特别意义或者重大影响的科学技术成果,可适时推荐国家科学技术奖励。

第五十九条　符合奖励条例第十五条及本细则规定的推荐单位和推荐人,应当在规定的时间内向奖励办公室提交推荐书及相关材料。奖励办公室负责对推荐材料进行形式审查。经审查不符合规定的推荐材料,不予受理并退回推荐单位或推荐人。

第六十条　奖励办公室应当在其官方网站等媒体上公布通过形式审查的国家自然科学奖、国家技术发明奖、国家科学技术进步奖的候选人、候选单位及项目。涉及国防、国家安全的保密项目，在适当范围内公布。

第六十一条　候选人、候选单位及其项目如被发现存在本细则规定不得推荐的情形的，不提交评审。

第六十二条　候选人、候选单位及其项目经奖励办公室公告受理后要求退出评审的，由推荐单位（推荐人）以书面方式向奖励办公室提出。经批准退出评审的，如再次以相关项目技术内容推荐国家科学技术奖，须隔一年以上进行。

第五章　异议处理

第六十三条　国家科学技术奖励接受社会的监督。国家自然科学奖、国家技术发明奖和国家科学技术进步奖的评审工作实行异议制度。

任何单位或者个人对国家科学技术奖候选人、候选单位及其项目的创新性、先进性、实用性及推荐材料真实性等持有异议的，应当在受理项目公布之日起60日内向奖励办公室提出，逾期不予受理。

第六十四条　提出异议的单位或者个人应当提供书面异议材料，并提供必要的证明文件。

提出异议的单位、个人应当表明真实身份。个人提出异议的，应当在书面异议材料上签署真实姓名；以单位名义提出异议的，应当加盖本单位公章。以匿名方式提出的异议一般不予受理。

第六十五条　提出异议的单位、个人不得擅自将异议材料直接提交评审组织或者其委员；委员收到异议材料的，应当及时转交奖励办公室，不得提交评审组织讨论和转发其他委员。

第六十六条　奖励办公室在接到异议材料后应当进行审查，对符合规定并能提供充分证据的异议，应予受理。

第六十七条　为维护异议者的合法权益，奖励办公室、推荐单位及其工作人员和推荐人，以及其他参与异议调查、处理的有关人员应当对异议者的身份予以保密；确实需要公开的，应当事前征求异议者的意见。

第六十八条　涉及候选人、候选单位所完成项目的创新性、先进性、实用性及推荐材料真实性等内容的异议由奖励办公室负责协调，由有关推荐单位或者推荐人协助。推荐单位或者推荐人接到异议通知后，应当在规定的时间内核实异议材料，并将调查、核实情况报送奖励办公室审核。必要时，奖励办公室可以组织评审委员和专家进行调查，提出处理意见。

涉及候选人、候选单位及其排序的异议由推荐单位或者推荐人负责协调，提出初步处理意见报送奖励办公室审核。涉及跨部门的异议处理，由奖励办公室负责协调，相关推荐单位或者推荐人协助，其处理程序参照前款规定办理。

推荐单位或者推荐人接到异议材料后，在异议通知规定的时间内未提出调查、核实报告和协调处理意见的,该项目不提交评审。

涉及国防、国家安全项目的异议,由有关部门处理,并将处理结果报奖励办公室。

第六十九条　异议处理过程中,涉及异议的任何一方应当积极配合,不得推诿和延误。候选人、候选单位在规定时间内未按要求提供相关证明材料的,视为承认异议内容;提出异议的单位、个人在规定时间内未按要求提供相关证明材料的,视为放弃异议。

第七十条　异议自异议受理截止之日起60日内处理完毕的,可以提交本年度评审;自异议受理截止之日起一年内处理完毕的,可以提交下一年度评审;自异议受理截止之日起一年后处理完毕的,可以重新推荐。

第七十一条　奖励办公室应当向相关的国家科学技术奖评审委员会报告异议核实情况及处理意见,提请国家科学技术奖评审委员会决定,并将决定意见通知异议方和推荐单位、推荐人。

奖励办公室应当及时向科学技术奖励监督委员会报告异议处理情况。

第六章　评审

第七十二条　对形式审查合格的推荐材料,由奖励办公室提交相应评审组进行初评。

第七十三条　初评可以采取定量和定性评价相结合的方式进行。奖励办公室负责制订国家科学技术奖的定量评价指标体系。

第七十四条　在保障国家安全和候选人、候选单位合法权益的情况下,奖励办公室可以邀请海外同行专家对国家科学技术奖候选人、候选单位及项目进行评议,并将有关意见提交相关评审组织。

第七十五条　对通过初评的国家最高科学技术奖、国际科技合作奖人选,及通过初评且没有异议或者虽有异议但已在规定时间内处理的国家自然科学奖、国家技术发明奖、国家科学技术进步奖人选及项目,提交相应的国家科学技术奖评审委员会进行评审。

第七十六条　必要时,奖励办公室可以组织国家科学技术奖有关评审组织的评审委员对候选人、候选单位及其项目进行实地考察。

第七十七条　国际科技合作奖的评审结果应当征询我国有关驻外使、领馆或者派出机构的意见。

第七十八条　国家科学技术奖励委员会对国家科学技术奖各评审委员会的评审结果进行审定。

第七十九条　国家科学技术奖的评审表决规则如下:

(一)初评以网络评审或者会议评审方式进行,以记名限额投票表决产生初评结果。

(二)国家科学技术奖各评审委员会以会议方式进行评审,以记名投票表决产生评审结果。

(三)国家科学技术奖励委员会以会议方式对各评审委员会的评审结果进行审定。其中,对国家最高科学技术奖以及国家自然科学奖、国家技术发明奖和国家科学技术进步奖的特等奖以记名投票表决方式进行审定。

(四)国家科学技术奖励委员会及各评审委员会、评审组的评审表决应当有三分之二以上多数(含三分之二)委员参加,表决结果有效。

(五)国家最高科学技术奖、国际科技合作奖的人选,以及国家自然科学奖、国家技术发明奖和国家科学技术进步奖的特等奖、一等奖应当由到会委员的三分之二以上多数(含三分之二)通过。

国家自然科学奖、国家技术发明奖和国家科学技术进步奖的二等奖应当由到会委员的二分之一以上多数(不含二分之一)通过。

第八十条　国家科学技术奖评审实行回避制度,与被评审的候选人、候选单位或者项目有利害关系的评审专家应当回避。

第八十一条　奖励办公室应当在其官方网站等媒体上公布通过初评和评审的国家自然科学奖、国家技术发明奖、国家科学技术进步奖的候选人、候选单位及项目。涉及国防、国家安全的保密项目,在适当范围内公布。

第七章　批准和授奖

第八十二条　科学技术部对国家科学技术奖励委员会做出的获奖人选、项目及等级的决议进行审核,报国务院批准。

第八十三条　国家最高科学技术奖由国务院报请国家主席签署并颁发证书和奖金。

国家最高科学技术奖奖金数额为500万元。其中50万元属获奖人个人所得,450万元由获奖人自主选题,用作科学研究经费。

第八十四条　国家自然科学奖、国家技术发明奖、国家科学技术进步奖由国务院颁发证书和奖金。

国家自然科学奖、国家技术发明奖、国家科学技术进步奖奖金数额由科学技术部会同财政部另行公布。

第八十五条　国际科技合作奖由国务院颁发证书。

第八十六条　国家自然科学奖、国家技术发明奖和国家科技进步奖每年奖励项目总数不超过400项。其中,每个奖种的特等奖项目不超过3项,一等奖项目不超过该奖种奖励项目总数的15%。

第八章　监督及处罚

第八十七条　国家科学技术奖励委员会设立的科学技术奖励监督委员会负责对国家科学技术奖的推荐、评审和异议处理工作进行监督。

科学技术奖励监督委员会组成人选由科学技术部提出,报国家科学技术奖励委员会批准。

第八十八条　国家科学技术奖各评审委员会和奖励办公室应当定期向科学技术奖励监督委员会报告有关国家科学技术奖的推荐、评审和异议处理的工作情况。必要时,科学技术奖励监督委员会可以要求进行专题汇报。

第八十九条　任何单位和个人发现国家科学技术奖的评审和异议处理工作中存在问题的,可以向科学技术奖励监督委员会进行举报和投诉。有关方面收到举报或者投诉材料的,应当及时转交科学技术奖励监督委员会。

第九十条　国家科学技术奖励实行评审信誉制度。科学技术部对参加评审活动的专家学者建立信誉档案,信誉记录作为提出评审委员会委员和评审组委员人选的重要依据。

第九十一条　科学技术奖励监督委员会对评审活动进行经常性监督检查,对在评审活动中违反奖励条例及本细则有关规定的单位和个人,可以分别情况建议有关方面给予相应的处理。

第九十二条　对通过剽窃、侵夺他人科学技术成果,弄虚作假或者其他不正当手段谋取国家科学技术奖的单位和个人,尚未授奖的,由奖励办公室取消其当年获奖资格;已经授奖的,经国家科学技术奖励委员会审核,由科学技术部报国务院批准后撤销奖励,追回奖金,并公开通报。情节严重者,取消其一定期限内或者终身被推荐国家科学技术奖的资格。同时,建议其所在单位或主管部门给予相应的处分。

第九十三条　推荐单位和推荐人提供虚假数据、材料,协助被推荐单位和个人骗取国家科学技术奖的,由科学技术部予以通报批评;情节严重的,暂停或者取消其推荐资格;对负有直接责任的主管人员和其他直接责任人员,建议其所在单位或主管部门给予相应的处分。

第九十四条　参与国家科学技术奖评审工作的专家在评审活动中违反评审行为准则和相关规定的,由科学技术部分别情况给予责令改正、记录不良信誉、警告、通报批评、解除聘任或者取消资格等处理;同时可以建议其所在单位或主管部门给予相应的处分。

第九十五条　参与国家科学技术奖评审组织工作的人员在评审活动中弄虚作假、徇私舞弊的,由科学技术部或者相关主管部门依法给予相应的处分。

第九十六条　对国家科学技术奖获奖项目的宣传应当客观、准确,不得以夸大、模糊宣传误导公众。获奖成果的应用不得损害国家利益、社会安全和人民健康。

对违反前款规定,产生严重后果的,依法给予相应的处理。

第九章　附则

第九十七条　国家科学技术奖的推荐、评审、授奖的经费管理,按照国家有关规定执行。

第九十八条　本细则自2009年2月1日起施行。

附表

FUBIAO

附 表

FUBIAO

附表1　2011—2015年国家奖励农业科技成果统计

单位：项，%

年份	奖励项数	农业项数	农业项数占比%	国家最高科技奖		国家自然科学奖		国家技术发明奖		国家科技进步奖		国家科技合作奖	
				总项数	农业项数	总项数	农业项数	总项数	农业项数	总项数	农业项数	总项数	农业项数
2011	305	46	15.1	2	0	36	4	41	5	218	36	8	1
2012	273	40	14.7	2	0	41	2	63	4	162	34	5	0
2013	256	41	16.0	2	0	54	3	55	8	137	28	8	2
2014	263	35	13.3	1	0	46	1	54	4	154	27	8	3
2015	240	37	15.4	0	0	42	2	50	5	141	30	7	0
总计	1337	199	14.9	7	0	219	12	263	26	812	155	36	6

附表2　2011—2015年国家奖励农业科技成果按行业分布

单位：项，%

奖励种类	农业总项数	种植业		林业		畜牧业		水产业	
		项数	项数占比%	项数	项数占比%	项数	项数占比%	项数	项数占比%
国家最高科技奖	0	0	0	0	0	0	0	0	0
国家自然科学奖	12	8	66.6	0	0.0	2	16.7	2	16.7
国家技术发明奖	26	17	65.4	2	7.7	6	23.1	1	3.8
国家科技进步奖	155	90	58.1	34	21.9	23	14.8	8	5.2
国际科技合作奖	6	5	83.3	1	16.7	0	0.0	0	0.0
合计	199	120	60.3	37	18.6	31	15.6	11	5.5

附表3　2011—2015年国家自然科学奖按农业行业分布

单位：项

年度	农业总项数			种植业			林业			畜牧业			水产业		
	项数	一等奖	二等奖	项数	一等奖	二等奖	项数	一等奖	二等奖	项数	一等奖	二等奖	项数	一等奖	二等奖
2011	4	0	4	3	0	3	0	0	0	0	0	0	1	0	1
2012	2	0	2	2	0	2	0	0	0	0	0	0	0	0	0
2013	3	0	3	2	0	2	0	0	0	1	0	1	0	0	0
2014	1	0	1	1	0	1	0	0	0	0	0	0	0	0	0
2015	2	0	2	0	0	0	0	0	0	1	0	1	1	0	1
总计	12	0	12	8	0	8	0	0	0	2	0	2	2	0	2

附表4　2011—2015年国家技术发明奖按农业行业分布

单位:项

年度	农业总项数			种植业			林业			畜牧业			水产业		
	项数	一等奖	二等奖	项数	一等奖	二等奖	项数	一等奖	二等奖	项数	一等奖	二等奖	项数	一等奖	二等奖
2011	5	0	5	3	0	3	1	0	1	1	0	1	0	0	0
2012	4	0	4	3	0	3	0	0	0	1	0	1	0	0	0
2013	8	0	8	5	0	5	1	0	1	2	0	2	0	0	0
2014	4	0	4	3	0	3	0	0	0	0	0	0	1	0	1
2015	5	0	5	3	0	3	0	0	0	2	0	2	0	0	0
总计	26	0	26	17	0	17	2	0	2	6	0	6	1	0	1

附表5　2011—2015年国家科学进步奖按农业行业分布

单位:项

年度	农业总项数				种植业				林业				畜牧业				水产业			
	项数	特等奖	一等奖	二等奖	项数	特等奖	一等奖	二等奖	项数	特等奖	一等奖	二等奖	项数	特等奖	一等奖	二等奖	项数	特等奖	一等奖	二等奖
2011	36	0	1	30	21	0	1	20	8	0	0	8	5	0	0	5	2	0	0	2
2012	34	0	4	30	18	0	3	15	8	0	0	8	6	0	1	5	2	0	0	2
2013	28	1	1	26	13	1	1	11	8	0	0	8	6	0	0	6	1	0	0	1
2014	27	0	0	27	18	0	0	18	5	0	0	5	3	0	0	3	1	0	0	1
2015	30	0	0	30	20	0	0	20	5	0	0	5	3	0	0	3	2	0	0	2
总计	155	1	6	148	90	1	5	84	34	0	0	34	23	0	1	22	8	0	0	8

附表6　2011—2015年全国和农业行业国家奖励科技成果比较

单位:项

年度	全国					农业				
	合计项数	特等奖	一等奖	创新团队	二等奖	合计项数	特等奖	一等奖	创新团队	二等奖
国家最高科技奖	7					0				
国家自然科学奖	219	0	3	0	316	12	0	0	0	12
国家技术发明奖	263	0	7	0	256	26	0	0	0	26
国家科技进步奖	812	7	62	6	737	155	1	0	6	148
国际科技合作奖	36					6				
总计	1337	7	72	6	1209	199	1	0	6	186